“十三五”国家重点图书出版规划项目

上海城市运行安全发展报告
(2016—2018)

孙建平 **主编**　周红波　刘 军　冯永强 **副主编**

同濟大學出版社
TONGJI UNIVERSITY PRESS

图书在版编目(CIP)数据

上海城市运行安全发展报告.2016—2018 / 孙建平主编. —上海:同济大学出版社,2020.5
ISBN 978-7-5608-8859-0

Ⅰ.①上… Ⅱ.①孙… Ⅲ.①城市管理—安全管理—研究报告—上海—2016-2018 Ⅳ.①X92②D675.1

中国版本图书馆CIP数据核字(2019)第273300号

"十三五"国家重点图书出版规划项目

上海城市运行安全发展报告(2016—2018)

孙建平 **主编** 周红波 刘 军 冯永强 **副主编**

出 品 人: 华春荣
策划编辑: 高晓辉 吕 炜
责任编辑: 吕 炜 马继兰
责任校对: 徐逢乔
装帧设计: 陈益平

出版发行 同济大学出版社 www.tongjipress.com.cn
(地址:上海市四平路1239号 邮编:200092 电话:021-65985622)
经 销 全国各地新华书店、建筑书店、网络书店
排版制作 南京文脉图文设计制作有限公司
印 刷 上海安枫印务有限公司
开 本 787mm×1092mm 1/16
印 张 17.5
字 数 437 000
版 次 2020年5月第1版 2020年5月第1次印刷
书 号 ISBN 978-7-5608-8859-0
定 价 128.00元

《上海城市运行安全发展报告（2016—2018）》
编委会

序

城市运行安全是城市可持续发展、人民安居乐业的基础。上海作为中国最大的经济中心城市，在城市运行安全方面积累了丰富的经验，需要进行全面的总结和提升；同时也面临日益严峻的挑战，需要作出科学的研判和应对。

正是在这样的背景下，《上海城市运行安全发展报告（2016—2018）》应运而生。本书由同济大学党委书记方守恩、同济大学城市风险管理研究院顾问委员会主任沈骏为编委会主任，上海市应急管理局局长马坚泓、上海市住房和城乡建设管理委员会主任黄永平、上海市交通委主任谢峰、上海市水务局局长徐建、上海市公安局副局长陈臻、上海市建筑科学研究院（集团）有限公司总裁朱雷为编委会副主任，上海市水务局、上海市气象局、上海市统计局、上海市房屋管理局、上海市规划和自然资源局、上海市市场监督管理局、上海市生态环境局、上海市消防救援总队、上海化学工业区管理委员会、上海城投集团、上海申通集团、上海久事集团、上海临港集团等相关部门负责同志为编委，由同济大学城市风险管理研究院、上海市建筑科学研究院（集团）有限公司、上海市安全生产科学研究所、同济大学出版社联合编撰。

《上海城市运行安全发展报告（2016—2018）》旨在分析城市重点领域和行业在运行安全上面临的挑战，评价城市运行安全现状和短板，把握城市运行安全发展的趋势和规律，提出应对和解决的思路和建议，为城市政府提供决策参考，为相关企业投资、建设提供咨询建议，为高校科研机构研究提供数据支撑，为社会各界提供安全指导，向其他城市推广经验，增强全社会的安全意识，全面落实各项安全措施，促进城市运行安全有序。

《上海城市运行安全发展报告（2016—2018）》力求呈现以下特点：

一、构建评价模型，科学研判风险，为城市安全把脉

《上海城市运行安全发展报告（2016—2018）》将从城市发展规划和安全发展规划、安全法规标准体系、社会化服务体系、教育培训、安全风险管控制度、隐患排查治理、安全责任体系、应急管理和救援能力、创新技术应用以及安全事故发生率10项评价标准出发,围绕危险化学品、消防、特种设备、设施运行、自然灾害、城市建设六大重点领域,建立上海重点行业领域安全指数和安全等级,构建城市运行安全总体评价体系。通过蓝、黄、橙、红四色,分别对应安全、较安全、一般安全、不安全四个等级,用数据定量绘制雷达状安全图,得出总体判断,做到底数清、情况明,在此基础上有针对性地制订方案,落实措施,实现科学防范,安全发展。

二、提炼成功经验,强化安全防范,为城市运行护航

贯彻党的十九届四中全会精神,落实习近平总书记考察上海提出的要求,切实提升城市能级和核心竞争力,提高社会主义现代化国际大都市治理能力和治理水平。总结提炼上海在应急管理和安全风险防控方面的实践和探索,诸如在强化"一案三制"建设的同时,创设单元管理模式,推进基层应急管理"六有"建设,深化应急联动机制,建立风险管理和隐患排查机制等方面的成功做法,强化"事前科学防、事中有效控、事后及时救"的城市运行安全风险防控体系建设,真正实现城市运行安全风险可防、可控、可救。

三、把握发展趋势,完善长效机制,为城市发展助力

上海作为拥有2 400多万常住人口的超大型城市,经济产业集聚、高层建筑和重要设施密集、轨道交通超负荷运行,加上极端气候可能引发的自然灾害,新产业、新技术、新业态带来的不确定风险,保障城市运行安全任务异常繁重,要求政府管理部门在城市运行中自觉防范"灰犀牛"(常态风险);在城市发展中高度警惕"黑天鹅"(新型风险);在城市治理中始终直面"大白象"(潜在风险)。从国家层面的治理能力增强到治理水平提升,从政府、市场、社会共治机制的创新到产业、标准、技术的落地,从保障城市运行安全体系、平台、模式的构建到机制、法规、政策的完善,全面而切实地保障城市安全运行,服务全球卓越城市和长三角一体化建设。

《上海城市运行安全发展报告》将作为一项系统工程,今后每年发布。

同济大学城市风险管理研究院
专家委员会主任
2020年1月

前　言

2016 年 12 月，中共中央、国务院印发《关于推进安全生产领域改革发展的意见》，明确提出要强化城市运行安全保障，构建系统性、现代化的城市安全保障体系。2018 年1 月，中共中央办公厅、国务院办公厅印发了《关于推进城市安全发展的意见》（以下简称《意见》）。《意见》指出，随着我国城市化进程明显加快，城市人口、功能和规模不断扩大，发展方式、产业结构和区域布局发生了深刻变化，新材料、新技术、新工艺广泛应用，新产业、新业态、新领域大量涌现，城市运行系统日益复杂，城市安全问题不断凸显。这是中央基于城市发展的一般规律和应对我国城市发展的突出安全问题所做出的科学判断和国家要求，标志着我国城市安全进入系统化、规范化管理新阶段，也为加强城市安全管理体系建设指明了工作方向。

上海是国际经济、金融、贸易、航运和科技创新中心，经济繁荣、文化发达，但在繁华的背后潜伏着一系列的城市运行安全问题，如高层建筑的消防问题、轨道交通的运行安全问题、老旧城区的高空坠物问题、危化物品的生产存储运输安全问题等。与此同时，随着上海城市人口、功能和规模不断扩大，人们对城市运行安全的要求也日益提升，上海城市运行安全的迫切性更加突出。

为全面梳理上海城市运行安全发展现状，聚焦重点领域和行业，找出城市运行安全管理的不足，分析城市运行安全的特点及发展规律，对城市运行安全发展提出合理化的建议，同济大学城市风险管理研究院会同上海市建筑科学研究院（集团）有限公司、上海市安全生产科学研究所、同济大学出版社等单位共同编制了《上海市城市运行安全发展报告（2016—2018）》。本书的编写得到了上海市政府相关委办局的大力支持和指导。

本报告共有 10 章：第 1 章简要阐述编制背景、总体思路以及城市运行安全的定义和范围；第 2 章全面梳理近 3 年上海城市运行安全概况；第 3 章至第 8 章分析上海市重点领域/行业的运行安全现状，涵盖自然灾害安全、城市建设安全、设施运行安全、火灾消防安全、危险化学品安全和特种设备安全六大重点行业领域；第 9 章尝试通过建立城市运行安全评价体系，建立上海城市运行安全度模型，全面评价上海城市运行安全;第10章展望上海城市运行安全发展的核心趋势,并提出应对策略。此外,本书特别收录了同济大学城市风险管理研究院"城市安全风险管理丛书"摘要和近三年来的科研课题研究的成果。

正值本书出版之际,爆发了新型冠状病毒肺炎疫情。本次疫情是对现有的城市运行安全应急体系进行的一次大考,也为新形势下的应急工作提出了极大挑战。上海在应对新冠肺炎疫情过程中,沉着应对,表现出了"严、精、细、稳、实、全、快、真"的特点,体现了现代国际化大都市应具备的应急治理能力和管理水平。编制组对本次疫情防控的做法和经验进行了回顾和总结,形成上海应对新冠肺炎疫情的回顾与启示,供读者借鉴、参考。

作为第一本反映上海城市运行安全的发展报告,本书内容力求系统、准确、客观,以达到为上海市领导和相关部门决策提供参考、为行业及企业提供咨询意见、为大专院校及研究机构提供数据支撑以及为市民提供安全指导、提高安全意识的目的。本报告数据来自上海统计年鉴、相关委办局资料和学者的研究成果,不足之处恳请各位专家及读者批评指正。

最后,向本书编委会各成员单位以及参与本书编写、审查等工作的单位和专家表示衷心的感谢。

编者

2020年4月于上海

目　　录

上海应对新型冠状病毒感染肺炎疫情的回顾与启示

同济大学城市风险管理研究院　2020.3

一、党建引领，"一颗子"激活新冠肺炎疫情应对"一盘棋"

二、政府主导，全面规划新冠肺炎疫情防控的战略战术

三、社会参与，打赢新冠肺炎疫情防控的"人民战争"

四、市场主体，实现特殊时期资源有效配置

五、上海新冠肺炎疫情防控的总结与思考

2019年12月以来，湖北省武汉市部分医院陆续发现了多例不明原因肺炎病例，后证实为2019新型冠状病毒感染引起的急性呼吸道传染病。新型冠状病毒肺炎疫情（以下简称“新冠肺炎疫情”）在全球范围暴发，截至2020年3月5日，全国范围内累计确诊感染新冠肺炎的人数达到了80 710人。截至2020年4月10日，全球新冠肺炎确诊病例超160万人。

本次新冠肺炎疫情对党中央、各级政府和全社会都是一场极大的考验。上海在本次新冠肺炎疫情应对过程中，始终贯穿一条主线，形成了党建引领、政府主导、社会参与、市场主体的“多元共治”治理格局，表现了“严、精、细、稳、实、全、快、真”的特点，体现了社会主义现代化国际大都市应该具备的治理能力和水平。“严”指疫情防控标准严格，“精”指疫情防控中施策精准，“细”指疫情防控要求细致，“稳”指疫情防控基调稳准，“实”指疫情防控责任逐级落实，“全”指疫情防控部署及布局全面，“快”指疫情防控应急响应速度快，“真”指疫情防控中领导下沉带头行动真。

总结上海在此次新冠肺炎疫情防控方面的具体做法和经验，可以为国内外其他地区提供一些经验总结和工作参考。

一、党建引领，“一颗子”激活新冠肺炎疫情应对“一盘棋”

自新冠肺炎疫情发生以来，党中央迅速成立应对疫情工作领导小组，并向湖北省等疫情严重地区派出指导组，中共中央印发《关于加强党的领导、为打赢疫情防控阻击战提供坚强政治保证的通知》，号召各级党组织和广大党员干部必须牢记人民利益高于一切，基层党组织和广大党员要充分发挥战斗堡垒作用和先锋模范作用，全力打赢抗击疫情的人民战争、总体战、阻击战。

上海市委、市政府坚决贯彻落实“坚定信心、同舟共济、科学防控、精准施策”的总要求和党中央、国务院的决策部署，在此次疫情防控中，坚持党建引领，加强“五个认识”、发挥“三项作用”，形成了疫情防控抓系统、系统抓、抓行业、行业抓、抓单位、单位抓的“六个抓”的工作格局，把区域治理、部门治理、行业治理、基层治理、单位治理有机结合起来，切实提高疫情防控的科学性和有效性。

（一）强化“五个认识”

在本次新冠肺炎疫情防控过程中，自上而下强化“五个认识”，即政治认识、责任认识、法治认识、大局认识和居安思危认识。在政治认识方面，坚决服从党中央统一指挥、统一协调、统一调度，加强党对防控工作的全面领导。在责任认识方面，上海市主要领导同志率先垂范靠前指挥，广大党员同志、干部冲锋在前，全力抗击疫情，守护上海市人民的安全，健全党政领导干部的问责机制，切实做到守土有责、守土担责、守土尽责。在法治认识方面，极力响应党中央的号召，全面提高依法防控、依法治理能力，为疫情防控提供有力法治保障，市人大常委会审议通过了《上海市人民代表大会常务委员会关于全力做好当前新型冠状病毒感染肺炎疫情防控工作的决定》，为进一步推进“依法防控”提供有力法律支撑。在大局认识方面，上海市各级党委和政府坚决服从党中央的统一指挥，坚持全国一盘棋，形成强大的防疫合力，并全力做好支援武汉和湖北省抗击新冠肺炎疫情各项工作，为全国新冠肺炎疫情防控大局作出上海贡献。在居安思危认识方面，上海市各级领导干部不断强化风险意识，以大概率思维预防小概率事件，严防死守、不留死角，构筑抵御疫情的严密防线。

（二）彰显“三项作用”

一是加强组织领导，发挥带头表率作用。市委市政府各位领导分别对口联系一个区，各级党委干部冲锋在第一线、战斗在最前沿，坚持以上率下，分兵把守、靠前指挥，深入一线、现场督导，帮助基层协调解决困难和问题，切实提高各方面、各层面的动态防控、社会引导、统筹协调能力。二是高效务实行动，发挥战斗堡垒作用。各级党组织积极响应上海市委、市政府的号召，提高政治站位，及时做好传达，及时掌控疫情，及时采取行动，筑牢党组织的疫情防护网。三是强化责任担当，发挥模范引领作用。广大党员干部在疫情防控工作中以身作则、率先垂范、扛起责任，提高政治站位，强化属地责任、强化社区管控、强化社会动员，兜住底线，坚持为疫情防控工作做好守门人。

二、 政府主导，全面规划新冠肺炎疫情防控的战略战术

有效发挥政府的主导作用，从顶层设计、依法防治、医疗救治、疾控预防、医疗物资保障、口岸与交通管控、地区管控、环境治理、学校工作、新闻宣传、驰援湖北与援助

海外、复工复产复市等方面，全面规划新冠肺炎疫情防控的战略战术。

（一）顶层设计

武汉的新冠肺炎疫情引起了党和国家领导人的高度重视，1 月 20 日，习近平亲自部署和指挥，并强调“联防联控”是这场疫情防控阻击战中的重要机制。随后党中央成立了以李克强为组长的“中央应对新型冠状病毒感染肺炎疫情工作领导小组”，在中央政治局常委会领导下开展工作，加强对全国新冠肺炎疫情防控的统一领导，统一指挥。

1. 快速反应，成立新冠肺炎疫情防控指挥机构

1 月 17 日，上海市委书记李强就应对新冠肺炎疫情做出批示。1 月 22 日，市委常委会专题研究疫情防控工作并做出具体部署，第一时间成立由市委书记、市长担任双组长的新型冠状病毒感染肺炎疫情防控工作领导小组（以下简称“工作领导小组”），常务副市长陈寅、副市长宗明担任副组长，成员由各委办局局长（主任）、各区区长、各有关单位的主要领导组成（图 1）。工作领导小组下设办公室（设在上海市卫生健康委员会）。工作领导小组作为上海市新冠肺炎疫情应对的决策指挥机构，对全市疫情防控统一领导，统一指挥。

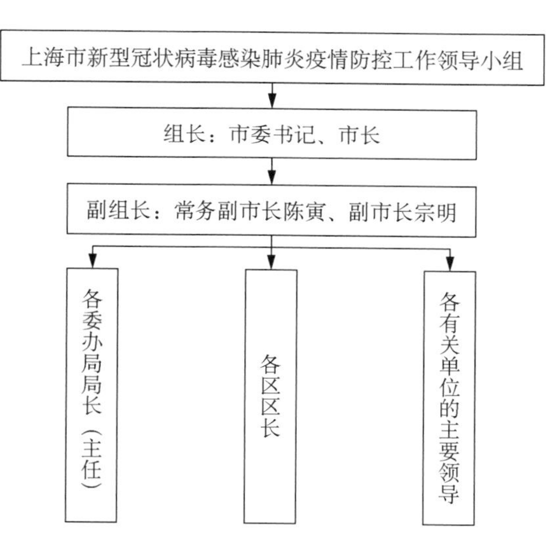

图 1　上海市新型冠状病毒感染肺炎疫情防控工作领导小组组织架构图

注：2020 年 2 月 13 日，据新华社消息，中共中央决定，应勇调往湖北省任省委员、常委、书记，“上海市新型冠状病毒感染肺炎疫情防控工作领导小组”组长由李强担任；2020 年 3 月，龚正任上海市副市长、代理市长，同时担任“上海市新型冠状病毒感染肺炎疫情防控工作领导小组”组长。李强和龚正任“上海市新型冠状病毒感染肺炎疫情防控工作领导小组”双组长。

2. 全面布局，设立专项工作组

工作领导小组下设11个专项工作组，分别是综合协调组、医疗救治组、疾控组、物资保障与供应组、口岸与交通组、地区组、环境整治组、新闻宣传组、学校组、监督指导组、专家组。11个专项工作组分别承担不同的新冠肺炎疫情防控任务，组长和副组长由上海市各委办局的主要领导担任，根据各自的职能职责，听从指挥，综合应对，在各条战线，采取科学有力的措施防控疫情。市委办公厅、市政府办公厅参与综合协调；公安、交通等部门加强流动人口和社会秩序管理，强化道口管控，防止输入性传播；上海市商务委员会、上海市经济和信息化委员会、上海市药品监督管理局、上海海关等部门加大国际国内采购，扩大本地生产，筹措储备应急物资，优先保障上海援鄂医疗队和本地防控一线的物资供应；民政部门和各区政府尤其是广大基层社区全力抓排查，配合落实居家隔离和集中隔离措施，防止新冠肺炎疫情扩散；上海市卫健委、上海市疾控中心等部门全力抓筛查，集中资源和力量做好发热病人检测、流行病学调查、疑似和确诊病人医疗救治；市应急管理部门牵头加强对防控工作的监督指导；财政、医保等全力保障患者医疗救治费用，通过慢病长处方减少普通病人就诊频次。形成了道口防输入、社区防扩散、集中力量抓筛查救治的“三道防护圈”。

3. 靠前指挥，严密部署，有力有序

工作领导小组成立后，截至3月20日，共密集召开工作会议、专题会议、视频会议等近40次。根据疫情的变化，进行动态部署和指挥，重要决策通过新闻发布会和通知、通告等形式向社会发布，坚决贯彻落实习近平总书记重要讲话精神和党中央、国务院的各项部署。

李强书记带头深入基层调研，及时了解态势走势，发现和解决问题；定期听取病毒研究、疾病防控、医疗救治等方面专家意见建议，分析研判疫情发展态势，动态优化防控策略。市领导始终高度重视医疗救治工作，深入市公共卫生临床中心等定点医疗机构了解情况；始终高度关心上海援鄂医疗队伍，通过视频连线关心一线医务人员；针对遏制病例上升、重症医疗救治、支援武汉湖北、保障物资供应、复工复产复市复学、保持社会稳定等工作，不断加强研究、精准施策，找差距、补短板、强弱项，在疫情有效防控中发挥关键作用。

工作领导小组会议始终围绕“联防联控、属地防控、社区防控、群防群控，医疗救治、防救并举，科技攻关，提高治愈率、降低病死率，物资保障、稳定市场、稳定供应、稳定预期”等关键词展开。同时根据不同阶段的实际情况，针对“城市运行、返程客流、通道管控、企业复工、行业规范、长三角联防联控、输入性风险、流动性风险、集聚性风险”等重点问题进行部署和安排。

各区根据《上海市人民政府关于进一步严格落实各项疫情防控措施的通告》的相关内容，相继发布本区的具体工作措施，严密部署本区防疫工作。如宝山区发布了疫情防控措施 12 条，黄浦区发布了疫情防控措施 16 条，嘉定区推出 15 条村居社区疫情防控措施，青浦区推出疫情防控管理要求 15 条，徐汇区发布了疫情防控措施 20 条，杨浦区发布了疫情防控措施 16 条，普陀区发布了疫情防控措施 11 条，崇明区发布疫情防控措施 17 条，虹口区发布了疫情防控措施 14 条，金山区发布了疫情防控措施 18 条，闵行区发布了疫情防控措施 8 条，长宁区推出 8 类人员密集公共场所管理要求共计 66 条措施，奉贤区发布了关于全民参与全面加强疫情防控工作通告共计 12 条措施，松江区针对街道社区、园区以及 G60 科创走廊企业发布了相应的疫情防控措施，静安区针对住宅小区、商务楼宇、复工企业、农贸市场等场所发布了相应的疫情防控措施，浦东新区针对外来人员输入、企业复工复产、社区防控、防疫与服务、政策助力企业减负、稳定劳动关系等方面制定了一系列详尽的疫情防控措施。

4. 联防联控，扣紧责任链，织密防护网

1 月 24 日，上海市委、市政府发出《中共上海市委 上海市人民政府关于进一步加强我市新型冠状病毒感染的肺炎疫情防控工作的通知》，明确要求落实好联防联控措施，在上下联动，力量下沉；市区联动，建立“市—区—街镇—村居”四级联动体系；条块结合，系统应对等方面指明了具体实施路径。

一是强化地区属地防控。要求各区要建立领导指挥体系，落实新冠肺炎疫情防控、医疗救治和监督管理等各项措施。要求各乡镇街道要按照市、区统一部署，发挥群防群治力量，组织指导村委会、居委会落实对来沪返沪外地人员和疫情重点地区来沪相关人员实行隔离和医学观察及症状筛查等工作，同时做好社区防病宣传教育和健康提示，及时收集报送相关信息。

二是强化部门协同防控。要求卫生健康部门依法加强防控协调和监督执法，做好疫情监测、研判、报告和防控救治工作。要求公安、交通、教育、商务、市场监管、城管执法、文化旅游、农业农村、绿化市容、经济信息化、发展改革、财政、医疗保障等部门要配合专业部门做好疫情期间的物资供应、后勤保障、城市正常运行和市民生活正

常等工作。要求各部门加强协作,完善防控工作协调机制,切实履行好新冠肺炎疫情防控责任,坚决防止新冠肺炎疫情扩散蔓延。

三是明确目标规范要求。新冠肺炎疫情防控伊始,率先提出“三个全覆盖”(入沪人员登记全覆盖、重点地区来沪人员医学观察全覆盖、管理服务全覆盖)和“三个一律”(入沪人员一律测体温、重点地区来沪人员一律实施医学观察、对其他外来人员要求由其所在单位一律申报相关健康管理信息)要求,疾控、医疗、公安、交通等各部门和各区协同联动,形成了道口防输入、社区防扩散、集中力量抓筛查救治的“三道防护圈”。面对境外疫情扩散态势,各区、各部门、各单位与海关、边检、民航等中央在沪单位密切配合,构建了落地后专用通道分流排查闭环、“直通车”接送转运闭环、属地社区管控闭环等“三个闭环”,确保环环相扣、无缝衔接,有效控制了境外疫情输入风险。同时,上海积极加强长三角联防联控,市委主要领导多次牵头召开长三角地区新冠肺炎疫情联防联控视频会议,建立疫情防控信息互联互通等12项工作机制,并与苏浙皖三省健全上海口岸入境中转人员跨省转运机制,进一步织紧织密了长三角区域一体化防控网络。

5. 监督问责,加强疫情期间组织纪律和工作纪律

要求各区、各部门、各单位提高政治站位,增强大局意识,建立相应的领导小组。切实做好应急值守,确保人员到位、信息畅通,严格执行报告制度,不得瞒报、缓报、谎报。在疫情防控中不履职、不当履职、违法履职的,按照有关法律法规追究相关人员责任,建立疫情期间的监督问责机制。同时,狠抓落实、加强监督检查,组成专项监督指导组,会同市委督查室、市政府督查室,开展每日督查和暗访检查,促进各项决策部署真正落到实处。

上海市及各区纪委强化疫情防控监督检查,具体举措主要包括成立工作专班、检查小组,制定并发布相关防控工作制度性文件。根据各地方纪委网站公布的数据统计,上海市未出现疫情防控工作落实不力的典型案件。

(二) 依法防治

1. 依法制定法规规范

根据2月5日召开的中央全面依法治国委员会第三次会议精神,2月7日,上海市召开十五届人大常委会第十七次会议审议并表决通过《上海市人民代表大会常务

委员会关于全力做好当前新型冠状病毒感染肺炎疫情防控工作的决定》(以下简称《决定》)。《决定》授权市政府可在医疗卫生、防疫管理、隔离观察、道口管理等 14 个行业采取临时性应急管理措施,制定政府规章或发布决定、命令、通告等。《决定》规范了上海市行政区域内新冠肺炎疫情防控的有关活动及其管理,包括防控的总体要求、政府相关职责、单位和个人权利义务以及应承担的法律责任等内容。这是全国首个针对新冠肺炎疫情的地方性法规。

2. 严格执行法规规范

上海市公安局(以下简称“市公安局”)2 月 3 日发布的《上海市公安局关于依法严厉打击新型冠状病毒感染肺炎疫情防控期间违法犯罪切实维护社会稳定的通告》、上海市司法局 2 月 12 日发布的《关于加强本市新冠肺炎疫情防控期间行政执法工作的指导意见》、中共上海市委全面依法治市委员会 2 月 13 日发布的《关于加强新冠肺炎疫情防控工作法治保障的实施意见》、上海市卫生健康委员会 2 月 19 日发布的《关于做好本市新冠肺炎疫情防控期间卫生行政执法工作的通知》等文件,都为依法处置与疫情相关的社会治安突发事件、维护社会稳定提供了充分的制度保障。

2 月 18 日上午 9 时 30 分,上海市首例殴打防疫志愿者涉刑案件在上海闵行法院通过网络视频实现远程“云审判”。犯罪嫌疑人凌某在疫情防控期间,无视小区管理,借故生非,殴打志愿者致其受伤,最终被判处有期徒刑一年六个月。这是自“两高两部”发布《关于依法惩治妨害新型冠状病毒感染肺炎疫情防控违法犯罪的意见》以来,上海首例暴力阻碍新冠肺炎疫情防控的案件。

3. 依法防治纳入法制化轨道

重视紧急立法是应对突发危机时的明智之举。依法做到不回避疫情,同时不乱作为。2 月 7 日,上海市疫情防控工作指挥部依法发出通告,明令要求入沪公共场所必须戴口罩、测体温。具体来说,这一通告就是按照《中华人民共和国传染病防治法》《中华人民共和国突发事件应对法》《突发公共卫生事件应急条例》,以及此前紧急立法的《上海市人民代表大会常务委员会关于全力做好当前新型冠状病毒感染肺炎疫情防控工作的决定》等法律法规做出的决定。上海警方对不佩戴口罩强行冲闯地铁车站的违法人员做出行政拘留处罚,是“有法必依,执法必严,违法必究”的体现。

（三）医疗救治

截至 2020 年 3 月 29 日 24 时，上海本地新型冠状病毒感染的肺炎患者确诊 339 人，治愈出院 327 人，死亡 5 人，治愈出院率达 96.4%；累计收治境外输入性确诊病例 159 例，在院 152 例，治愈出院 7 例。根据公开数据分析，上海本地新增疑似病例呈现先上后降的波浪形曲线趋势，其中 2 月 8 日疑似病例达到高峰。确诊病例的变化趋势比较平稳，波动幅度不大，说明了上海市在新冠肺炎疫情防控和医疗救治方面均比较到位。

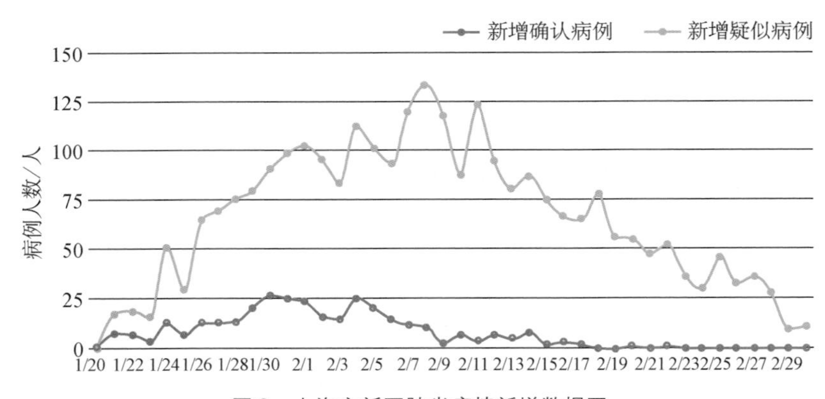

图 2　上海市新冠肺炎疫情新增数据图

截至 2020 年 3 月 1 日 数据来源：上海健康 12320。

1. 系统应对

上海市新冠肺炎疫情防控医疗救治专业组由上海市卫生健康委、申康医院发展中心组成，综合调动上海市多家医院医疗资源。将全市 110 个发热门诊增加至 117 个，留观床位总数从 383 张增加到 700 余张，遍布各区，开展 24 小时发热门诊诊疗。病例一经确诊即送往上海市公共卫生临床中心进行集中救治。上海市公共卫生临床中心有四栋楼，负压病房床位增加到 564 张，是全国负压床位最多的医疗机构。有效启动了“1＋117”的紧急模式，集中优势力量，系统应对。

2. 超强团队

集中全市最优的专家力量，抽调瑞金、仁济、市一、市六、十院等全市各大医院危重症、呼吸重症、感染科、感控科、中医、心理等各个专业 341 位骨干专家，与上海市公卫中心千余名医护人员一起，在上海市公共卫生临床中心集中收治新冠肺炎患者，将危重症患者“包干到户”，全力救治，24 小时与病毒做斗争，抢救生命。

3. 科学诊治

由上海市卫生健康委员会牵头，积极落实国家卫生健康委员会印发的历次版本的《新型冠状病毒感染的肺炎诊疗方案》(截至2020年3月20日，已发布第五版)，为新型肺炎的诊疗提供专业指导。同时，上海市卫健委结合本市实际，强化中西医结合治疗，制定并发布《上海市新型冠状病毒肺炎中医诊疗方案(试行第二版)》等多个中医治疗指导性文件，对新冠肺炎的中西医结合治疗，提出了较好的实现方法。全市确诊病例的中医药使用比例达到92%。开展评估总结，形成具有上海特色的《上海市2019冠状病毒病综合救治专家共识》，为确诊病例的救治提供可借鉴的依据。

在临床方面，上海市公共卫生临床中心根据确诊患者的病情，完善"中西医结合"，进行分类救治，对每一名患者从诊断到治疗，直至出院都缜密考量并一一把关。每一名重症患者都有一个救治小组，实施"包干到户""一人一策"的方案；同时，ICU病房内的每个病人配有两名护士护理。专家们对重症病例进行病理学分析，认真找寻诱发重症的深层原因，科学分析每名重症病人的体质遗传基因等因素，根据重症患者的特征和病情，用药也不尽相同，都要经过严密会诊，调配合适的治疗方案。

4. 科研攻关

上海建立了跨部门的科技攻关工作组，由上海市卫生健康委、上海市科学技术委员会、上海市教育委员会、上海市经济和信息化委员会、上海市食品药品监督管理局等部门组成，加快临床研究成果的转化和应用；同时成立专家委员会，负责对流行病学、病毒病原学、药物和疫苗研发、临床诊疗等领域的科研任务布局进行科学指导和支持。

2020年2月18日，上海市科委紧急行动，印发了《上海市科学技术委员会关于强化科技应急响应机制实现科技支撑疫情防控的通知》，启动应急攻关专项，并通过实施"悬赏揭榜制""项目专员制""首功奖励制""经费包干制"等加快科研产出，加强科研支撑效果。

同时，上海市卫生健康委员会通过"中医药防治新型冠状病毒肺炎应急专项"等相关科研专项的建立，在新冠肺炎诊疗方案、疫情预警预测、疫情传播模拟等方面，积极投入科研资金和人力物力，加快科研产出，为战胜新冠肺炎疫情提供充足的科学技术工具。

在2020年3月16日的上海市政府新闻发布会上，上海市科委主任张全表示，上海研发的RNA疫苗已开展灵长类动物实验，预计4月份进入临床实验。在医疗器械及诊断检测试剂研发方面，上海有3个检测产品获批并应用于临床。截至3月15日，检测产品累计发出442万人份，上海市诊断试剂出口德国、日本、韩国、沙特等22个国家，数量超过8万人份。

5. 关爱医护

2月22日，上海市卫健委出台《关于改善我市新冠肺炎疫情防控一线医务人员工作条件、加强对医务人员关心关爱的若干措施》，3月2日转发《关于做好新型冠状病毒肺炎疫情防控期间保障医务人员安全维护良好医疗秩序的通知》，积极改善本市一线医务人员工作条件，关爱医务人员，让广大一线医疗工作者全身心投入到狙击疫情的战役中。

（四）疾控预防

1. 防控要求不断升级

2月8日，上海市卫健委发布《关于本市卫生健康系统做好新型冠状病毒感染的肺炎疫情防控工作的通知》，要求把各项防控措施做得更严、更深、更细、更实，确保人民群众身体健康和生命安全。上海市卫健委在前期方案不断优化的基础上，截至3月20日，累计发布了《上海市新型冠状病毒肺炎防控方案(第五版)》《上海市新型冠状病毒肺炎病例监测方案(第四版)》《上海市新型冠状病毒肺炎病例流行病学调查方案(第四版)》等多个文件，有效落实国家相关文件与政策要求，重点突出在病例监测、流行病学调查(流调)、标本采集和实验室检测技术、相关环境采样要求、密切接触者管理、个人防护和消毒等多方面的专业性指导。

2. 流调不放掉任何可疑

新冠肺炎是急性传染病，为快速锁定传染源、传播途径和密切接触人群，凡是经医院初步认定的疑似患者，流调组必须第一时间介入，快速找出答案。目前，全国各地公布的病例行动轨迹，都基于流调。在上海，活跃在一线的流调队员达700多人。只有更快掌握疑似感染者14天内的行动轨迹，才能尽早切断疾病传播途径。

就这次疫情而言，要求从接到通知的一刻算起，2 小时出具核心报告，24 小时出具完整报告。截至 3 月 29 日，共对 2 923 例本地疑似病例开展调查，确诊 339 例；对 403 例境外输入性疑似病例开展调查，确诊 159 例，尚有 19 例境外输入性疑似病例待排。收到各省协查函 971 份，协查密接 3 972 人；发出各省协查函 1 376 份，协查密接 8 660 人。

3. 检测昼夜不断

上海市疾控中心负责承接全市检测任务，由专人负责运送全市待测标本并全程监控，安排专业人员分组 24 小时不间断值班，实现 24 小时不间断检测。每轮检测 6 小时出检测报告，检测结果送市疾控应急办，结合流调观察评估，按照两次核酸检测复核粗略计算，在顺利的情况下，一个样本在 24 小时内可通报卫健委，一个病例最快 24 小时内得到确诊或排除的结果。截至 3 月 29 日，累计完成 15 169 个样本检测。

4. 信息上报精准及时

上海市疾控中心抽调专业人员，成立了疫情信息组。信息组要将海量信息进行收集、整合、研判、分类，对数据进行筛选和处理，最终“萃取”成一份简洁的数据表格。这份表格经上报和发布，成为市民每日看到的数字。上报信息同时作为市政府及相关部门疫情防控策略部署的关键依据，数据精准、及时，严格确定汇总时点，像闹钟一样准时跟踪各个条线的报送进度。

5. 知识科普稳定人心

在新冠肺炎疫情防控的过程中，上海多位不同领域的“重量级专家”为公众及时进行健康科普。闻玉梅、吴凡、谢斌三位权威专家，精准抓住公众心理变化的重要节点，打出一套健康科普“组合拳”。传染病专家张文宏和卢洪洲以科学、严谨的专业素养，为健康科普增添了医学底气。朱仁义、崔松、吴立明三位主任医师分别通过网络平台、直播平台、发布多篇科普文章等不同方式送上健康“定心丸”。

（五）医疗物资保障

1. 物资供应

建立重点物资保障应急联动响应机制。上海市商务委员会、上海市经济和信息化委员会、上海市发展和改革委员会等有关部门和相关区排摸国内外医用防护服、医用口罩等相关产能和库存等情况。通过投放应急储备物资，组织企业假期复工生产，紧急进口等方式扩大供应。

2020年2月14日，上海市商务委员会发布《本市外贸企业应对疫情扩大防控物资进口相关支持政策措施指引（第一批）》等文件，协调了相关防护防疫用品、药品和临床救治设备等应急物资的生产、采购、调拨、运输、储备等工作。

2. 经费保障

2020年1月26日，上海市财政局发布《上海市财政局 上海市卫生健康委员会关于新型冠状病毒感染肺炎疫情防控有关经费保障政策的通知》，2月14日发布《上海市财政局关于疫情防控期间稳妥有序开展本市政府采购活动的意见》等一系列文件，加强新冠肺炎疫情防控的经费保障。

3. 加快审批

2020年2月17日，上海市药品监督管理局发布《上海市药品监督管理局关于对新型冠状病毒肺炎疫情防控用医疗机构制剂实施应急审批的通告》等文件，对新冠肺炎疫情防控用医疗机构制剂实施应急审批，打通审批绿色通道，为物资生产提供有力保障。

（六）口岸与交通管控

上海市新冠肺炎疫情防控口岸与交通组由上海海关、上海市交通委、上海市公安局、上海市商务委、上海市卫健委组成。疫情发生以来，上海市陆续发布了《上海市预防控制新型冠状病毒感染的肺炎借交通工具传播工作方案》（1月23日发布）、《进一步加强站车环境卫生保洁消毒相关要求》（1月23日发布）、《上海市交通委员会、上海海事局、上海市公安局关于进一步加强所辖港口和通航水域新型冠状病毒疫情防控工作通告》（2月14日发布）、《关于进一步加强本市公共汽电车、出租汽车行业防疫措施的通知》（2月17日发布）等文件，严格落实公路、铁路、港口、航空等不同交通方式的疫情防控工作，严格执行口岸、机场、火车站、长途汽车站、码头、道口以及人员密集公共场所的体温检测工作。

1. 公路

以“严格查控，堵塞漏洞”为基本原则，道路关口前移、集中查控；在一级响应期间，对在上海没有居住地、没有明确工作的人员，原则上加强劝返力度，暂缓入沪；停运省际客运。

开展高速市境道口防控检查工作。市交通委执法总队与市交通委机关、委属单位、城市运行公司等相关增援人员，继续采取24小时驻勤模式，与道口公安、卫健部门加强沟通，配合做好9个高速公路市境道口疫情防控工作。

开展国省干线公路市境道口防控督查工作。本市交通执法部门继续对本市16个国省干线市境道口进行巡查，每个道口1天不少于2次，对道口相关职能部门落实疫情防控工作的情况进行督查。

2. 铁路

检测体温，登记人员健康信息，管控重点人员，加强对车站和列车消毒。

3. 水运

海港码头的浦江游览、国际邮轮、省际客运全部停航，轮渡和三岛客运对所有乘客开展体温检测工作。海事对所有拟入沪船舶进行船舶动态查询和识别，发现相关重点地区始发或途经重点区域来沪船舶，原则上一律进行劝返。上海市航务处（地方海事局）下发专题通知，暂停关闭所有内河水上旅游线路及船舶运营。

4. 机场

新冠肺炎疫情初期，机场采取的主要防控措施包括：筛查乘客体温，加强与国内外机场和航空公司联系，登记人员健康信息，管控重点人员，整治环境卫生等。

随着境内新冠肺炎疫情得到有效控制，境外新冠肺炎疫情持续暴发并且风险等级不断提升，防控境外新冠肺炎疫情输入风险成为上海新冠肺炎疫情防控的“重中之重”。3月14日召开的上海市新型冠状病毒感染肺炎疫情防控工作领导小组会议明确，要做严做实国际航班落地后专用通道分流排查闭环、“直通车”接送转运闭环、属地社区管控闭环，确保环环相扣、无缝衔接。3月22日，上海市新型冠状病毒感染肺炎疫情防控工作领导小组规定，在对所有来自或途经24个重点国家和地区的入境来沪人员实行100%隔离的基础上，进一步加强口岸防控。除集中隔离人员外，上海市将对所有来自非重点国家和地区的入境来沪人员实施 100%新冠病毒核酸检测。

截至 3 月 21 日 24 时,上海市已连续 20 天无本地新增确诊病例。同时,上海市累计报告境外输入性确诊病例 56 例,26 例境外输入性疑似病例正在排查中。可见,上海新冠肺炎疫情防控重点已由本地防控转换为严防输入性病例。

5. 海关监管入境口岸

新冠肺炎疫情初期,海关方面的风险防控措施主要集中在分析风险,提前布控。根据上海市联防联控部门提供的重点关注人员名单,以及航空、航运企业提供的重点人员名单进行提前布控。并做好后续追踪,信息移交。对于海关移交医疗机构的人员,及时追踪后续诊疗情况。同时根据病例的确诊情况向疾控部门提供密切接触者的相关信息,排查追溯。

随着新冠肺炎疫情防控转为预防输入性病例为主,上海海关严格落实海关总署、上海市委市政府关于严防境外疫情输入的各项部署要求,进一步强化口岸与地方联防联控,上海海关对空港口岸所有入境人员实行全面集中管控、封闭管理。上海海关从全关范围紧急调配关员支援空港一线,全面强化口岸现场的检疫力量。同时,上海海关还根据境外疫情形势变化和上海口岸疫情防控需要,着力做好后续增援人员储备与调配工作,视防控需要,随时调配到岗。具体表现在三个方面:

(1) 对 24 个重点国家的航班及入境人员,实施更为严格的 100%登临检疫、100%体温监测和 100%健康申明卡审核。

(2) 对非重点国家的航班全力实施 100%登临检疫,对入境人员实施 100%体温监测、100%流行病学调查和 100%健康申明卡审核。按照"早发现、早报告、早隔离、早诊断、早治疗"的原则,通过严格实施登临检疫、流行病学调查、体温监测以及健康申明卡审核,上海海关第一时间筛查分离有症状或存在较高风险的重点人员。通过"120 模式""130 模式",有效管理传染源,阻断传播途径,避免交叉感染,防止新冠肺炎疫情扩散。

(3) 全面强化细化入境人员闭环管理。疫情防控工作领导小组专门制定了《上海市关于进一步加强疫情防控期间入境人员管理的工作方案》,决定从3 月 28 日零时起,对所有入境来沪人员一律实施为期 14 天的集中隔离健康观察。

(4) 同时,细化了五项工作措施并明确责任部门:一是进一步加强口岸检疫;二是做好入境来沪人员集中隔离工作;三是对需隔离的特殊人群加强人性化管理;四是对从事外交、公务和重要经贸、科技等活动或出于紧急人道主义原因确需来华的人员，给予“绿色通道”，按有关规定执行；五是稳妥实现隔离政策过渡。

6. 公共交通

要求市民乘坐公共交通工具时，自觉佩戴口罩。所有公共交通包括市内包车、班车、轮渡的从业人员在营运时，必须全程佩戴口罩。严格落实公共交通工具清洁消毒、通风换气等防控措施，地面公交和轮渡内一律不开空调，开窗通风；轨道交通列车运行期间确保通风系统运行，车站确保全新风 24 小时运行。

7. 长三角一体化

上海推出“长三角货通证”，在金平嘉三地建立“两书一证”机制，实现长三角“跨省通勤”。持“长三角货通证”的人员主动支持配合运输地相关管理部门所采取的诸如测温、登记等疫情防范措施。

（七）地区管控

1. 压实属地防控

1 月 24 日，上海市委、市政府发布了《中共上海市委 上海市人民政府关于进一步加强我市新型冠状病毒感染的肺炎疫情防控工作的通知》，要求各区突出对社区防控工作的领导，层层压实责任，确保防控工作不留死角。各村委会、居委会要配合疾病预防控制机构和社区卫生服务机构，认真做好社区防病宣传教育和健康提示，及时收集报送相关信息，配合相关部门为居家隔离医学观察的人员做好服务保障。物业服务企业配合做好防控工作。

2 月 10 日，上海市政府发布的《上海市人民政府关于进一步严格落实各项疫情防控措施的通告》中强调，各区、各街镇进一步加强本地防控工作，统筹整合力量，加强社区联防联控和群防群控。居村委要结合实际，完善入沪通道管控、上门排摸、人员核实和实施居家隔离的联动机制。切实把防控措施落实到户到人，做到排摸、登记、健康管理全覆盖。

2. 社区防控工作部署

1 月 28 日，市政府召开“加强基层社区疫情防控工作”专题会议，成立由市民政局牵头的社区工作指导组，依托上海疫情防控地区工作指导组，建立“市、区、街道、居村”四级联动机制。上海各区相应建立区级“社区工作指导组”，社区指导组工作着力点放在城乡基层社区，建立了三级联动机制、定期会议制度、信息报送制度、联络员制度等工作制度，将基层社会治理的优势切实转化为疫情防控的效能。如嘉定区通过《关于进一步落实村居社区严防严控、群防群控的若干意见》，制定了落实村居社区严防严控群防群控 15 条意见；宝山区则按照《宝山区关于进一步严格落实各项疫情防控措施的通告》要求，实施社区通行证制度，村居一律实施封闭式管理。

（八）环境治理

1. 总体部署

2 月 14 日，上海市绿化和市容管理局发布了《上海市绿化和市容管理局关于印发新型冠状病毒肺炎疫情防控期间环境卫生行业作业流程规范的通知》，依法对环境卫生状况进行检查和督办。

2 月 17 日，上海市卫健委发布了《关于加强本市新型冠状病毒肺炎疫情期间医疗污水和城镇污水监管工作的通知》，进一步加强新型冠状病毒肺炎疫情期间医疗污水和城镇污水监管工作。

2. 专项检查

截至 2 月 18 日，市城管执法局启动一级勤务响应机制，全市城管执法系统已累计出动 11.2 万余人次，检查沿街商户、商务楼宇等重点区域及周边道路 68.1 万余个(条)，发放了健康防护提示单 28.1 万余份，依法查处占道设摊案件 140 件，其中查处占道销售假冒伪劣口罩案件 11 件，暂扣假冒伪劣口罩 8 748 只，并移送至公安、市场监管部门做进一步处理。

2 月 20 日上午，在松江区新冠肺炎疫情防控领导小组的统一指挥下，由区应急管理局、公安分局、市场监管局、城管执法局、消防救援支队、网格中心和岳阳街道等成立的联合整治行动小组，对位于荣乐中路 12 弄的方舟园休闲广场开展了第一次联合整治行动。据统计，当天各部门共出动执法人员 51 人，清查各类小商店、小餐饮店等经营场所 48 家，整治 43 家，核查人员 85 人，清退场所(部位)36 家(处)。

（九）学校工作

1. 线下停课

根据中共上海市教育卫生工作委员会，上海市教育委员会《关于切实做好学校新型冠状病毒感染的肺炎疫情防控工作的通知》(1月23日发布)的工作部署，上海市教委要求各级各类中小学、托儿所、幼儿园均不能在市教委规定的开学时间(2月17日)前举行任何形式的教学活动或集体活动，取消假期返校活动和寒托班。

同时，根据《上海市培训市场综合治理工作联席会议办公室关于培训机构、托育机构继续暂缓开展线下相关服务的通告(沪培联办〔2020〕2号)》(2月28日发布)要求，各培训机构和托育机构自2020年3月1日起继续暂缓开展线下服务，恢复时间将另行告知。

2. 线上创新

3月2日起，上海143.5万中小学生开始在线教育。上海市教委教研室依据《上海市中小学2019学年度课程计划》，制定统一的分年级在线教育播放时间表。学生分时段收看课程，也可以点播回看。1 000多名优秀教师参与录制了视频课程。本次中小学在线教育遵循“同一学段、同一播出时间、同一批授课老师”的原则。

此外，上海广播电视台推出面向青少年的抗疫防疫特别节目《课外有课》；上海教育电视台推出《学做防疫小卫士》电视公开课，帮助同学们学习居家科学防疫知识。上海学习网推出上海市民终身学习云“空中课堂”，包含上海老年教育慕课、上海社区教育微课、上海终身学习云视课堂、市民网上学习体验项目等。

3. 做好学生各项保障工作

2月13日，上海市教育委员会发布了《上海市教育委员会、上海市财政局关于做好本市新冠肺炎疫情防控期间学生资助工作的通知》，2月14日发布了《上海市教育委员会等六部门关于疫情防控期间加强校企联动、做好高校学生实习实践管理工作的通知》等一系列文件，做好学生疫情期间的保障工作。

（十）新闻宣传

上海市疫情防控新闻宣传指导组由上海市委宣传部、市委网信办、市政府新闻办、市卫生健康委组成，本次开展新冠肺炎疫情防控宣传卓有成效，为全市众志成城，抗击新冠肺炎疫情提供了良好的舆论环境。

1. 新闻发布会

2003 年，上海市政府建立了发言人制度。由发言人代表上海市政府对外发布新闻，发布各种政务信息，发布和解释政府的政策，并就国内外媒体和公众关心的问题做出回答。

针对新冠肺炎疫情，上海于 1 月 26 日启动到 3 月 30 日共计召开新闻发布会 61 场。通过新闻发布会，及时发布疫情最新信息，回应市民关心问题，使人民群众的知情权得到保证，实现对政府工作的有力监督。

2. 政府网站、微信公众号

上海市及各区、各委办局等政府部门都通过各自的官网和微信公众号等发布疫情防控相关信息、文件、措施等，深入贯彻落实党中央、国务院以及上海市各项决策部署，使疫情防控工作透明化。

3. 舆情应对

互联网时代，自媒体高速发展，不免出现各种不实、虚假信息，一定程度上影响抗击疫情统一战线的形成。除了每日的新闻发布会发布权威信息、释疑解惑以外，上海市的辟谣平台适时公布疫情谣言 100 多条。同时上海各区在区政府平台开设疫情科学防控专栏，向公众普及科学防疫知识，澄清事实，肃清谣言，引导舆论。同时，认真倾听、及时采纳各方面对防控工作的意见和建议，并形成征集、梳理、报送、转办、督查、反馈工作闭环，更好地发现问题、解决问题，推动措施落实、工作改进，从而赢得了群众认可、增强了党的威信、提升了政府公信力。

4. 线索征集

国务院“互联网＋督查”平台面向社会征集有关地方和部门在疫情防控工作中责任落实不到位、防控不力、推诿扯皮、敷衍塞责等问题线索，以及改进和加强防控工作的意见建议。上海市及 16 个区通过开设“互联网＋督查”平台、投诉举报热线电话、政务服务网站及 App 疫情服务、微信小程序、微博等途径为民众提供主动申报和提供疫情线索的渠道，以此督促有关地方、部门及时处理。

5. 疫情防控知识科普

上海媒体广泛传播健康科普知识，倡导健康生活方式和行为习惯，提高市民自身防范意识。全市 6 万多块地铁、公交、楼宇的东方明珠移动屏幕滚动播出专家科普视频。

同时，上海疾控中心根据上海的气候特征和居民生活习惯，对新冠肺炎疫情防控期间易发的其他类疾病进行每月提示，对呼吸道感染疾病、流感、病毒性腹泻、猩红热、水痘、心血管疾病的预防、应对措施、注意事项、饮食进行详细的指导与提示，切实做好健康提醒和疾病提示。

（十一） 驰援湖北与援助海外

1. 医疗队伍

1 月 23 日，上海市卫生健康委员会下发《关于组派医疗团队援助湖北应对新型肺炎》通知，上海市将从全市市级医院、部分区属医院和承担传染病救治任务的专科医院中，组建 3 批医疗队，第 1 批开展救治工作，后 2 批待命，每批次 135 人。

1 月 25 日(大年初一)凌晨 1 点 25 分，上海市派出的由华山医院、仁济医院、中山医院、瑞金医院等医院医护人员组成的首批医疗团队抵达武汉，作为首个援鄂医疗队，开始了他们“与死神抢人”的战斗。他们负责的病区，就是武汉乃至全国最受关注的金银潭医院。

2 月 16 日晚，上海市卫健委接到国务院应对新冠肺炎疫情联防联控机制再次派遣支援湖北医疗队的紧急通知。在前期选派医疗队的基础上，统筹全市医疗资源，选定仁济、市一、市六、市五、市七、杨浦区中心医院等 6 家医院，选派医务人员组建第八批支援湖北医疗队。2 月 17 日上午，各医院在接到通知的短短 10 个小时内，克服困难、紧急动员，选派了由 513 名医务人员组建的医疗队，包含医疗、护理、管理等人员。

截至 3 月 1 日，上海市已经先后派出九批医疗队，共计 1 649 名医务人员。他们分别进驻雷神山医院、金银潭医院、武汉市第三人民医院、武汉大学人民医院、华中科技大学同济医学院附属同济医院光谷院区等 17 家医院，28 个病区，其中 ICU 病区 3 个、重症病区 16 个、普通病区 3 个、方舱医院 6 个。截至 3 月 29 日，医疗队累计救治病例 2 502 例，其中重症 592 例、危重症 248 例、出院 1 900 例。

2. 捐款捐物

据上海市民政局初步统计，截至2020年3月20日，本市新冠肺炎疫情防控社会捐赠收入已达14.20亿元(含国外捐赠3 863.94万元)。社会各界直接汇入湖北和武汉红十字会或慈善总会3亿多元。

1月26日起，上海市慈善基金会、上海市希望办、市青少年发展基金会开通捐款捐物通道。为湖北捐赠隔离衣、护目镜、医用手套、口罩及医疗设备。上海各区团委还发动青联委员、青企协会员，广泛募集口罩、护目镜、防护服等物资。

3. 积极做好对外援助

3月上旬，上海市向韩国大邱、庆尚北道等地区，捐赠了10万只医用口罩和40万只民用口罩。向伊朗捐赠50台呼吸机、5 000人份的核酸检测试剂盒及5 000件防护服等物资；2月29日选派疾控、公共卫生等领域专家，参加中国红十字总会的援助伊朗医疗志愿团队；3月26日，该团队顺利完成既定任务回国。向友城意大利米兰和伦巴第大区、日本横滨市和东京都各捐赠按压式免洗洗手液50箱和1万只一次性医用口罩，为全球新冠肺炎疫情有效防控做出贡献。

（十二）复工复产复市

1. 优化疫情防控行业规范

在全面加强防范境外疫情输入闭环管理的同时，突出分类防控、科学防控、精准防控，围绕体温监测、随申码、口罩等，及时明确核心防控措施正面清单，及时废止和修订不符合当前疫情防控实际、不利于恢复正常生产生活秩序的相关政策文件、工作规范和操作指南。14个行业主管部门围绕核心防控措施，修订行业规范指引，将185个缩减为29个。其中，市商务委、市国资委等13个部门将原规范指引全部废止，各部门分别合并修订为1件。在优化规范指引的前提下，行业部门逐步减少过严的管理条件。如：在社会公众层面，小区、楼宇从单一入口限制进入等调整为仅测体温和出示随申码。地铁逐步放开载客率要求，保留戴口罩和测体温有关要求。公园绿地等开放场所以及商场超市、餐饮服务、美容美发等取消体温检测。在复工复产复市方面，省际高速入沪道口测温取消；逐步恢复省际客运交通。工商企业和个体工商户(除剧场、书场，电影院、棋牌室，室内游泳池和地下空间密闭体育场所外)取消备案，可以直接复工。建筑工地复工由备案调整为告知承诺。文化旅游设施、体育场馆由关闭逐步恢复开放。

2. 推进健康码互认

牢固树立“一盘棋”思想，用好大数据等科技手段，助力复工复产复市，积极推广“随申码·健康”应用；按照“机制相通、规则互认、数据共享”的原则，并依托长三角数据共享交换平台，于2月28日推动实现长三角健康码互认，做到健康码互认、持绿码通行。与此同时，上海积极与四川、江西、山东等省全方位开展健康码互认。目前，健康码互认工作进入常态化运行。一是“亮码”互认。健康码效力等同、互认，可参照本省(市)健康码规则予以亮码通行或落实相关管控措施。二是“转码”互认。跨省使用健康码时，验码省份在发码省份每天按时提供的全量健康码数据基础上，自动转换生成当地“健康码”。其他地区市民来沪，也可通过“随申办”移动端App或支付宝、微信小程序及“健康云”平台获取本人的“随申码·健康”。通过健康码互认，加强协同、精准衔接、相互赋能，方便了市民有序出行，为务工人员返岗、企业复工复产人员通行提供了便利，推动恢复正常社会生产生活秩序。对于个人，健康码可以作为进入居住小区、园区、工厂厂区、商务楼宇以及各级行政服务中心、医疗卫生机构(发热门诊、定点收治机构除外)、电信和银行服务网点等公共管理和服务机构的通行凭证，无须另行开具相关证明材料。对于企业，可以通过健康码互认，科学防控、科学应对，精准防控、精准施策，做好企业内疫情防控工作。

3. 加强安全服务扶持

统筹安全风险防控和疫情防控，坚持综合施策、精准施策，全力做好企业复工复产安全服务扶持工作。一是守牢城市安全基本盘。立足抓早防小，严防发生大的事故影响干扰疫情防控工作大局。组成9个指导组下沉一线，紧盯化工园区、地铁、建筑工地、造船基地、物流企业等重点企业和单位，检查指导企业230家次，推动全市7 817家生产经营单位排查报告安全风险点389 986个。深刻吸取福建泉州酒店“3·7”坍塌事故教训，对危险化学品企业以及各类观察场所、定点医院、防疫物资生产储存等涉疫重点单位和重点部位，按照“一企一策、一点一措施”，靠前开展点对点安全指导服务，前置救援力量，有力保障城市生产安全和运行安全。二是强化安全提示帮扶。制定发布《本市疫情防控形势下企业复工复产安全提示》《上海企业复工指南》以及《复产复工六项安全提示》等安全提示46条次，加强对冶金、船舶、医药、化工等重点行业集团的专项指导，指导企业做到疫情防控和安全生产两手抓、两手硬、两手赢。

三、社会参与，打赢新冠肺炎疫情防控的“人民战争”

（一）社区防控

1. 党群共防

做好疫情防控，党员冲锋在前，充分发挥先锋模范作用是上海各社区疫情防控的一个显著特征。各居民区党组织充分发挥党建引领作用，积极宣传，发动党员，依靠群众、凝聚群众、组织群众全力投入新冠肺炎疫情一线防控工作中。

有的居民区党总支向业委会派驻工作小组，让其成为连接业委会与居民区、街道党组织的纽带，助力小区防控。有的居村成立了由党员带头的防控志愿者突击队，分赴基层，充实基层防控力量。

2. 群防群控

1）居民互助，加强社区防线

新冠肺炎疫情当前，很多小区居民互赠防疫用品，或者利用自己的资源帮助邻居购买防护用品。有些社区居民自发创作了各种顺口溜、打油诗，对防疫工作起到了很好的宣传作用。有些居民利用专业优势，帮助小区设计了“小区外来人员进小区登记表”“健康状况信息登记表”等小程序，方便外来人员进入小区时的信息登记和调用管理。上海的国际社区，不少外籍志愿者挺身而出，主动担任了“防控疫情告知书”的翻译工作。

2）居民自发补充社区薄弱环节

中心城区的老城厢，很多是没有物业的老旧小区，新冠肺炎疫情期间守门、保洁、消毒等都是难题。紧要关头，小区居民自发组建了“防疫团队”，采取了各种符合老旧小区实际情况的防疫措施。

城乡接合部的乡村，租住了大量来沪人员。防控战打响后，有些村居召开“房东会议”，制定针对房东的租借制度和针对外来租客的防控措施。如规定空置房屋一律禁止对外出租。如果原租户想返沪后续租，房东必须进行劝阻；若劝阻无果，需前往集中隔离点隔离 14 天，拿到“安全证”后才可入住等。

3）居民自觉参与摸排，填补社区防线漏洞

对于掌握到的重要新冠肺炎疫情线索，居民踊跃向居委会上报，便于居委会、街道及相关部门第一时间采取防控措施。比如发生在颛桥星河湾小区的“火车票疑云”，从居民发现情况，到各方配合，仅用了3个小时就水落石出，核实火车票主人，并对其采取了相应的隔离措施，做到了早发现、早汇报、早隔离。

3. 三驾马车共发力

居委会、物业、业委会是社区工作的“三驾马车”。“三驾马车”跑得稳，形成合力，才能推动社区各项工作常态化。新冠肺炎疫情期间，居委会、业委会、物业“三驾马车”凝成一股强大战“疫”合力，带领广大志愿者和社区居民，为家园筑起了“铜墙铁壁”。

1）守好小区大门

新冠肺炎疫情期间，上海的大部分小区都设24小时门岗，实行“出入证”制度，封闭管理居民社区。各居民区物业主动跨前一步，纷纷推出非常时期的管理办法。保安会检查进出小区人员的门卡或者出入证，确认业主身份；外来人员及车辆一律由业主提前报备，并现场电话确认后放行；外来人员必须测体温后才能放行，保安做好记录工作等。

2）破解家门口的“快递围城”

新冠肺炎疫情期间，上海住宅小区加强防控，限制快递人员、外卖人员随意进出。很多小区通过多方治理，共同破解“快递围城”难题。居委干部、物业工作人员、城管执法队员、快递公司、小区群众群策群力，因地制宜制定了各种行之有效的办法。如把快递寄存箱从小区内迁至小区外，既方便快递小哥正常投递，也隔绝双方直接接触的交叉感染风险；或者在小区入口开辟独立空间，专门用于停放快递车辆和装卸快递包裹等。

3）确保居民区环境安全

小区楼道、电梯、地下停车库、儿童乐园、快递柜、垃圾箱房等公共区域，每天都进行常规的打扫、至少两次的消毒工作，确保小区居民的环境安全。

4）重点人群精细管理

春节后迎来返程高峰，在外来人员管理方面，上海市下了很大功夫。其中“五步工作法”比较有代表性。第一步核实信息，包括从哪里来、家里几口人、乘坐什么交通工具、什么时候到沪等。第二步消毒，只要到了上海、进了小区，第一时间由专业消毒人员对其经过的公共区域，包括电梯、电梯间、楼道间、家门口进行消毒，24小时都有人做这项工作。第三步上门告知，居委会、派出所、社区卫生服务中心一起上门，让其填写健康登记表、签署“居家隔离观察承诺书”。同时送上必备防控物资，如口罩、体温计、消毒液、垃圾袋，以及部分方便储存的食品。第四步垃圾集中收运，每天定时有人上门收集垃圾进行消毒，然后专人专桶专车送到指定地点。第五步做好日常联系保障，每天两次联系隔离人，确保无异常。同时，居委会工作人员及时跟进解决生活上的问题，代其采办生活物资。对于“出尔反尔”的隔离观察对象，有些社区采取在其家门上粘贴“小红条”的措施，如果出现“小红条”被擅自撕毁，经核实后，防控部门将采取相应强制措施。

4. 下沉力量显优势

“社区是疫情联防联控的第一线，各级干部下去了，基层就会感到踏实，工作就会更加有力。”上海市委书记李强要求，各级干部要多到基层和现场走一走、看一看，发现问题、及时解决，发现漏洞、及时补上。要做实做细分片包干，因地制宜、因情施策、精准施策，使每个社区都成为新冠肺炎疫情防控的坚强堡垒。

在上海各区，来自区级机关、事业单位以及各街镇的党员干部，到了社区、到了一线、到了群众最需要的地方。他们在深入了解、理解社区的同时，也用自己的专业技能和敬业精神为社区贡献力量。开展社区疫情防控全覆盖及居委相关工作，协助社区原有力量，切实践行“不走形式，不走过场”。

5. 技防 + 智防齐应用

目前，全市 16 个区 6 000 多个居(村)委会、1.3 万多个居民小区，都在利用信息化智能化手段，采取精细化、人性化管理，织密疫情防控网络，做好疫情防控。

1) “一网通办”显身手

1 月 30 日，上海“一网通办”向广大市民发出倡议书，在疫情期间，如有相关办事需求，尽量网上办、掌上办，避免线下办、集中办，“一网通办”提供多渠道服务，让数据多跑路，避免集中到线下大厅办理。原本是提高政府办事效率、便民惠民的“一网通办”，在尽量“宅在家”的防疫特殊时期发挥了独特价值，真正做到了“实战中管用、基层干部爱用、群众感到受用”。

2) 口罩预购智能化

对于上海市民普遍关心的口罩预购事项，很多街道利用“一网通办”的“随申办市民云”App 鼓励居民在线完成口罩预约。另外，有些街镇采用了“线上线下”预约登记模式进行口罩预购,“线上”通过扫描微信小程序、二维码等方式,居村委会统一到药店采购后送货到居民家里。有些社区借助运作成熟的智能化治理系统,快速推出“口罩线上预约登记”等功能,充分发挥了“不见面”“很精准”“组织化”“很方便”“易管理”“实时化”等优势。

3) 挂图作战,分色管理

很多社区推行了“房态图”动态管理,针对不同小区情况,分类开展防疫管控工作,运用红、橙、黄、绿、蓝、灰、黑七色进行标注,基本做到了人员清、家庭清、时间清、进度清和措施清。没有出过上海的居民是绿色,外地非重点地区返沪的居民是黄色,重点地区返沪为橙红色,并标注解除隔离的时间,一到时间就会变成绿色,地图信息保持动态更新。

4) 信息化、高科技手段提高效率

新冠肺炎疫情期间,很多街道利用信息化平台、各种应用小程序、无人机等高科技信息化手段提高防疫工作效率。如有些社区的治理综合信息系统平台,综合了“社区治理信息系统、以房管人综合数据库、智慧社区应用管理系统、网格视频监控系统”等数据,实现了居民区重点人员的精准排查和靶向监控。如有些街道开发的“疫情防控信息填报系统”小程序,既方便又高效安全。黄浦区瑞金二路街道更是用无人机在轨交站点出口处,对出站人员进行宣传喊话和防疫宣传,既保证了效果,又扩大了范围,还降低了人员交叉感染的概率。

(二) 社会组织

社会组织作为一支独特的社会力量依托自身优势,主动配合政府服务社会,积极参与新冠肺炎疫情防控阻击战。

1. 行业协会、商会等

本市行业协会、商会等社会团体面对新冠肺炎疫情突发,带领会员单位积极应对,在做好自身新冠肺炎疫情防控工作的同时,发挥行业专业优势、组织优势、凝聚优势等,调动各方力量和资源,渗透到各行各业,投身防疫一线。

上海医药行业协会倡议并要求会员单位做好新冠肺炎疫情防控和相关药品生产储备,并协助会员单位参与一线药品生产及补给。同时,将掌握的企业相关药品生产、库存和物流情况通报相关部门,为政府了解摸底和掌握基本信息发挥了积极作用。

上海化工行业协会开通信息沟通绿色通道，建议参与病毒送检企业开通了送检的应急防控物资绿色鉴定通道以及24小时值班紧急联络电话，确保应急防控物资顺利到达目的地。

上海市工商联国际物流商会提出要心系救援通道，千方百计保障物资运输。商会会长单位圆通速递发挥表率作用，第一时间发布公告，免费为武汉地区运送救援物资。

上海市室内环境净化行业协会主动配合上海市市场监督管理局发布《关于严禁囤积居奇、哄抬物价等扰乱正常市场秩序行为的通知》，倡议会员单位加入消毒、隔离病房改造评估专业技术团队，承接医院手术室、病房的负压改造，用专业力量服务新冠肺炎疫情防控。

上海市佛教协会、上海市道教协会、上海市伊斯兰教协会等宗教社会团体积极做好停止场所开放和集体宗教活动的工作，同时参与上海市慈善基金会"抗击新型冠状病毒肺炎疫情专项募捐行动"，捐赠资金用于湖北省急需物资的地区和上海市抗疫工作。

上海市基金同业公会号召32家会员单位积极响应参与"致敬白衣天使"专项基金。

上海市湖北商会党总支会同商会领导班子，发出《致全体会员公开信》，号召全体会员为湖北家乡捐款捐物，助力家乡抗击新冠肺炎疫情，共渡难关；号召会员企业共同支持配合党和政府工作，为打赢这场没有硝烟的战役贡献自身的力量。湖北在沪地级市商会也积极投入到对抗疫情、关爱家乡的战斗中。

上海浙江商会通过全球采购、快递运输等方式，将防护服、口罩、生活必需品陆续送抵武汉。

另有，上海市信息网络安全管理协会、上海日用化学品行业协会、上海市家庭服务业行业协会、上海应急消防工程设备行业协会、上海市生物医药行业协会、上海市社会工作者协会、上海市律师协会、上海市工商联信息技术商会、上海市工商联房地产商会等诸多协会、商会积极组织行业力量抗击新冠肺炎疫情。

2. 公益慈善组织

新冠肺炎疫情暴发以来，社会各界广泛捐资捐物，支援新冠肺炎疫情防控工作。上海市民政局作为公益慈善事业的行政管理部门，负责对市红十字会、市慈善基金会等慈善组织接受社会捐赠及使用的情况进行监督。2020 年 2 月 6 日，上海市民政局通过官网首次向社会公布捐赠情况。截至 2020 年 2 月 4 日，上海有关慈善组织通过市红十字会、市慈善基金会、市青少年基金会、市双拥基金会、市华侨基金会、市儿童基金会、其他 30 家基金会、上海各界直接向湖北和武汉红十字会或慈善总会捐赠达到 7 亿元。新冠肺炎疫情期间，上海市民政局每隔 2 天，向社会公布一次数据，数据内容包括各机构各时段的捐赠收入和捐赠支出金额，做到信息公开透明。

2 月 26 日，上海市民政局、市审计局联合制定《上海市民政局、上海市审计局关于印发〈本市新冠肺炎疫情防控慈善捐赠管理办法〉的通知》，明确建立慈善捐赠统筹机制，规范公开募捐，规范使用捐赠款物，强化信息公开，加强审计监督等。

3. 志愿者组织

本市各行业领域的志愿服务组织和志愿者成为新冠肺炎疫情防控的一支重要力量。根据《志愿服务条例》和《上海市志愿服务条例》等有关法律法规规定，上海的志愿服务组织和志愿者做到了疫情防控应急志愿服务依法开展，安全有序，专业高效，充分服务社区。在专业医护、防疫宣传、社区排查、环境整洁、交通运输、秩序维护、慈善捐赠、关爱帮扶、心理疏导和便民服务等方面有序有力。特别是在服务社区方面，合理地确定服务半径，配合街道、居村委，有效开展了新冠肺炎疫情防控、人员排查、安抚社区患者及家属、隔离观察者的情绪、防疫宣传等一系列工作，展现出了专业担当和奉献精神。据不完全统计，各级指挥部、文明办、民政、团委、红十字会等部门招募和动员了近 10 万名志愿者参与新冠肺炎疫情防控志愿服务。

4. 社工组织

1）医务社工，链接急需物资

复旦大学附属儿科医院社工部努力链接各方社会资源，落实捐赠渠道，快速对接上海市慈善基金会，保证接受捐赠工作合法合规进行。同时，社工部还负责医院需求评估，专人对接爱心捐赠人或单位，应急物资接受与登记。上海市东方医院社工部负责急需物资的协调、分发和记录，将社会的爱心传递给一线的医护人员。上海中医药大学曙光医院社工部快速对接上海市慈善基金会、中华慈善总会、上海公益服务促进中心等平台，检查手套、药品、食品等物资，保证接受捐赠工作的合法、合规、合理。

2）司法社工，严查返城大军

在G15沈海高速朱桥道口等入沪关口，有一大批司法社工，他们和其他社会工作服务机构的社工、社区社工以及志愿者们一起为往来车辆内人员进行体温测量，确保“早发现、早预防”，降低因返程高峰引起人口流动所面临的防疫风险。

3）公益上海，提供全面保障

上海市民政局号召参与防疫战“疫”的上海社工，通过“公益上海”为自己申请“公益护照”，该护照是开展公益服务、捐赠及相关公益活动的重要凭证，同时含有金融、保险、交通、福利等功能。

5. 海外群体

面对祖国疫情，沪上广大海内外侨界人士奔走于世界各地，千方百计寻找国内急需的医用物资，一箱箱口罩、防护服、护目镜等医疗物资，从世界各地运回国。

新冠肺炎疫情同样引起了国际社会的关注。外国政府以及外国企业如通用电气、戴尔、高通、英特尔、微软、索尼、特斯拉等，纷纷通过捐赠资金、设备、物资及技术支持、专项补贴等方式，助力上海新冠肺炎疫情防控。

（三）科研院所

1. 智库发力，献计献策

上海交通大学、复旦大学、同济大学、上海政法学院、上海应用技术大学、上海电力大学等多所高校的相关学院、研究院的广大师生，发挥专业特长和智力优势，为各级政府和部门实施有效防控措施建言献策。多份决策专报得到了各级主要领导批示和采纳。同时接受权威媒体专访，加强政策梳理、科学研判和科学普及，向市民百姓传递疫情防控正能量。

同济大学发挥智库多学科综合性优势，组织专家向中央、部委和上海市就新冠肺炎疫情防控和恢复生产等建言献策。其中同济大学城市风险管理研究院各领域专家通过专报、媒体采访、专刊约稿、主动投稿等方式，建言献策30余次。

2. 科研攻关，正面交锋

战胜疫病离不开科技支撑。自新冠肺炎疫情发生以来，中国高校集结科研力量，启动了一批应急科研攻关项目，从第一时间进行科学研究、辅助临床决策，到迅速开展病毒检测试剂盒、开展药物和疫苗研发，各地高校科研人员分秒必争。

1）快速出击，解析病毒

上海市疾病预防控制中心和复旦大学上海医学院基础医学院密切配合，通过使用两种细胞系（vero-E6 和 Huh7 细胞）接种样本，从一例病例样本中，于 2 月 7 日成功分离并鉴定出新型冠状病毒（2019-nCoV）毒株，该毒株在细胞培养中扩增迅速，可得到较高滴度的病毒；间接免疫荧光法发现病毒感染细胞显示典型冠状病毒样病变-合胞体。目前，实验室已基本完成该病毒株的全基因组序列测定和分析，与新型冠状病毒（2019-nCov）参考基因组（EPI_ISL_402119，GISAID）相比，同源性大于 99.9%。

同济大学自筹经费紧急启动了“同济大学新型冠状病毒防治应急科研攻关项目”，包括“面向新冠肺炎疫情防控的空间大数据示踪与传播预警研究”“基于模块集成的应急医疗建筑智能建造系统”“面向新冠肺炎疫情的交通运输与公共安全协同智能管控关键技术”“新冠肺炎智能诊疗与疫苗研制”等众多前沿课题。上海同济大学医学院研究团队基于中国科学院上海巴斯德研究所和中国科学院武汉病毒研究所的研究成果，对新型冠状病毒感染人的机制和通路继续深入进行分析。利用高通量单细胞测序分析技术，研究了共计四万三千多个肺脏细胞，进一步发现 80% ACE2 受体主要在 II 型肺泡聚集。研究成果已在预印本网站科塔学术（bioRxiv）上发布，研究数据公开、程序代码开放，希望通过数据共享和科研交流团结各方力量，争分夺秒为抗击疫情贡献力量。

2）围绕检测，开发产品

2020 年 1 月，上海交通大学与上海之江生物科技股份有限公司合作开发试剂盒通过检验，成为中国法定检验机构检定合格的首个新型冠状病毒检测产品。同时，上海交通大学医学院附属仁济医院分子医学研究院与湖南大学等科研团队联合攻关，不到 1 个月的时间，便突破了核酸快提、恒温逆转录扩增、便携式实时荧光检测和比色检测 3 个关键技术，开发出“新型冠状病毒家庭简易快速检测试剂盒和相关技术”。目前，相关产品正在与多家定点医院合作进行临床试验，并已被推荐纳入应急审批通道。专家希望，民众只要按照说明书便可完成自检，有需要确诊的再到医院就医，从而实现重大疫情的就诊分流。

3）各显其能，研发新药

中科院上海药物所攻关团队围绕建立新冠病毒蛋白水解酶抑制剂高通量筛选模

型等开展研究，以期快速发现活性化合物，突破新药发现速度的瓶颈。目前已完成了新型冠状病毒体外评价模型的微量化，建立及优化了自动化筛选体系，并完成了 4 万样次化合物初步筛选，发布了 30 个潜在抗新型冠状病毒化合物清单，将有力地推动抗新冠病毒肺炎药物的研发。同时对一批已上市药物抗新冠肺炎的新适应症开展拓展研究，取得一定进展。其中，氯喹在体外研究中已经展示出了很好的抗新型冠状病毒活性，已被国家科技部、卫健委作为临床试验药物。中科院上海药物所、上药集团联合在上海市公共卫生临床中心启动了羟氯喹治疗新冠肺炎的临床试验。

4）加紧攻关，研制疫苗

疫苗是传染性疾病预防和控制方面最有效的手段。中国疾控中心、同济大学医学院等机构共同设计开发的新冠病毒疫苗已开始启用动物试验。科研人员分别采用灭活疫苗、亚单位疫苗、病毒载体疫苗、核酸疫苗等不同技术路径加班加点进行攻关。

复旦大学生命科学学院和附属中山医院林金钟团队联合上海交通大学徐颖洁团队和上海蓝鹊生物医药公司研究团队在总结非典病毒疫苗研发经验与教训的基础上，使用最新的 mRNA 技术，为新冠病毒疫苗研发设计了两套方案，在新冠病毒 mRNA 疫苗研究方面取得重要突破。

5）智能技术，“算法”防护

上海交通大学智能语音实验室团队联合人工智能技术企业思必驰推出“疫情防控机器人”，利用口语对话系统技术，向辖区居民主动拨打电话，调研近期行踪、摸排重点人员，大大减轻基层工作负担。上海交通大学还研发了“自主移动消毒机器人”“医疗服务机器人”等多种机器人助力抗疫，并已在武汉等抗疫一线进行临床应用。它们不仅工作效率更高，而且可以确保消毒的彻底性，降低了医患交叉感染的风险。

四、 市场主体，实现特殊时期资源有效配置

（一） 医药企业勇挑重担

1. 国企担当，筑牢医疗物资基本盘

上海医药作为上海最大的医药生产和流通企业，是新冠肺炎疫情防控物资保障方面的主力军，上海医药在 2020 年 1 月下旬就成立了应急工作小组，启动应急响应预案，采取了诸多举措。

1）保证仓储物流工作顺畅。紧急部署400多名外省员工留在上海，成立24小时轮班的7个对接组，确保医疗物资能够在最短的时间内得到及时配送。

2）设立24小时疫情防治药品/物资供应专线。在向市卫健委、市药监局及有关医疗单位公布的同时，做好信息汇总，应对突发状况的准备。

3）锁定应急库存，迅速采购补充库存。根据市卫健委的药品建议储备目录，第一时间梳理了抗病毒、抗菌等十类28个通用名，61个品规的产品的库存情况，并启动快速采购程序。

4）多渠道强化物资采购。与兄弟单位共同协作，毫不懈怠地做好药品和医疗物资供应主渠道的工作，保障各级医疗机构和一线需求。积极多方筹措货源，对潜在有供应风险的物料做好相关预案，想法设法跟有关部门沟通协调，尽可能满足市场供应。

5）快速响应供应指令。原则上公司收到供应指令后，3小时之内对市内大型医疗机构发出物资，对上海市集中收治新冠肺炎病人的上海市公共卫生临床中心，确保1小时内响应。

6）全力做好药品生产保障工作。上海医药下属的药品制造企业结合国家工信部防疫重点监控品种和《新型冠状病毒感染的肺炎诊疗方案》，建立了抗病毒、抗菌、预防等十大类上海医药自己生产的防疫相关药品目录，做好生产各项预案，及时采购了原辅料，提前进行扩产准备。

7）配合科研机构和临床专家加紧科研攻关。上海医药正积极配合科研机构和临床专家发起的硫酸羟氯喹片抗新冠病毒的全国多中心临床研究工作。

8）全力支援上海援助湖北医疗队。从除夕至2月14日，上海医药下属的湖北和武汉子公司分四批为上海医疗队累计转运急救药品、防护物资等各类医疗物资合计近8吨，确保医疗物资的转运配送工作。

9）关注全球新冠肺炎疫情的变化，做好原料药出口保障准备。

2. 民企发力，实现资源充分供给

在全力防控新冠肺炎疫情方面，上海一大批医药、器械行业的民营企业也积极响应号召，在确保病毒检测试剂生产线全速运转、确保医疗器械按时到位、保障防护用品供应和价格稳定等方面做出了突出的贡献。

1）检测试剂、疫苗、药物研发加速攻关

上海之江生物科技股份有限公司是首批研制出新型冠状病毒核酸检测试剂盒的

企业之一。其产品获批后大量发往武汉及全国各地医院、疾控中心。为了提高效率，公司加大研发力度，开发操作更为便捷、自动化程度更高、能够更快速诊断病毒的检测方法，最大限度避免一线医务人员与样本过多接触，降低感染风险。

上海伯杰医疗科技公司和上海辉睿生物科技公司都是中国疾控中心委托的新型冠状病毒检测试剂生产企业，公司大部分员工返回公司开工生产，并且亲自运送试剂到全国各地。

斯微（上海）生物科技有限公司是国内首批专注于 mRNA 疫苗和药物研发生产的企业之一，与同济大学附属东方医院等紧急开展新型冠状病毒疫苗研发，并参与科技部应急攻关项目。

2）不间断服务，让医疗器械及时到位

联影医疗第一时间成立了覆盖研发、生产、售后、临床培训及武汉各分公司、子公司的“全国健康安全应急指挥小组”，提供 24 小时不间断服务——确保已安装设备的正常运转、并将急用设备“派送”到各大医院的发热门诊、隔离病房。

新冠肺炎疫情期间向全国发出多台搭载可视化曝光功能的数字化移动 DR 和低剂量 CT。在疫情最严重的武汉地区，联影医疗调配了充足的移动 DR、CT 以及设备备件。

复星医药全力生产国六标准负压救护车，同时提前做好医用呼吸机的库存清点和大批量生产准备，在春节期间提供24 小时服务热线，主动对接区域内大型医院和传染病医院，随时准备提供技术支持和必要的优惠政策。

3）扩大产能，防护用品保供不涨价

上海化工区集中了 10 多家防疫物资原材料生产企业，这些企业有各自固定的产销渠道。新冠肺炎疫情发生后，他们不仅增加产能，而且抱团合作，在上海化工区的支持下，全力保障防疫物资原材料生产供应。

上海共有口罩及辅料等生产企业 17 家，新冠肺炎疫情期间每天有 180 万～200 万只口罩供应零售市场。位于青村镇的上海远钦净化科技公司能生产符合 KN90、KN95 标准的口罩。收到了 500 万只口罩的订单后，已返乡员工被召回加班加点保障生产。所有口罩按照政府要求统一配给，确保所有有紧急需求的医护人员、疾控单位、窗口部门等能迅速获得，口罩按照原价格供应。位于松江区的上海天健地坤防护科技公司1 月 21 日召集了已经放假的几位骨干成员，迅速赶制了 6 000 多只 KN95 标准的口罩。上海大胜卫生用品制造公司原本只做出口生意，如今正想方设法保证内供，企业管理人员纷纷走进车间助力口罩生产，疫情期间日均可生产口罩近6万只。

上海益丰大药房对应急调拨工作进行整体部署，与10余家国产大型医用防护用品生产企业密切沟通、调配货源，确保相关商品不涨价。童涵春堂对应急物资作了调货协调，让更多市民购买到应急物资。

（二）服务民生类企业稳定人心

1. 保障老百姓的“菜篮子”“米袋子”“奶瓶子”

光明食品集团是上海主副食供应的主力军，疫情期间，做到了供应稳定、价格稳定、市场安全、储备充足。

1）深入全国各主要的蔬菜生产基地，排摸品种和数量，提前做好产销衔接。

2）对进入市场的蔬菜进行22个项目的检测，确保安全。

3）光明乳业华东中心工厂，春节期间正常生产，产能全面释放，最高日产量比平时翻番，缓解了外地商品入沪不足的压力。

4）超市等零售终端，加大宣传力度和防护措施。每4小时对所有地面、货架、手推车、购物篮、各类操作用具进行喷洒、擦拭消毒，同时每天两次对员工进行体温测量并做好记录。

5）农贸批发市场，要求经营户在营业时间内必须戴口罩。同时，严格把控进场关，将每一位客商信息登记在案，并进行“通行证”管理。

2. 电商企业竭尽所能满足市民生活所需

抗击新冠肺炎疫情以来，上海各家电商企业确保供应链响应正常；广泛筹措和捐赠防疫物资；稳定物价，保障民生与防疫供应；坚守岗位保障需求，春节疫情不打烊；全力帮助行业恢复经营。

平台类企业，如阿里巴巴、京东、拼多多、饿了么，一方面保证基本业务运行正常；另一方面捐款捐物抗击新冠肺炎疫情，同时出台各种扶持政策，助力生态服务商共抗疫情。

产品服务类企业，如叮咚买菜、盒马鲜生、上海苏宁菜场、淘菜猫等通过线上线下服务，多种渠道组织货源，保障市民的“手机菜篮子”顺利供应。除此之外，叮咚买菜还给上海支援武汉医疗队的医生家庭每天免费送菜。

出行服务类企业，如哈啰出行、携程租车等，坚持有序运营的同时，无偿为奋战在抗疫一线的工作人员和志愿者提供公益用车。

在线旅游服务平台，如携程、驴妈妈、去哪儿?、同程旅行、马蜂窝、飞猪等相继发布退改保障政策。同时推出各种补贴扶持政策，助力合作伙伴共渡新冠肺炎疫情难关。

3. 邮政快递确保“民生通道”

邮政快递网络承担着社会基本公共服务功能，是疫情防控期间企业生产和市民生活物资寄递的主要途径。武汉等地区疫情发生后，上海各家快递公司立即行动，从1月25日起开通物流运输绿色通道，为全国各地驰援武汉等地的防控物资提供免费运输服务。在保障基本民生寄递需求方面，1万多名邮政、快递员坚守岗位，1 300多个企业网点做到了“不休网、不拒收、不积压”，确保了春节期间的寄递服务。

1月24日—2月25日，全市邮件快件业务量累计13 108.83万件，投递量9 581.13万件，发往武汉地区邮件116 378件，发往武汉医疗物资累计617车次，航班77架次，合计约1 847.891吨。

（三）功能保障型企业做好城市“稳定器”

1. 上海地铁全面落实“七个强”

新冠肺炎疫情期间，上海地铁全面启动并持续强化疫情防控工作，412座车站设立了751个测温点，“测温进站”覆盖上海地铁所有运营车站。其中热成像仪224个点位，额温枪527个点位。要求做到站、车强通风；强消毒；乘客强防控；疑似病例强应对；员工强防护；宣传强引导；客流强组织。对于加强新冠肺炎疫情期间的乘客和客流管理，采取了各项加强措施。

1）执行“乘坐地铁，佩戴口罩”。2月5日起，要求全程佩戴口罩乘坐地铁，对未佩戴口罩的乘客进行劝离。

2）制定详尽预案，每座车站都设置了隔离区。如发现疑似病例，将根据有关预案要求首先拨打120，在卫生防控人员赶赴现场前，带至隔离区防护，同时避免人流聚集围观；卫生防控人员抵达后，配合做好后续处置工作；通过“四长”联动机制，同步通知属地街镇及卫生防疫联系人；疑似人员离站后，在轨交公安协助下，将对隔离区及相关公共区域进行消毒，必要时，还将临时关闭出入口或其他服务设施；同时，车站还将做好有毒有害垃圾分类处置及消毒工作。另外，疑似病例离开后，上海地铁还将对包括空调系统、患者所涉及物品和场所进行全面清洁消毒。

3）规划客流路线，调整行车交路，加强有序引导。返程复工首日，地铁客流为145.1万人次，不到正常的12%。在车站管控方面，上海地铁结合新冠肺炎疫情防控测温要求，通过绕行、分段限流、分批放行、调整车站设备等措施，控制进站速度，灵活调整限流强度，从而降低人流密度。同时还根据列车满载情况，会同属地街镇动态启动“四长联动”机制，协同管控。必要时，还实施邻站或邻线配合限流，均衡降低人群聚集密度。在列车管控方面，上海地铁结合路网线路断面客流数据分析，针对高满载率区段，通过缩短或调整停站时分，加开备车疏散大客流，提升重点区段运能、动态调整行车交路、列车载客通过不停靠等运营调度手段，均衡列车客流满载率，最大限度控制人流密度。

4）通过各类宣传渠道，向广大乘客发布客流管控信息。

2. 上海公交确保公共出行安全有序

公交是城市流动窗口，新冠肺炎疫情期间，作为上海重要的功能保障类国有企业，久事集团充分发挥表率作用，全力以赴做好抗疫保障工作。新冠肺炎疫情发生后的一个月期间，久事集团科学合理安排运能，累计营运公交车近70万班次。

随着新冠肺炎疫情的发展，久事集团不断细化完善各项疫情防控工作长效机制，制定了《上海久事公共交通集团有限公司加强新型冠状病毒感染肺炎防控工作指南》，涉及工作机制、职工安全防护、乘客安全防护、营运车辆消毒、防疫物资管理等内容，有效指导了防疫工作有序执行。

1）车辆分级消毒，乘客逢人必检。久事公交实行车辆分级消毒制度，做好每日营运车辆、公交起讫站点、大型枢纽、集散站点消毒工作。为加大消毒力度，在公交线路推广采用大型电动喷雾器喷洒新型消毒剂进行车厢消毒，以加快消毒速度，提高消毒效率及安全系数，减少乘客不适感。同时，对车门把手、拉手、座椅靠背等关键接触部位，通过“擦拭法”利用新型消毒剂彻底除菌与清洁。采用红外线体温测试对进出枢纽站点的乘客进行测温，并在264条线路实行乘客上下车测量体温。42个公交枢纽站已全部配备发热乘客临时隔离安置点，按照严格的防疫规范要求，进行操作流程设置。

2）密切关注客流动态，合理投放运能，531条运营线路有序运行，做好大客流应对预案。指挥中心2小时汇报中增加“昨日消毒线路条数、消毒车辆数、参与消毒人员数以及疑似症状人数”的上报。

3）重视宣传教育，提高防护意识。久事公交专门制作了《公交防疫工作指南》短视频，讲解公交疫情防控规范操作流程。一方面强化员工队伍的防控意识和操作规范；另一方面通过公交媒体向市民传递防疫知识。

3. 上海出租打造市民流动交通防线

强生控股是上海久事集团城市交通板块重要骨干企业，业务涉及强生出租、巴士租赁等多个领域，旗下运营出租车 12 000 多辆，是上海出租行业主力军。根据新冠肺炎疫情变化，从 1 月 22 日强生控股印发《关于做好新型冠状病毒疫情防控工作的紧急通知》后的一个月期间，强生出租防控措施不断升级，从“六个一”到“六个加强”，力求做到“六个安心”。自 2020 年 1 月 24 日到 2 月中下旬，强生出租营运车辆日均车次近 57 000 辆次，保障了市民的安全出行。

上海大众出租汽车公司是上海的老牌出租汽车公司之一，在上海地区管理 4 个市区分公司和 3 个区域分公司，共 9 000 多辆出租车。公司还兼管国内 8 个连锁企业的 5 000 多辆出租车。在新冠肺炎疫情期间，大众出行推出了各项严格的防控措施，保证了广大市民“安心用车，放心出行”。到了 2 月中下旬，为助力企业复工复产，大众出行全新升级“安心用车”服务，开通大巴通勤班车、包车返沪业务，可按企业需求定制班车接送员工上下班。

4. 上海机场守好空中门户

上海机场集团根据市委市政府“三个全覆盖”“三个一律”“三个强化”的防控要求，会同属地区政府、海关、边检、公安、航空公司等单位加强联防联控。

1）运输服务、新冠肺炎疫情防控、旅客和员工安全全面部署

（1）测温

只要进入航站楼都必须主动配合体温监测。两大机场在航站楼、贵宾通道、公务机楼等处设置了近 40 个测温点，还配有相应的医学观察点。

（2）申报

乘坐国内航班抵达上海的旅客，要求提前在手机端登录“健康云”完成来沪人员健康登记。出入境旅客要求填写《出入境人员健康申明卡》，并配合海关做好体温监测等卫生检疫工作。

(3) 应急

两大机场与所在区建立了应急联动机制，疾控专家和专业医护人员到场指导和工作。对于体温异常，且符合相关排查规定的旅客将由120救护车就近送往属地指定医疗机构就诊。对于排查出的重点地区的无发热症状并符合隔离要求的旅客，将及时安排送至属地集中隔离点进行医学观察。

(4) 消毒

为守护旅客的出行安全，两大机场实行高品质全覆盖消毒。高频使用设施及人员密集区域每小时消毒一次，公共服务设施每天至少消毒三次，登机廊桥实时消毒，每天航后还要进行大空间全覆盖消毒。

(5) 通风

在确保温度适宜的同时，两大机场加大中央空调系统的新风量输送，适时打开玻璃幕墙侧窗通风。所有空调过滤器和滤网完成深度消毒，并新增1 300多套紫外线灯具常态化消毒。

(6) 防护

为了方便旅客随时保持手部卫生，两大机场在航站楼各种服务柜台、安检通道、手推车回收点等准备了消毒免洗洗手液，航站楼公共区域卫生间洗手台全部使用医用消毒洗手液。

(7) 废弃物

两大机场设置了40余个废弃口罩回收箱，要求将废弃口罩丢入专用回收箱，以便清洁人员进行集中消毒处理。

(8) 宣传

航站楼内，广播、电子屏、提示牌等多渠道全方位宣传健康卫生知识，温馨提示在机场随处可见，宣传点位数量超千个，提醒广大旅客自觉配合做好新冠肺炎疫情防控，切实增强自我健康管理。

(9) 员工

上海机场员工都接受了防疫知识普及和个人防护培训，每日上岗前都经过严格的体温测量，并佩戴防护用品。

2) 全力保障医护人员和防控物资的航空运输

上海机场集团要求对于医护人员和防控物资在运输保障中必须作为“最优先级”，成立了专项领导小组并制定了严密的保障方案。两场运管委平台加强与机场运行指挥中心与承运航空公司的密切沟通，主动了解保障需求，协调航班时刻，为航班机位安排提供便利；两场安检部门对涉及疫情防控的人员和物资提供“绿色安检”；机场货运站在海关指导下为防控物资入境开通“绿色通道”，做到优先响应、优先协调、优先处理。各部门密切配合，高标准承担起医护人员和防疫物资运输保障任务。

5. 上海城投，保障城市运行安全

疫情发生以来，上海城投集团全面落实联防联控措施，切实履行好城投集团主力军、突击队职能。上海城投集团广大干部职工坚守岗位，恪尽职守，确保生活垃圾转运处置、医废收运处置、城市供排水、高速公路运营等各项工作有序开展，保障疫情期间城市安全运行。

城投环境集团和上海环境股份积极投入力量，加强生活垃圾收运和处置能力，强化医废收运处置力量配置。其中上海城投固体废物处置公司作为全市的医疗废物收运处置保障企业，在上海启动重大突发公共卫生事件一级响应机制前，已预判启动全市医疗废物应急收运处置保障，做到了早启动，早谋划。第一时间组建了“医废应急收运党员突击队”和多梯度应急团队。采取三级防控措施，确保“新冠肺炎疫情”防控期间，医疗废物收运处置无死角、零疏漏、全防控。在收运方面，为最大限度地减少接触风险，优化作业时间，制定收运定点医疗机构、发热门诊及其他医疗机构医疗废物的夜间收运处置方案。同时，增强运力，积极做好其他医疗机构普通医疗废物的收运工作。在处置方面，设立绿色应急通道，优先处理涉及新冠肺炎疫情的医疗废物，确保应急医疗废物日产日清。在医废焚烧方面，均在上海市和嘉定区有关部门监管下，严格按规定流程处理。在应急保障方面，进一步完善医废收运处置应急预案，在必要时启动应急预案，调配和增强医疗废物处置能力，确保全市医废得到及时、安全处置。

城投水务集团按照确保城市供排水保障的要求，加强供水保障能力和排污水处置能力。南方水中心供水水质检测中心，在新冠肺炎疫情防疫期间，加班加点，对全市供水水质采样点进行水质监测，尤其注重微生物检测，日均检测 58 个样品，并确保水质数据及时报送。同时制订了应急水质检测值班制度，每个分析室和部门都明确了值班人员，保证一有突发状况，即可到岗，守护好上海市民的水质安全。

城投公路集团按照市公安局、市交通委、市卫生健康委等部门指令，负责在入沪高速公路省界构筑临时路障，为相关部门对入沪车辆进行防疫检查提供各类服务保障，实施24小时防疫。

6. 电信运营商数据支撑疫情防控

在符合工信部通管局管理要求的前提下，三大运营商快速建立起“七统一”协同机制，为有关部委、省市政府提供疫情防控相关人口流动大数据分析，利用成熟的算法模型提供相关数据分析和智能应用，全方位支撑疫情防控工作。

一是位置移动监测服务。运营商可以利用手机归宿地、长期使用地和漫游出行路线和活动范围对疫情防控带来大数据支撑。

二是基于实名制，基本实现90%以上的真实人员大数据支撑。

三是对密切接触者进行事后流调提供支撑。

四是对执行不力的，流动频繁的社区和村庄，进行有效的监控。

五是对重点监控区域的人员进行流动监控。

同时，电信、移动、联通三家基础电信运营商推出“疫情防控行程查询”公益服务，免费向手机用户提供。为了防止网络拥堵，三大运营商还规定，每位用户每天免费查询10次。

（四）金融服务型企业输血助力

1. 银行流程创新，解决企业资金难题

关键时候，上海多家银行通过降低利率、降低费用、征信保护、延期还款、提高不良容忍度等方式，支持企业轻装上阵。对受疫情影响严重且已造成贷款逾期的，提供罚息减免、征信保护等救助措施；对疫情重点保障企业、疫情防控相关行业给予金融服务绿色通道，加大信贷支持力度。

建设银行上海分行根据政府公开的防疫企业名单，推出“担保基金贷”，为企业提供免抵押贷款。同时，在贷款价格底线基础上，将利率再下调了0.5个百分点。

中国银行上海分行提前为防疫企业制定增加信贷额度的预案，提前在行内做好审批流程的沟通，当企业提出信贷需求时，可以用最快速度完成放款。

浦发银行某企业客户，其下游客户是武汉的制造企业，客户不能正常回款，企业到期的银行贷款也无法偿还。浦发银行主动为企业选择了无还本续贷方案，并给予了最优惠的利率政策。

上海银行落实让利措施，使疫情防控期间相关贷款利率参照同期贷款市场报价利率（LPR）至少减25个基点，切实优惠广大企业客户。

外资银行也鼎力相助。汇丰中国上海分行发现一些客户在信用证、商业承兑汇票到期日，账户上没有足额资金，果断选择在客户开工前为其临时垫款，并酌情减免客户因垫付产生的利息，也不作为逾期资金录入征信系统。

2. 保险公司服务创新，践行社会责任

各家保险公司不仅为抗击疫情捐款捐物，还积极发挥金融服务优势，推出针对疫情的保险产品或者创新服务方案。

中国太平保险集团向武汉地区抗疫医护人员捐助两款专项保险保障，同时推出十项措施支持企业复工复产。华夏保险上海分公司为上海5.8万余名环卫工人赠送“华夏守护保防疫保险”。中国人寿、中国人保寿险等保险公司对重大疾病保险产品进行责任扩展，涵盖新冠肺炎确诊保险责任，进一步扩大客户群体所能享受的保障权益。

中国太保产险推出上海临港新片区企业复工防疫保险产品，全力支持临港新片区企业在做好疫情防控工作的前提下稳步实现复工复产。

（五）科技创新企业提供“枪支炮弹”

1. 头部企业关键时刻显威力

“非制冷红外MEMS传感器芯片”是手持式测温仪和红外成像及测温监控的核心部件，这类芯片制造是上海华虹集团的优势。关键时刻，华虹集团落实产能，满足市场的需求。

2. 人工智能应用端发力，助力一线提高效率

CT影像一直是新型冠状病毒肺炎的重要诊疗决策依据。随着疫情迅速发展，各重点防治单位胸部CT量暴涨，医生阅片工作量大，快速定量分析和病情分级是抗疫一线亟待解决的关键问题。上海人工智能独角兽依图科技第一时间抽调精兵强将，研判疫情态势及临床需求，迅速完成新冠肺炎智能评价系统产品研发，于1月28日即在上海市公共卫生临床中心上线。此后以天为单位迅速迭代，完成严格的前期性能验证。2月4日晚，上海市公共卫生临床中心证实该系统临床有效，并建议在全国尤

其是重点疫区推广。2月5日，该智能影像评价系统，在华中科技大学同济医学院附属协和医院、武汉大学中南医院、武汉大学人民医院、荆州市第一人民医院完成部署，并立刻投入疫情防控一线使用，全系统跨省异地部署完成，耗时不到24个小时。业内专家评价，该系统是行业内首款智能评估新型冠状病毒肺炎的AI影像产品，能够更为高效、准确地为临床医生提供决策依据。

3. 算法抗疫提供科技弹药

深兰科技旗下深兰科学院，成功开发了一套独特的AI算法，将病毒基因全序列对比的时间缩减到3分钟。而蛋白序列的对比时间更是缩减到秒级，比如SARS和新冠病毒(2019-nCov)的S蛋白对比只需3秒钟，结论是两者S蛋白的氨基酸序列的相似度为71.88%。深兰科技向全社会开放这项功能，深兰科学院利用此独特的AI算法和非线性动力学混沌可视化理论，正在进一步研究新型冠状病毒的蛋白靶标，尽快找到新型冠状病毒的药物筛选。

4. 机器人奔赴一线，参与“战斗”

武汉协和医院14名医护人员感染新冠肺炎。当时，“上海制造”的钛米消毒机器人火速奔赴一线，对被封闭楼层进行高标准消毒，确保该院在最短时间内重新恢复使用。截至目前，已有40多台钛米消毒机器人在武汉多家医院与一线医护人员一起“战斗”。此外，在上海市公共卫生临床中心、仁济医院、华山医院、肺科医院、中山医院，以及北京、温州等地的医院，也使用这款消毒机器人。

五、上海新冠肺炎疫情防控的总结与思考

2019年11月，习近平在上海考察时强调，要深入学习贯彻党的十九届四中全会精神，提高社会主义现代化国际大都市治理能力和水平。要发挥好政府、社会、市民等各方力量。要履行好党和政府的责任，鼓励和支持企业、群团组织、社会组织积极参与，发挥群众主体作用，调动群众积极性、主动性、创造性，探索建立可持续的运作机制。

本次新冠肺炎疫情是对国家治理体系和治理能力的一次大考。在这次大考中，上海以其特有的忧患意识、理性思维、变革精神，用实际行动克服短板，在实战中强化

能力，充分发挥了政府、社会、市场等各方力量，使这座超大城市在面对异常复杂而又艰巨的疫情防控战中实现了平稳软着陆。

上海政府在疫情初期的反应非常敏锐，决策也非常精准。2020 年 1 月 22 日即成立了“工作领导小组”，对疫情防控进行全面部署。在医疗救治和疾控预防方面，打出了“组合拳”，使确诊病例、疑似病例、死亡病例都处于一个相对平稳的水平，截至 3 月 20 日，治愈率达到 96.4%。在疫情防控方面，联防联控，压实属地责任，强化社区防控，管好入沪道口，同时进行动态防控、科学防控、精准防控，持续阻断输入性风险，有效控制城市常态运行下的流动性风险，严防复工复产后的集聚性风险。在复工复产复市方面，政府推出各项经济支持政策和复工对策，稳定市场，稳定预期，为经济复苏提供政策保障。

“政令时，则百姓一，贤良服。”习近平总书记多次强调，要广泛发动群众、紧密依靠群众打赢疫情防控的人民战争。而上海的广大市民更是在这场“城市保卫战”中，体现出了高度的公民意识。上海社会各界在社区防控、群防群控、居民互助、志愿者行动、社工组织、行业担当、智库献策、科研攻关、驰援湖北等各方面发挥着巨大的作用，自觉自律地投入到这场史无前例的人民战争中，筑牢了这座城市的各道防线。

市场是商品交易关系的总和。新冠肺炎疫情期间的市场体现的是特殊的交易关系，这些交易不追求短期经济效益，只以保障人民群众生命安全和身体健康为出发点。上海诸多的医药企业，在医疗物资供应，检测试剂、疫苗、药物研发，医疗器械设备提供，驰援湖北等方面克服重重困难，勇挑重担。服务民生类企业稳定人心，功能保障型企业保障城市的正常运行，金融服务型企业输血助力企业恢复生产运营，技术创新型企业为抗击疫情提供“科技弹药”。市场从不同的地方发力，实现了特殊时期有效的资源配置，践行了“疫情就是命令，防控就是责任”。

通过对上海新冠肺炎疫情应对的相关做法进行总结，我们深刻认识到，面对超级疫情，政府是神经中枢，始终是主导地位，是决策机构，是发号施令、制定总体方案的地方，也是最关键的地方。政府要有效发挥国家机器的作用，使各种行政资源最优利用。同时，政府的作用也是有边界的，如果把政府比作主脉，社会和市场就是毛细血管，可以渗透到各个方面，解决人、财、物、技术、信息等诸多问题。社会资源的丰富要素可以应对各种复杂问题；市场的作用在于组织和运行，实现各种资源的有效配置。只有当三者有机融合，发挥政府主导、社会参与、市场主体的“多元共治”功能，我们的治理体系和治理能力才能进一步完善和提升。

公共卫生安全是城市运行安全的重要方面。随着后疫情时期的到来，在城市运行过程中如何有效防控疫情，以及在疫情发生后如何第一时间组织各方力量进行应急救援，切实保障市民的公共卫生安全，以下几个方面的问题值得深入思考和研究：

（一）政府层面

1. 进一步优化健全上海市应急管理体系，加强应急管理能力的现代化建设

健全应急管理体系及加强管理能力现代化建设是十四届四中全会的要求。从本次疫情应对看，上海市整体应急管理体系是相对全面的，整体应急能力是高效的。但管理活动总是和管理环境的技术特征与管理特点相融合，在当前的时代背景下，还有必要进行深度的适应，特别是在应急管理指挥体系的决策、判断过程中如何实现传统专家经验与智能分析结果的结合，以及如何理顺应急指挥机制，突出应急管理部门的统筹职能，为应急指挥的科学决策和精准施策打下基础。

2. 有效夯实基层应急力量

基层是快速、有效处置的应急前线，面临着大量细致和烦琐的具体问题，工作环境复杂且工作要求很高。充实基层应急力量能有效发现风险苗头，打早打小。围绕应急管理的八个环节，基层应急该如何建设，如何布置，如何衔接，确保整体应急体系高效运转，是值得进一步研究的问题。

3. 健全上海市应急物资保障体系和应急预案体系

应急物资保障是应急管理体系的重要组成部分。党中央、国务院高度重视，习近平总书记多次强调“要健全统一的应急物资保障体系，把应急物资保障作为国家应急管理体系建设的重要内容，尽快健全相关工作机制和应急预案”。突如其来的新冠肺炎疫情，暴露出应急物资储备不足、生产滞后，物流运行不畅、调度难度大，分发、配送效率低等问题，直接影响疫情严重地区的防控工作。此外，常态下的应急预案编制往往很难考虑到非常态下或极端环境中的情景，如何加强应急情景的设计，以及如何在预案中突出应急重点环节的对策，提升战时的针对性，是应急预案体系完善的重点之一。

4. 进一步做好上海市应急大数据中心的建设

2020 年 3 月 4 日，中共中央政治局常务委员会召开会议，研究当前新冠肺炎疫情防控和稳定经济社会运行重点工作，其中首提大数据中心建设的问题。上海市作为数字化基础较好的城市，应以此次疫情防控为契机，总结经验和做法，打通数据壁垒，实现部门之间的数据整合和共享。同时，进一步深化、优化和强化政府信息化管理平台建设，使之匹配上海“五个中心”建设的要求。

（二）社会层面

1. 加快推进“国家安全发展示范城市”创建

大型社区是城市化进程的必然产物，是上海市城市风险防范和应急管理中的重点和难点。本次新冠肺炎疫情应对中，上海市各个社区高招频出、形式多样、主动灵活，针对性地解决了一系列复杂烦琐的问题。应及时总结此次疫情防控中的优秀经验，倡导形成更为紧密和谐的邻里关系、社区文化、风险应急文化，提升上海市民整体风险防范和应急管理意识，加快创建“国家安全发展示范城市”。

2. 做好社区风险自我管理与网格化管理的衔接

上海网格化管理已有成效，形成了一套经验和方法。社区风险自我管理作为风险防范体系中的一个终端环节必将会产生信息，要善于梳理这些信息，做好衔接和使用，切实做好风险预防，做好源头治理。

（三）市场层面

1. 调动市场活力，充分发挥好企业在城市应急技术中的积极性和创造性

本次疫情应对中，上海市各科技企业从疫情应对的各个方面，专项研发了系列产品和设备，有力支撑了防疫抗疫的技术力量。如何在常态下，调动民间投资积极性，充分发挥企业在应急技术层面上的创造性，提升整体技术实力，规范应急设备标准，形成应急装备产业链，落实应急生产储备能力，为应急保障奠定基础。

2. 有效引导和培育“在线经济”的发展

“在线经济”作为市场经济的组成部分，在本次疫情应对中，客观上起到了隔离和保障民生的作用。应该围绕城市发展的需要，充分鼓励“在线经济”，优化细化固化

“在线经济”在保障城市安全运行和应急管理中的作用，特别是在整体应急预案中的定位、作用、要求、条件等是值得深入研究的问题。

3. 强化经济园区、行业协会、商会等组织在市场调节机制中的作用

本次疫情应对中，经济园区、行业协会、商会等组织充分利用专业优势和特色资源，组织企业、会员单位开展疫情防控，进行物资调配，组织复工复产，进行防控宣传，为政府提供数据信息等，是疫情应急力量中不可忽视的环节。在常态下，要加强这些力量的衔接，固化标准、简化流程，使其能在非常态下最大化地发挥其桥梁作用。

上海城市运行安全发展报告

(2016—2018)

孙建平 主编 周红波 刘军 冯永强 副主编

第1章 概　述

城市是集生产、管理、服务、集散和创新等功能为一体的人类居住和生活的地域，是人类文明发展到一定阶段的必然产物，城市也推动着人类文明快速发展，城市的产生和发展与人类文明和社会的进步紧密相连。在城市的发展进程中，城市安全始终起着至关重要的作用，影响着城市的兴盛与衰亡。

进入21世纪以来，随着城市功能和规模不断扩大，城市也面临着各种安全问题。不仅有长期以来存在的自然灾害、生产事故、火灾等安全问题，更出现了一些新的威胁，如食品、信息、生态等安全问题。城市安全已成为城市发展关注的焦点和亟须解决的重要问题。对于超大城市来说，各种安全风险和事件的耦合与叠加增加了其复杂性，解决难度增大。城市运行安全作为城市发展的基础，其重要性日益提升。

城市运行安全包括城市基础设施运行安全和各类企业的安全，主要是以企业法人为主体运行安全，非常规意义上个体感受的城市安全概念。

1.1 报告的目的和意义

近年来，我国城市化进程明显加快，随着城市人口、功能和规模不断扩大，新产业、新业态、新领域不断涌现，人们的生产、生活方式也发生了很大的变化，城市运行系统日益复杂，城市安全问题不断凸显。上海市在快速发展的过程中，城市安全基础设施建设速度与城市发展速度不匹配，出现了安全管理水平与现代化城市发展要求不适应、不协调的问题。

近些年，国家不断加大对城市安全的管理力度，提高城市安全水平。2016—2018年，中共中央、国务院共发布了与城市安全生产和应急管理相关的8个政策文件，上海市共发布了与城市安全生产和应急管理相关的13个政策文件。

在上海市政府大力加强城市安全管理的态势下，上海市安全事故总体平稳可控、持续好转，然而形势依然严峻，出现安全事故会给人民群众生命财产安全造成一定损失，也暴露出城市安全管理存在不足。为了全面反映上海城市运行安全状况，为政府部门的安全管理决策提供参考，为社会及企业提供咨询意见，为相关研究机构提供支撑，为市民提供安全指导、提高安全意识，本报告编委会成员单位共同编制本报告。

《上海城市运行安全发展报告》以习近平新时代中国特色社会主义思想为指导，按照习近平总书记“上海城市管理要像绣花一样精细”和“增加安全风险意识”系列指示，深入贯彻落实党的十九大会议精神，紧密对接2035年建成与基本实现社会主义现代化相适应的安全发展城市的目标。

近年来，对城市运行安全的相关研究虽然取得了很大成果，但缺少对城市运行安全综合能力的评判。本报告试图综合各重点行业及城市整体安全表现，表达对城市运行安全系统的整体评判。

本报告紧紧围绕城市运行安全的基础，立足城市运行安全状况，注重研究的实用性和前瞻性，有利于进一步促进和保障上海城市安全、健康和可持续发展。本报告对超大型城市的运行安全现状进行了较为全面的研究，为城市运行安全提供支持，为推进开展全国城市运行安全建设工作提供参考。

1.2　城市运行安全的范围

城市运行安全是指对自然灾害、社会突发事件等具有有效的抵御能力，对城市生产、运行安全事故等具有有效的预防能力。究其根本，城市运行安全的本质就是通过社会主体所承载的“物”的安全和城市运行安全“管理系统”的良好运转来保障作为城市主体的“人”的安全。城市运行安全不仅是城市发展和稳定的前提，而且直接影响着城市居民的生活水平和生活质量，对推动社会主义现代化具有重要的意义。

本报告主要偏重于对城市运行中的“物”和“管理系统”进行研究，主要包括自然灾害，城市房屋建筑工程、市政基础设施及轨道交通工程建设和运行期的生产安全、事故灾难，以及为了实现城市承载的“物”的安全和城市主体的“人”的安全进行的管理活动。

报告主要针对上海市重点行业领域、易造成群死群伤与重大经济损失或产生重大社会影响的领域与行业，如自然灾害、城市建设(包括房屋建筑、市政基础设施和轨道交通)、设施运行(包括建筑及附属设施、市政基础设施和轨道交通)、火灾消防、危险化学品以及特种设备的安全现状进行了梳理和评价，对现有的数据进行收集汇总和分析，由于数据收集的统计口径和城市运行安全的界定不一致，本报告暂不涉及政治安全、经济安全、交通事故、社会治安、公共卫生和恐怖主义等内容。

本报告数据主要来源于相关委办局提供的公开数据资料、上海市统计年鉴、文献资料、实地调研等。其中，上海市统计年鉴的部分数据为2015—2017年的数据，部分数据为2016—2018年的数据。所有数据出处均在报告中注明。

1.3　报告的总体思路

城市运行安全是城市总体安全的基础，是城市居民安全生产、幸福生活的前提条件，是城市精细化管理要达到的目标。而城市运行安全与企业的运行安全密不可分，报告通过对行业管理的描述来建立行业的安全评估框架，通过对安全状态的直观表现进行汇总分析，得出主要事故的因素，再通过收集管理部门的政策并进行汇总分析、描述监管行为的管理措施，判断该行业风险防控管理的挑战与困难，最后提出对该行业的建议。

在时间维度上，经过几十年的发展，上海市人口规模、经济体量、城市面貌发生了翻天覆地的变化。与此同时，城市运行安全状况也发生了较大的变化，呈现出新特点和新趋势。本报告对近3年上海城市运行整体现状和管理现状进行梳理，对数据进行整理和对比分析，得出城市运行安全发展的发展趋势，并提出对策和建议。

在空间维度上，上海的城市建设在“上海城市总体规划”和“五年计划”的指导下，城市运行安全格局不断变化。第二产业在经济中的占比逐渐减小，危险性较大的行业和企业数量减少，并且通过退城入园远离市区。本报告考虑了上海市的重点行业和领域的安全状况，包括其产值规模、从业人数、事故数量、安全管理等。

本报告的结构如下：

首先，从整体上对上海城市安全特征、安全事故状况和管理情况进行描述，展示上海城市运行安全的总态势。上海城市、人口规模大，安全事故总体平稳可控，管理体系较为完善。

其次，从上海市自然灾害和重点行业领域分析安全现状。上海市受台风、暴雨等自然灾害影响，在成熟的应急体系下，经过科学的预警、准备、防灾减灾将损失降到最低；对城市运行安全影响较大的重点行业领域分析安全状况，分析了房屋建筑、市政基础设施和轨道交通的建设期和运行期安全状况；分析了火灾消防、危险化学品和特种设备的安全情况。

通过对上海城市运行安全的现状分析，建立安全度模型进行评价，通过指标体系、权重分析和层次分析法获得安全数据，得出2016—2018年上海城市运行处于较安全的结论。

最后，基于上海城市运行安全现状和管理状况，在分析重点行业领域的安全现状并进行安全评价后，得出了上海城市运行安全风险叠加化、安全防控集成化、工艺提升自动化、安全管理信息化和责任主体市场化的发展趋势，在此基础上给出合理化的对策和建议。

本报告的特点如下：

（1）注重数据、资料来源的准确性。报告搜集了历年来国家和上海市统计数据，调研了城市运行安全相关的委办局和企事业单位，梳理了近些年国家、上海市政府相关政策、法律规章和地方标准，结合公开发表的文献资料进行对比，确保数据准确可靠。

（2）注重分析的客观性。结合获得的资料数据，运用科学的评价方法，进行了客观的分析和评价。

（3）注重实用性。报告紧扣城市安全的主题，贴合实际，关注当下政府和社会在城市运行安全方面的重点和痛点，分析趋势并提出了合理化建议。

第2章
上海城市运行安全和管理现状

上海作为国际大都市，属于超大规模型城市，随着城市人口、功能和规模的不断扩大，城市运行安全风险不断增加，尤其可能出现几种风险要素的叠加，因此，研究城市运行安全的重要性日趋突出。城市运行安全不仅是城市发展和稳定的前提，而且直接影响着城市居民的生活水平和生活质量。本章主要从城市运行安全的"物"和城市运行安全的"管理系统"两个方面对上海市城市运行安全现状进行阐述。

2.1 城市运行安全总体状况

上海位于长江和黄浦江入海汇合处，是我国直辖市之一。自 1843 年开埠建市的一个半世纪以来，随着国家和政府的高度重视，尤其是经历了改革开放 40 多年的快速发展，取得了瞩目的发展成绩，上海成为我国经济、金融、贸易、航运、科技创新中心。上海城市综合实力持续提升，2018 年上海市生产总值达到 32 680 亿元；城市功能和服务范围不断提高，人民生活得到极大改善。

总体上来说，上海的经济结构不断优化，城市规划和产业布局更加合理，政府管理水平和管理体系不断完善，城市的运行安全状况不断改善。上海市城市运行安全呈现两个特征。

2.1.1 城市运行安全受到高度重视

随着城市重要性的不断提高，上海市人民政府贯彻党中央、国务院的精神，加强城市安全源头治理、健全城市安全防控机制、提升城市安全监管效能、强化城市安全保障能力，统筹推动，全面提高城市安全。在《上海市城市总体规划（2017—2035 年）》中，53 次提到"安全"，并预期到 2035 年上海将成为全球最令人向往的健康、安全、韧性城市之一。

上海市领导深入贯彻落实习近平总书记关于"城市管理要像绣花一样精细"的指示要求，紧扣政务服务"一网通办"、城市运行"一网统管"的目标方向，在数据汇集、系统集成、联勤联动、共享开放上下更大功夫，加快建设城市运行管理平台系统，推动城市的高质量发展和人民的高品质生活。

2.1.2 城市运行安全形势总体平稳、基本受控

近年来，上海市各类生产安全事故总量和死亡人数总体呈现下降的趋势，2016—2018

年与2013—2015年相比，亿元国内生产总值生产安全事故死亡率下降57.5%，工矿商贸就业人员十万人生产安全事故死亡率下降21%①。以下从人口规模、安全生产行业和建筑、市政基础设施、特种设备等重点领域、行业概要性地描述上海城市运行安全的总体状况。

1. 人口规模

上海城市人口规模不断增加，改革开放以来人口增长119.5%。截至2018年年末，上海市常住人口总数达到2 423.8万人，城市人口密度居大陆首位，为北京人口密度的2.9倍。上海城市化率高，达到88.1%，居全国首位。人均住房建筑面积为36.7 m^2，人均绿地面积56.4 $m^2$②。

随着城市的扩张和人口的增加，职住分离问题日趋严重。根据前程无忧发布的《2018职场人通勤调查》，上海职场人工作日平均通勤半径为16.39 km，位居全国第二；平均单程通勤时长为59.56 min，位居榜首。

2. 安全生产行业

上海市危险性较大的行业有建筑施工行业、危险化学品行业。2017年年末，建筑业企业单位数约为1.8万家，年末从业人员超过60万人，建筑业总产值6 426亿元③；危险化学品行业方面，全市生产、经营、存储、使用、零售等企业达1 279家，主要分布于金山、奉贤和高桥等，从业人员8万余人。

3. 建筑

上海市辖16个区土地面积共6 340.5 km^2，至2017年底上海建设用地面积总规模为3 169 km^2，约占全市土地总面积的50%，大大高于伦敦、巴黎、东京等国际大都市平均30%左右的水平。

截至2018年，上海市高层建筑超过了3.9万幢，30层以上建筑超过1 600幢；建筑高度最高达632 m，地下空间深度最深达50 m。上海市老旧房屋较多，截至2018年年底，上海市中心城区仍有约235万 m^2 未改造的二级旧里以下房屋，主要集中在黄浦、杨浦、虹口等区。

4. 市政基础设施

上海市城市基础设施体量大，截至2017年，上海市共有水电气通信管线11.64万km，其中供排水管道6.25万km，电缆电线长度2.35万km，天然气管线长度3.01万km(图2-1)。

---

① 数据来源：上海统计年鉴期刊、上海市应急管理局。
② 数据来源：上海市统计局。
③ 数据来源：上海统计年鉴期刊、上海统计年鉴。

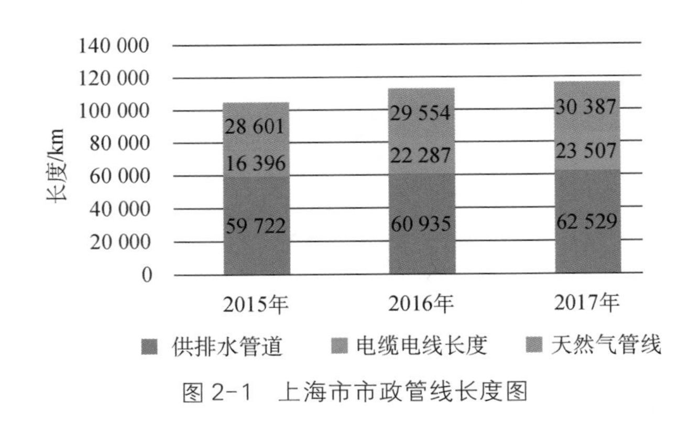

图 2-1 上海市市政管线长度图

上海市道路长度达到 18 546 km，轨道交通线路运营里程达 666.4 km，城市桥梁 14 019 座，形成了枢纽型、功能性、网络化的综合交通体系(图 2-2)。

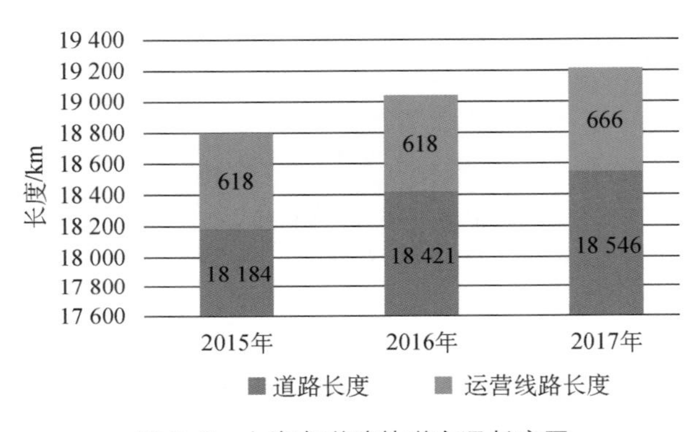

图 2-2 上海市道路轨道交通长度图

5. 特种设备

近几年，上海全市特种设备在使用范围和数量上不断增长，仅办理使用登记的特种设备约 61.5 万台(套)，其中使用的特种设备约 52.5 万(台)套，涉及的使用单位约 11.7 万家。

2.2 城市运行安全事故现状

随着上海城市快速发展，城市高层建筑、轨道交通、地下管线等基础设施体量大，危险性行业规模庞大，客观存在安全事故(事件)的诱因，城市生产安全形势仍较为严峻。本节通过对比分析近几年上海安全事故情况，展现城市的运行安全现状。

2.2.1 事故总体情况

上海市安全生产具有长期性、复杂性、反复性、突发性的特征，其中工矿商贸安全生产死亡事故起数和死亡人数情况如图 2-3 所示。

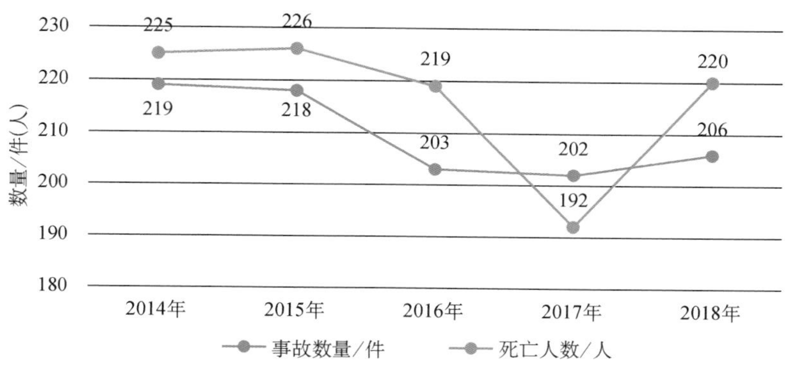

图2-3 工矿商贸安全生产事故数量和死亡人数①

根据图2-3可知，近些年来上海市工矿商贸安全生产死亡事故数和死亡人数总体呈现下降的趋势，其中，2017年死亡事故数和死亡人数大幅下降，2018年的死亡事故数和死亡人数大幅回升，超过了2016年、2017年的死亡事故数、死亡人数。

2017年工矿商贸死亡事故数和死亡人数大幅下降，主要是城市基础设施建设死亡事故明显改观，其中建筑业发生死亡事故数和死亡人数比上年分别下降37.93%和47.22%；房地产业比上年均下降64.29%；水利、环境和公共设施管理业比上年分别下降33.33%和45.45%。2018年的死亡事故数和死亡人数大幅回升，主要是因为城市基础设施建设死亡事故上升，其中建筑业发生死亡事故数和死亡人数比上年分别上升50.00%和78.95%，水利、环境和公共设施管理业比上年均上升66.67%。

由上可知，上海市安全生产死亡事故数和死亡人数仍然较高，城市安全运行形势仍不容乐观。

2.2.2 事故分析

近些年来上海市建筑施工、交通建设、消防等行业领域安全生产情况总体平稳，基本受控。

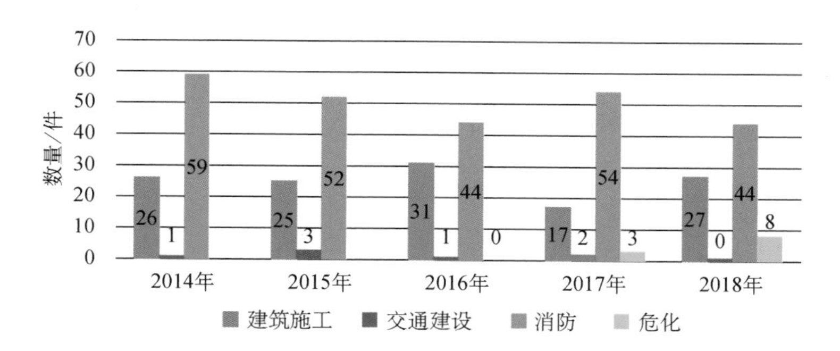

图2-4 重点行业领域近年事故情况①

注：危化（危险化学品行业）为2016—2018年的数据。

① 数据来源：中华人民共和国住房和城乡建设部，上海市交通委员会，上海市消防局。

从图 2-4 中可以看出消防领域事故影响人数多，在重点行业领域中的占比大；建筑施工行业事故影响人数较多，在重点行业领域中的占比较大；交通建设行业安全事故影响人数少，占比小。

上海市火灾造成的人员伤亡情况较为严重，总体上略有好转。据统计，2016—2018 年上海未发生重大及以上火灾事故，火灾发生次数以及损失连续 3 年持续下降，2017 年之后全市因烟花爆竹引发火灾和伤亡的数量为零。

建筑施工行业安全生产参与方多、生产流动性大、露天和高空作业多，具有安全生产风险高、劳动密集等特点，安全事故高发。建筑施工行业安全生产情况从总体上看平稳可控，但安全生产形势依然严峻。2018 年，建筑项目有所增加，尤其是水务项目、电力建设项目大幅增加，使得建筑施工死亡事故数和死亡人数上升，累计死亡 27 人，占上海市工矿商贸安全事故死亡人数的 12.3%，主要表现在高处坠落、物体打击、坍塌事故。其中发生较大安全事故 3 起，是 2016 年和 2017 年的总和。

危化行业近年来发生安全事故导致死亡人数有上升的趋势，死亡事故均为责任事故，发生在非正常操作(更换设备或检维修)作业过程中，操作人员安全生产意识薄弱。

交通建设领域安全生产事故死亡人数总体较少，总体平稳可控。

2.3 城市运行安全管理现状

管理是保障城市运行安全的重要方式和手段，对城市运行安全起着至关重要的作用。本节通过国家政策环境、上海市政府的组织管理、城市运行安全管理执行情况、应急管理和上海城市运行安全面临的困难等方面对上海城市运行安全管理现状进行描述。

2.3.1 政策环境

改革开放以来，我国经济快速发展、城市化进程明显加快，城市人口、功能和规模不断扩大，城市运行系统日益复杂，安全风险不断增大。进入 21 世纪以来，国家和政府逐步加大对城市运行安全的重视程度，大大加强对安全生产、监督执法力度，建立完善的应急管理体系并进行风险防控，降低事故灾难的可能性，减少安全风险带来的损失。

1. 国家政策

在城市应急方面，随着 2003 年 SARS 的暴发，中国应急管理体系建设进入快车道：2005 年国务院常务会议通过了《国家突发公共事件总体预案》，全国应急预案框架体系初步建立；2007 年国家颁布实行了应急管理领域的一部基本法《中华人民共和国突发公共事件应对法》，从此中国以“一案三制”为核心框架的应急管理体系形成，“一案”是指制订修订应急预案，“三制”是指建立健全应急的体制、机制和法制；此后国家政府不断完善应急预案，推进应急产业的发展，并将国家突发事件应急体系建设写入“十三五”规划，依此推进应急体系的完善。在城市安全生产方面，国家针对重点行业领域颁布了法律法规、规范意见等进行安全生产的管理，主要政策见表 2-1。

表 2-1　近年来国家关于安全生产和应急管理的政策

序号	发布时间	政策文件	发布主体	政策要点
1	2016 年 3 月	关于印发《国家自然灾害救助应急预案的通知》(国办函〔2016〕25 号)	国务院办公厅	提出建立健全应对突发重大自然灾害救助体系和运行机制，规范应急救助行为，提高应急救助能力，最大程度地减少人民群众生命和财产损失，确保受灾人员的基本生活，维护灾区社会稳定
2	2016 年 8 月	《省级政府安全生产工作考核办法的通知》(国办发〔2016〕64 号)	国务院办公厅	通过该办法，要求各级政府严格落实安全生产责任，有效防范和遏制生产安全事故，促进安全生产形势根本好转
3	2016 年 12 月	关于印发《危险化学品安全综合治理方案的通知》(国办发〔2016〕88 号)	国务院办公厅	明确提出全面加强危险化学品安全综合治理，有效防范遏制危险化学品重特大事故
4	2016 年 12 月	《中共中央国务院关于推进安全生产领域改革发展的意见》(中发〔2016〕32 号)	中共中央 国务院	为进一步加强安全生产工作，推进安全生产领域改革发展，提出如下意见：健全落实安全生产责任制，改革安全监管监察体制，大力推进依法治理，建立安全预防控制体系，加强安全基础保障能力建设
5	2017 年 1 月	关于印发《国家突发事件应急体系建设“十三五”规划的通知》(国办发〔2017〕2 号)	国务院办公厅	提出到 2020 年建成与有效应对公共安全风险挑战相匹配、与全面建成小康社会要求相适应、覆盖应急管理全过程、全社会共同参与的突发事件应急体系，应急管理基础能力持续提升，核心应急救援能力显著增强，综合应急保障能力全面加强，社会协同应对能力明显改善，涉外应急能力得到加强，应急管理体系进一步完善，应急管理水平再上新台阶
6	2017 年 2 月	关于印发《安全生产“十三五”规划的通知》(国办发〔2017〕3 号)	国务院办公厅	提出进一步健全安全生产法律法规和政策措施，严格落实安全生产责任，全面加强安全生产监督管理，不断强化安全生产隐患排查治理和重点行业领域专项整治，深入开展安全生产大检查，严肃查处各类生产安全事故，大力推进依法治安和科技强安，加快安全生产基础保障能力建设，推动安全生产形势持续稳定好转

续表

序号	发布时间	政策文件	发布主体	政策要点
7	2017 年 11 月	关于印发《消防安全责任制实施办法》的通知(国办发〔2017〕87 号)	国务院办公厅	对消防安全责任制的实施做出全面、具体规定,进一步明确消防安全责任,建立完善消防安全责任体系,坚决预防和遏制重特大火灾事故发生
8	2018 年 1 月	印发《关于推进城市安全发展的意见》	中共中央办公厅 国务院办公厅	提出了城市安全发展的总体要求,并从加强城市安全源头治理、健全城市安全防控机制、提升城市安全监管效能、强化城市安全保障能力和加强统筹推动方面给出了具体的指导性意见

2. 上海市政策

上海市积极响应国家政策,通过建立科学的应急管理体系提高城市安全保障能力,促进城市的安全发展,至 2018 年共出台了与城市运行安全相关地方法规 33 部,政府规章 58 部,在城市安全生产方面出台了系列通知和公告,具体政策见表 2-2。

表 2-2 上海城市应急管理和安全生产的政策文件

序号	发布时间	政策文件	发布主体	政策要点
1	2016 年 5 月	《关于进一步加强街镇基层应急管理工作的意见》(沪府办发〔2016〕8 号)	上海市人民政府办公厅	提出要全面健全街镇基层应急管理组织体系,形成"政府统筹协调、社会广泛参与、防范严密到位、处置快捷高效"的基层应急管理工作机制,完成"横向到边、纵向到底"的街镇基层应急预案编制,着力加强应急保障能力,不断提升广大群众公共安全意识和自救互救能力,切实提高基层防范和应对各类突发事件的能力,全力保障城市运行安全
2	2017 年 1 月	关于印发《上海市应急抢险救灾工程建设管理办法》的通知,(沪府办发〔2016〕56 号)	上海市人民政府办公厅	针对因自然灾害、事故灾难、公共卫生事件和社会安全事件等引起的需立即采取措施,不采取紧急措施排除险(灾)情可能给社会公共利益或者人民生命财产造成较大损失或者巨大社会影响的突发事件,进行应急抢险救灾

续表

序号	发布时间	政策文件	发布主体	政策要点
3	2017 年 9 月	《关于加快本市应急产业发展的实施意见》(沪府办发〔2017〕48 号)	上海市人民政府办公厅	提出加快本市应急产业发展,培育一批在国内外有影响力的应急产业企业,逐步实现高端应急装备核心产品的进口替代
4	2016 年 9 月	《上海市危险化学品安全管理办法》(沪府令 44 号)	上海市人民政府	通过加强危险化学品的安全管理,保障人民生命、财产安全,维护社会公共安全
5	2016 年 9 月	《上海市禁止、限制和控制危险化学品目录(第三批第一版)》的通知(沪府办发〔2016〕25 号)	上海市人民政府办公厅	建立健全“党政同责、一岗双责、失职追责”的安全生产责任体系,落实危险化学品安全监管职责
6	2016 年 10 月	《上海市城乡建设和管理“十三五”规划》	上海市人民政府	保障城市安全运行,强化风险意识和底线思维,从应急管理向风险管理转变,提升预防和处置突发事件的能力,确保城市运行安全
7	2017 年 2 月	《上海市安全生产“十三五”规划》	上海市安全委员会办公室	根据当前的城市生产安全和运行安全保障能力依然相对薄弱的情况,确立目标、制定工作任务从制度、监管、隐患排查、宣传教育等方面保障安全生产
8	2017 年 4 月	印发《上海市危险化学品安全综合治理实施方案》的通知	上海市人民政府办公厅	提出分 3 个阶段推动有效落实危险化学品企业安全生产主体责任,完善安全监管体制、机制、法制,进一步提升危险化学品安全生产基础保障能力,遏制危险化学品重特大事故发生。通过对上海市危险化学品安全综合治理,进行产业调整,降低安全隐患
9	2017 年 9 月	《上海市住宅物业消防安全管理办法》(沪府令 55 号)	上海市人民政府	提出加强本市住宅物业消防安全管理,预防和减少火灾危害,保护人身、财产安全
10	2017 年 9 月	《关于本市深化安全生产领域改革发展的实施意见》(沪委发〔2017〕21 号)	中共上海市委、上海市人民政府	提出要健全落实安全生产责任体系,理顺安全监管体制,提升安全生产治理能力,建立安全预防控制体系,健全社会化服务体系,加强安全基础保障能力建设。到 2030 年,实现安全生产治理体系和治理能力现代化,城市运行安全和生产安全保障能力显著增强

续表

序号	发布时间	政策文件	发布主体	政策要点
11	2017 年 9 月	关于印发《上海市高层建筑消防安全综合治理工作方案》的通知(沪府办发〔2017〕54 号)	上海市人民政府办公厅	提出全面开展高层建筑消防安全综合治理,全面摸清本市高层建筑基本情况,力争实现易燃可燃外保温材料排查率、建筑消防设施排查率、安全疏散设施排查率、高层公共建筑和高层住宅小区微型消防站建设率、“户籍化”管理纳入率、高层公共建筑专职消防安全经理人配置率和高层住宅建筑“楼长”消防安全责任履行率“六个100%”,坚决预防和遏制高层建筑重特大火灾事故发生
12	2018 年 1 月	《关于加强本市安全生产监管执法的实施意见》(沪府办规〔2018〕1 号)	上海市人民政府办公厅	为进一步加强本市安全生产监管执法工作,大力推进依法治安,促进本市安全生产形势持续稳定好转。提出压实各级安全生产责任,加强源头治理、系统治理,创新安全生产监管方式,规范安全生产监管执法行为,加强安全生产监管执法保障
13	2018 年 5 月	关于深入贯彻落实国务院办公厅印发的《消防安全责任制实施办法》的通知(沪府办发〔2018〕18 号)	上海市人民政府办公厅	为深入贯彻落实《国务院办公厅关于印发消防安全责任制实施办法的通知》(国办发〔2017〕87 号),逐级推动落实消防安全责任,积极营造学习宣传消防安全良好氛围,逐级压实各级政府消防安全领导责任,着力强化行业部门消防监管责任,督促落实社会单位消防安全主体责任,加强消防安全责任考评和追究

2.3.2 组织管理

上海市政府通过加强组织管理和统筹推动,制定了科学的规划,逐步提高城市运行安全水平。

1. 不断加强组织管理和统筹推动

2018 年上海市对应中央和国务院的机构改革,进行上海市政府的机构改革,优化调整政府机构和职能,使得上海的政府机构在与中央和国家机关基本对应的同时,更加适应上海经济社会的发展需要。在城市运行安全方面,由市委市政府统一领导全市应急管理、安全生产和防灾减灾救灾工作,并设立议事协调机构:市突发公共事件应急管理委员会

(市应急委)、市安全生产委员会(市安委会)和市减灾委员会(市减灾委),分别承担应急管理、安全生产和防灾减灾救灾工作。

上海市按照"两级(市、区)政府、三级(市、区、办事处)管理、四级(市、区、办事处、社区)网络"的体制,完善市、区、街镇权责明确、分工合理的城市综合管理体制。灾害事故应急处置工作实行"分级管理、按级负责"。除发生全市性特大、特殊灾害事故外,一般及重大等级区域性灾害事故由所在地区(县)政府负责组织处置,责任单位和相关部门按照各自职责,分工负责,紧密配合,迅速有效地开展应急救援和善后处理工作。

2. 科学制定城市规划

城市规划是对城市的未来发展、城市的合理布局和安排城市各项工程建设的综合部署,城市规划关系着城市各功能区的划分、风险源的分布,影响着安全事件的可能性、造成损失的大小以及防灾减灾的效果。

自1986年《上海城市总体规划方案》颁布和实施之后,上海市科学制定不同阶段的城市总体规划和多个五年规划,合理地进行城市空间布局和产业调整。《上海市城市总体规划(2017—2035年)》提出要把上海基本建成卓越的全球城市,令人向往的创新之城、人文之城、生态之城,建成具有世界影响力的社会主义现代化国际大都市。

2.3.3 监管情况

安全生产是城市安全管理体系的重要组成部分,上海市将安全生产纳入了经济社会发展的总体规划中,将安全生产的工作任务纳入分阶段五年规划和每年的工作计划中。2018年,上海市政府安全生产相关部门全面夯实安全基础工作,加大专项督办治理安全隐患的力度,突出防范重点行业领域风险,完善安全管理体系的建设和落实,减少安全事故的发生。

1. 突出重点行业领域风险防范,管控能力提高

推进危险化学品安全综合治理工作,2018年对全市202个危险化学品重大危险源开展监督检查,共对125家违法违规危险化学品企业(及个人)行政处罚874.87万元。

推进建筑施工安全专项治理行动,加大治理施工现场违法违规行为和事故隐患查处力度,强化危大工程安全管控、强化安全事故责任追究,推动工程建设各方依法落实安全生产主体责任。2018年,组织巡查在建工地994个,总建筑面积6 827.8万m^2,开具整改通知单861份、暂停施工指令书20份。

在交通运输领域,2018年建立完善港区危险化学品安全风险分布档案,建立危险区域备案制度,完成港口危险货物作业基础数据异地备份,扎实推进港区167个危险化学品罐体检测等工作。统筹开展中小型船舶安全管理专项整治、黄浦江水域通航安全大整治、国内航行船舶进出港报告专项整治等专项行动。

2. 专项督办治理安全隐患

督办治理重大安全隐患。2018 年开展违法违规及安全隐患查处行动，并及时进行整改消除。加大力度治理施工现场违法违规行为、查处事故隐患，强化危大工程安全管控、强化安全事故责任追究，推动工程建设各方依法落实安全生产主体责任。完成对全市 16 个区在建工程质量安全巡检，共检查工地 102 个，总建筑面积 963.11 万 m^2，开具 106 份整改通知单、6 份暂停施工指令书。有序推进市级重大事故隐患挂牌督办，完成 1 471 家企业安全风险辨识、评估、分级和管控工作，实现信息化应用全覆盖。

大力开展安全专项整治。开展粉尘涉爆领域专项整治排查企业 667 家，消除隐患 495 处；有限空间专项整治消除隐患 1 171 处。开展大型商业综合体消防安全专项整治，共检查 578 家次，督促整改火灾隐患 2 113 处，临时查封 15 处，责令“三停”57 家，罚款 241.6 万元。开展空中坠物安全隐患专项整治，检查各类企业、单位、民居等 143 万个，建立建筑附着物“一楼一档”40.5 万份，排查高空坠物隐患 9.5 万处，整改 6.3 万处。

强力推进火灾隐患综合治理。建立健全消防工作责任制，持续开展消防安全大排查、大整治等系列专项行动，挂牌销案 183 处市、区两级重大火灾隐患单位和集中区域。

3. 夯实安全基础建设

加强安全生产活动和安全教育培训。举办安全生产、运行、监管等培训课程，开展危化特种作业培训、考试。全年共培训考核特种作业(电工、焊工)操作证 16.6 万人次，考核危险化学品及金属冶炼生产经营单位主要负责人、安全生产管理人员培训合格证 1.3 万人次。

提升安全生产科技支撑能力。积极构建安全生产信息化“一张图”建设，初步建成“上海市危险化学品地理信息系统”与“上海市安全生产基础信息共享平台”，进行数据对接和定期推送。健全安全生产社会化服务体系，坚持安全评价报告年度盲审工作常态化机制，启动开展安全生产服务机构信用评价研究工作，发布《上海市安全生产社会第三方服务清单(2018 年)》。

2018 年全市安全监管系统共检查生产经营单位 21.5 万家次，对 2 323 家企业进行行政处罚 7 935.9 万元，督促 8 055 家企业落实安全风险分级管控和隐患排查治理双重预防性工作，推动 10 734 家危险化学品和工贸企业按照安全生产标准化体系实现自主管理。

推进全市企业落实安全生产标准化建设。全市安全监管部门出动检查 33.5 万次，检查生产经营单位 16.7 万家，查处事故隐患 21 万处，完成整改 18 万处；实施行政处罚 2 449 次，罚款金额 8 230.1 万元。

2.3.4 应急管理情况

应急管理主要是政府及其他公共机构在突发事件的事前预防、事发应对、事中处置和善后恢复过程中，通过建立必要的应对机制，采取一系列必要措施，应用科学、技术、规划与管理等手段，保障公众生命、健康和财产安全，促进社会和谐健康发展的有关活动。

从2001年起，上海市开始实践从城市减灾的单灾种管理向综合减灾管理转变，并于2004年3月29日成立了市减灾领导小组，负责全市抗灾救灾工作及全市减灾工作的协调，确立了上海综合减灾和紧急处置体系框架。2004年9月，上海市构建城市应急联动工作体系，整合公安、消防等资源，依托市公安局指挥中心，成立了市应急联动中心，搭建统一的110接警平台，作为本市突发事件应急联动处置的职能机构和指挥平台，进一步提升突发事件应急响应能力。

为了进一步加强城市应急管理工作，上海市委、市政府于2015年9月成立上海市突发公共事件应急管理委员会(简称市应急委)，取代了市减灾领导小组成为本市应急管理工作的最高行政领导机构，下设办事机构——市应急管理办公室。上海市各有关部门是市应急委的工作机构，从而形成统一指挥、分级负责、协调有序、运转高效的应急联动体系。

1. 上海市应急管理组织架构

上海市应急管理工作由市委、市政府统一领导，下设市突发公共事件应急管理委员会(市应急委)、市安全生产委员会(市安委会)和市减灾委员会(市减灾委)作为市委、市政府的议事协调机构。市应急委承担决定和部署本市自然灾害、事故灾难、公共卫生、社会安全四类突发公共事件的应急管理与应对职责。市安委会主要承担落实市委、市政府安全生产决策部署，研究并推动落实全市安全生产重大举措，协调指导解决安全生产重大问题，组织实施安全生产监督检查、巡查考核等工作。市减灾委主要承担本市防灾、减灾、救灾工作的统一领导、综合协调、督查指导，贯彻落实党中央、国务院和市委、市政府防灾减灾工作重大决策部署，研究制定全市防灾、减灾、救灾工作方针、政策和规划，统筹协调全市防灾、减灾、救灾工作重大事项，指导各区和市级各部门防灾、减灾、救灾工作，组织实施督导检查及评估考核工作。

上海市委、市政府应急管理办事机构为市应急委(市安委会、市减灾委)办公室，设在市应急管理局。平时负责综合协调本市突发公共事件应急管理工作，对“测、报、防、抗、救、援”六个环节进行指导、检查、监督。具体承担值守应急、信息汇总、办理和督促落实市应急委的决定事项；组织编制、修订市总体应急预案，组织审核专项和部门应急预案；综合协调全市应急管理体系建设及应急演练、保障和宣传培训等工作；统筹协调各专业指挥部防灾减灾救灾工作。战时转为总指挥部办公室，承担总指挥部决策部署的督促指导协调工作。市安委会办公室、市减灾委办公室分别负责市安委会、市减灾委日常工作。

市应急委由各相关委办局、企事业单位和协会等75家单位组成，成员单位按照职责分工负责本部门(行业、领域、单位)突发事件的应急管理工作，承担相关类别突发事件专项和部门应急预案的起草与实施，组织协调指导风险防控、应急准备、监测预警、应急处置与救援、资源保障、恢复与重建等工作，承担相应专项指挥部综合工作。上海市政府根据大城市政府管理特点，针对本市城市运行安全及应急管理的重点区域和高危行业重点单位，设立9个市级基层应急管理单元，实现管理区间、环节、时限、对象的全覆盖。

上海市突发公共事件应急管理委员会组织架构如图2-5所示。

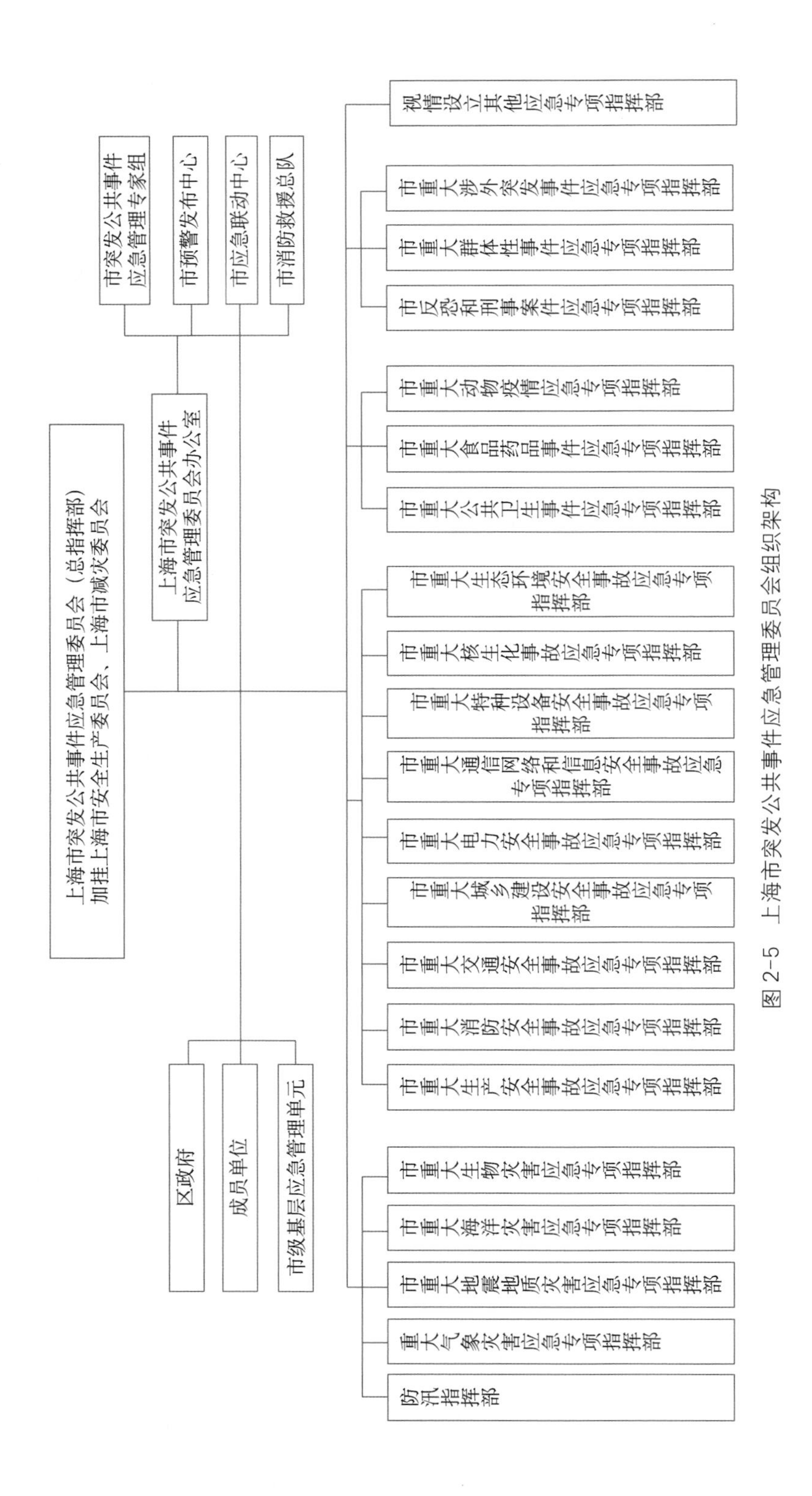

图 2-5 上海市突发公共事件应急管理委员会组织架构

2. 城市应急能力

上海是一个人口密集的特大型城市，应急管理尤其重要。2006 年 1 月 26 日，上海市发布《上海市突发公共事件总体应急预案》，根据总体应急预案的指导，并结合特大型城市的特点，上海形成了以市级总体预案为龙头、50 余件专项和部门预案为主体，各区县、单元、重大活动和基层应急预案为支撑的应急预案体系。

市总体应急预案主要明确突发事件应对的工作原则、组织体系、响应机制和保障要求，体现指导性和规范性。各区县应急预案、专项与部门应急预案、基层单元应急预案主要针对具体区域和突发事件，着重界定突发事件应对的工作任务、职责分工和处置程序，突出适用性和衔接性。重大活动应急预案、工作预案、处置规程以及社区(乡村)、企业、学校等基层单位应急预案，侧重确定应急处置行动的具体程序等，强调操作性和实用性。根据实际情况变化，由制定单位及时修订各类各级预案，并不断补充、完善。按照"两级政府、三级管理、四级网络"和"条块结合、属地管理"的要求，逐步建立横向到边、纵向到底、网格化、全覆盖的应急预案体系框架、预案数据库和管理平台，使应急管理工作进社区、进农村、进企业。

目前，上海市综合救援队伍、各类专业救援队伍和基层应急队伍队员近 8 万人，覆盖防汛防台、安全生产、公共卫生、轨道交通等多个领域和市、区、街道(乡镇)等各个层面。按照"分级负责、分类管理、建管结合"的原则，针对各类突发事件应对工作特点，依托应急管理各工作机构，建立了应急管理专家队伍。在应急队伍能力培养方面，上海依托市消防训练基地，建成了上海市应急管理培训基地，着力提高各类应急救援队伍应急处置能力。

在物资保障方面，上海已经建立起市级重要商品储备、专业应急物资储备、区县物资储备三级储备体系。救灾储备库共有 2 个，即闵行储备库和嘉定工业区的省级救灾物资储备库，地理位置合理、交通便利，储存的应急救灾物资可满足上海启动三级应急响应紧急转移安置受灾群众所需生活物资。

在经费保障方面，上海建立了预算调整、紧急拨付、税收援助等一整套紧急财政制度，市、区两级财政也在逐年增加各项应急防范资金的投入。加强联动指挥机制、预案体系和信息平台等建设，探索建立区域应急管理合作机制方面，围绕应急信息沟通、应急处置协同、救援资源共享等机制建设，共同推动应对突发事件能力和水平的提升。

2.4 小结

本章对上海城市安全状况和管理现状进行了梳理，上海城市运行总体安全，安全生产和应急管理体系较为完备，安全生产事故总体平稳可控且呈现下降的趋势。然而上海城市、人口规模大，城市管理系统复杂，不安全、不稳定的因素较多，各种不安全要素的叠加会造成安全事故的发生。在过去几十年中城市快速发展，与其配套的基础建设、设备设施、管理水平提升较慢,历史欠账较为严重,增加了安全事故发生的可能性。与此同时,城市管理的法规标准体系仍不完善,体制机制仍不够成熟且立法存在滞后性,较大事故仍有发生。

近年来,随着上海市政府对城市运行安全的高度重视,秉承习总书记的“像绣花一样管理城市”的理念,加大管理力度,提高管理水平,上海城市运行安全有了大幅改善。

第3章
自然灾害安全

世界上曾有诸多繁荣盛兴的城市湮灭于历史的长河中，有些是毁于战争，而更多的是毁于自然灾害。随着科技的进步，预警应急机制的建立，人类对抗自然灾害的手段逐渐完善，但在灾难来临时，仍有无力的时候。联合国前任秘书长加利曾提出过："在未来社会里，城市特别占主导地位，城市的未来不仅决定了各国的前途，而且将决定整个地球的命运。"

我国幅员辽阔，地势复杂，中华上下五千年历史中记载了一次次自然带来的灾难。古有黄河泛滥大禹治水，近年有1998年抗洪和1976年唐山地震、2008年汶川大地震。根据国家民政局统计，2000—2018年间，我国因自然灾害造成的直接经济损失与死亡人数如图3-1所示。2008年因汶川大地震，死亡人数及经济损失都达到了统计年间的最高峰。在此之后的2010—2018年间，虽然因灾死亡人数依旧能够得到有效控制，但因灾造成的经济损失波动幅度相对较大。

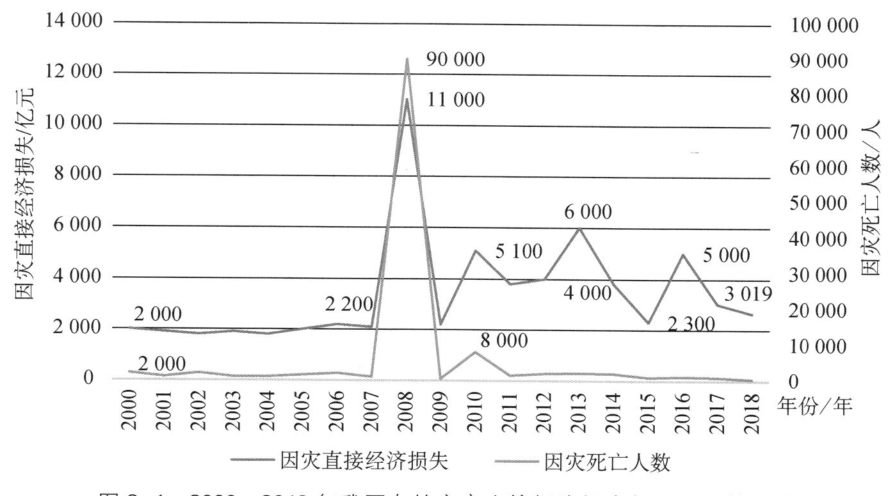

图3-1　2000—2018年我国自然灾害直接经济损失与死亡人数统计

上海作为中国的国际经济、金融、贸易、航运、科技创新中心，负有面向世界、推动长三角地区一体化和长江经济带发展的重任。如没有完善的预警机制、应急体系、救灾体系，遭遇自然灾害会受到严重的损失。本章讲述历年来上海由于其自然地理位置和气候影响所经受过的自然灾害，以及在不断发展的历程中，为确保城市运行的安全，上海市政府所使用过的统筹调控手段。

3.1 上海自然灾害概况

在自然灾害发生时，容易引发一系列城市的脆弱性问题，并导致巨大损失。根据记录，近 5 年来上海每年都会因自然灾害遭受人员伤亡和财产损失。

根据上海气象局数据统计，2014—2018 年上海因自然灾害遭受的经济损失和受灾人数如图 3-2 所示。其中 2014 年、2017 年上海市属气象灾害很轻年份，2015 年属气象灾害一般年份，2016 年、2018 年属气象灾害偏轻年份。

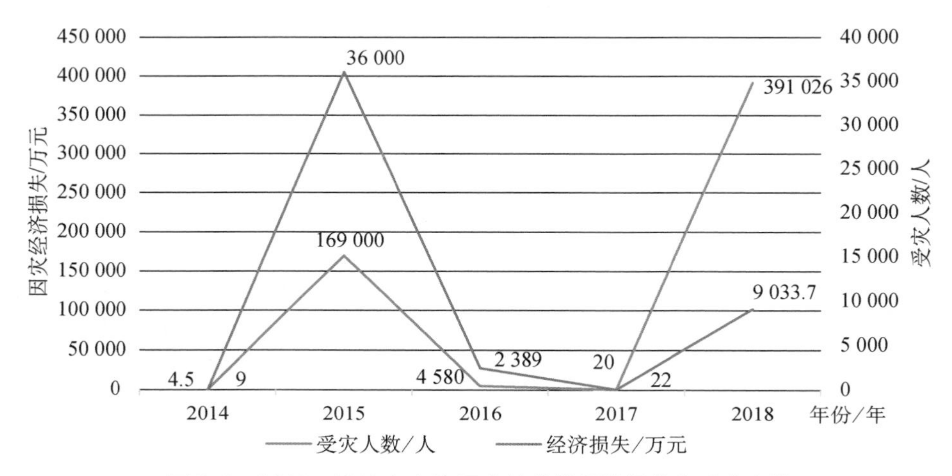

图 3-2　2014—2018 年上海因灾的估算经济损失和受灾人数

本章针对上海所受到的威胁最大的自然灾害进行阐述，包括上海特征、自然灾害种类、历年灾害统计等。

3.1.1 上海地理气候特征的影响

上海市介于东经 120°52′～122°12′，北纬 30°40′～31°53′之间，全市面积约 6 340 km²，地处长江三角洲前缘，平均海拔高度约 4 m，最高点是高度为 103.4 m 的大金山，地势最低处为崇明南汇沿海一带，高度约为－1 m。上海东倚长江入海口，南枕杭州湾，西邻苏浙两省，北界黄金水道长江入海口。黄浦江贯穿市中心，江道宽度为 300～770 m，终年不冻，是太湖流域主要入海通道。苏州河上海境内段长 54 km，河道平均宽度 45 m。境内除西南位置有少数丘陵山脉外，其余为平原地势，属于长江三角洲冲积平原的一部分。

上海四季分明，2017 年日照时间全年约为 1 809.2 h，汛期一般集中在 5—9 月，雨量分布特性为清明节前后阴雨不断，6 月入梅后阴雨连绵连月不开，7—9 月东西季风盛行，受台风外围影响常有大到暴雨，冬至入九后再受冷暖空气交替影响，雨量丰沛、阴雨不断。

3.1.2 上海的自然灾害种类

基于上海的地理和气候特征，表3-1罗列了一些出现过的自然灾害名称及其状况简介。

表3-1 上海自然灾害类型简介

灾害名称	状况
台风	上海市每年都会遭受太平洋热带气旋的袭击，以上海为中心的50 km范围内常有经过而影响到上海的热带气旋，并带来大风、暴雨、风暴潮等灾害
暴雨	上海市年均降雨量为1 123 mm，70%集中在4—9月。由于上海地势低洼，易造成江河泛滥，田地被淹。市区排涝能力分布不均，需进一步加强
风暴潮	上海沿江沿海经常发生由台风引起的风暴潮灾害，对海塘、堤坝、内河防汛墙等造成严重的破坏
龙卷风	平均每年有2～3次，主要发生在郊区(县)，具有突发性和破坏性，危害较大
赤潮	长江口附近海域，每年都要发生多起大规模(面积超过1 000 km^2)的赤潮灾害，对海洋生物资源造成严重破坏，赤潮生物毒性对人类的身体健康和生命安全带来威胁
浓雾	上海江海环绕，水气充沛，受城市热岛效应和大气环境等因素影响，浓雾天气有增多趋势，主要集中在春季和冬季，对城市水上、道路和航空交通影响较大
高温	上海每年日最高温高于35℃的高温日数一般为9天左右，异常时可达20～30天，对城市供水、供电、农业生产和市民生活有一定影响
雷击	上海属我国雷击多发地区，雷击也曾有过造成的人员伤亡的记录并造成经济损失
地质	主要威胁是地面沉降和地下水污染，采取人工回灌等综合治理措施后，沉降有所控制；但地下水污染面积仍在2 100 km^2以上，浅水含水层受污染状况较为普遍
地震	上海存在着可能发生中强以上地震的地质构造，历史上曾有过最高5级左右地震的记录

数据来源：上海市人民政府办公厅关于印发《上海市灾害事故紧急处置总体预案》的通知(沪府办发〔2003〕39号)。

根据近年来发布的预警信号及历年灾害统计，并以台风和暴雨平均每年造成的经济损失为标度，上述的自然灾害频次影响力分布如图3-3所示。上海境内多为平原地势，无活火山，一般不存在泥石流、断层滑坡及活火山的危害。上海本地发生的(震中在上海，古称华亭，即松江或嘉定)最大的地震为1624年的4.7级地震，距今已有近400年，发生频率极低。另外，作为沿海城市，理论上海啸对上海存在潜在威胁，但由于外海有岛链阻挡，且近海的大陆架较浅，这些因素都大大削弱了海啸的威力。

然而台风却是上海的常客。作为台风高发区，上海每年都会受到台风登陆的影响，也有过几次直接的侵袭，因此台风可以说是上海地区最常见也是威胁最大的自然灾害。除了台风之外，雨量大也是上海的气候特征之一。根据中国统计年鉴数据，2017 年上海降水量在全国排名第 11，全年降水量达 1 377.1 mm。近几年在全球气候持续变暖和城市化进程加快，如暴雨、台风、天文大潮甚至海啸等几种灾害叠加出现，对海拔低、近年来地面沉降严重、排水强度受限的上海来说，此类综合灾害对城市的正常运行、安全生产、公众生活构成了巨大的威胁。上海各类自然灾害频次影响力分布如图 3-3 所示。

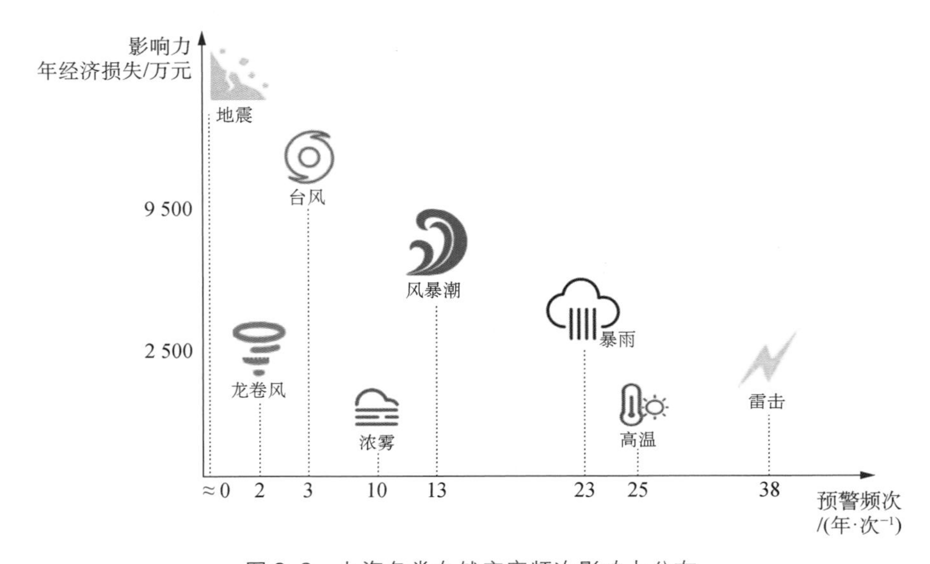

图 3-3　上海各类自然灾害频次影响力分布

综上所述，本部分将就台风、暴雨这两类对上海综合影响最大的自然灾害展开详细阐述。

1. 上海台风灾害

影响上海的台风大多情况下是在浙江中北部登陆以后北上，或经过杭州湾登陆上海，对上海城市运行造成的主要危害是破坏、损毁公共设施，内涝造成道路和居民社区积水，延误交通出行。2000—2018 年，西北太平洋台风总数与影响上海台风数量如图 3-4 所示，可以看出，影响上海的台风数量虽然占台风总数比例不高，但每年最少有一次影响上海的台风。

2015 年 7—9 月，连续的三个台风“灿鸿”“天鹅”“杜鹃”造成 16.6 万人受灾，全市树木倒伏万余棵，广告牌等招牌受损 300 余处，100 多条马路、近 3 000 户居民和商家、200 多个小区、30 多座立交等出现积水。上海两大机场延误取消航班近 1 300 架次，其中“天鹅”还造成了虹桥机场停机坪出现数厘米的积水，直接经济损失 2.8 亿元(气象局数据)。

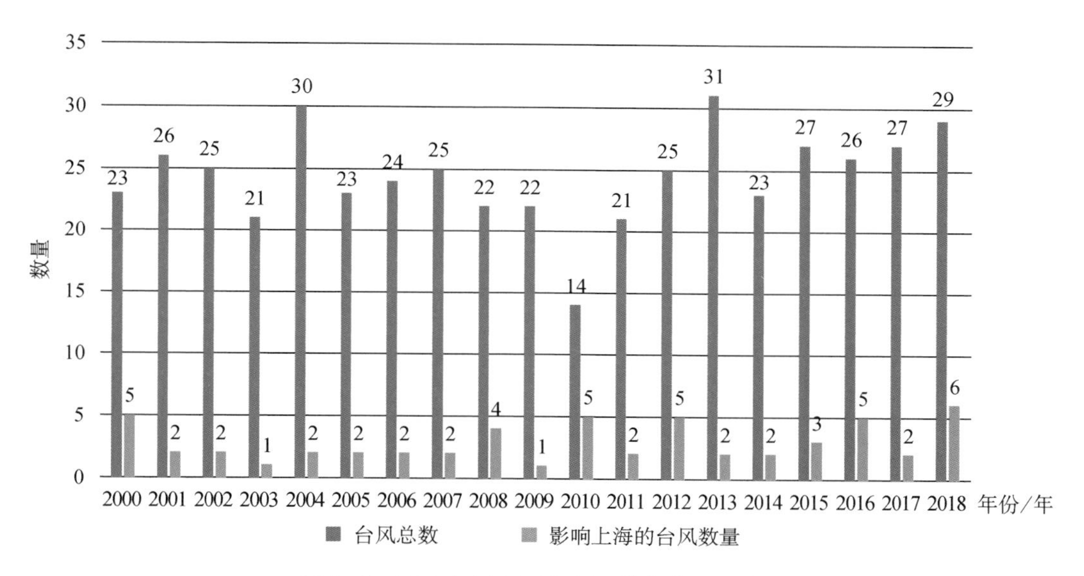

图 3-4　2000 年以来西北太平洋生成台风情况

2016—2018 年，对上海造成影响的台风登陆风力都在 9 级以上(图 3-5)。台风的数量和造成的经济损失存在一定联系但不绝对，还要考虑根据台风真正登陆上海时的地点、风力等因素(图 3-6)。2014—2018 年部分台风影响记录如表 3-2 所示。

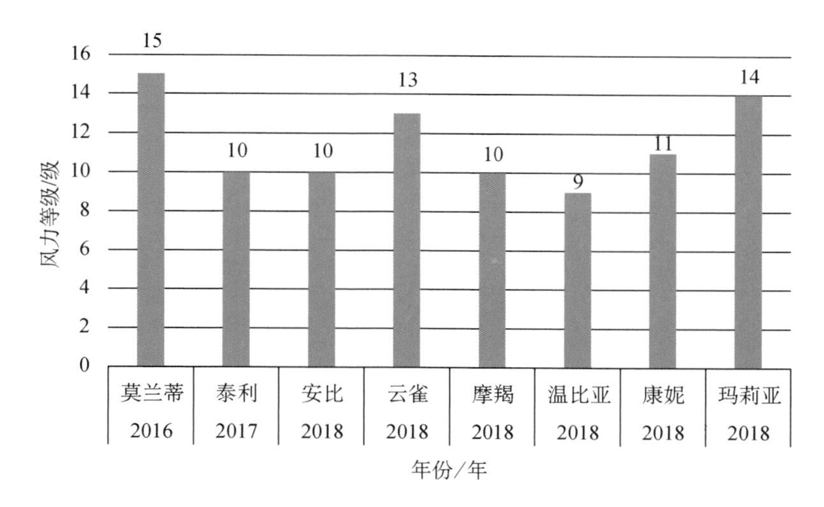

图 3-5　2016—2018 年对上海造成影响的台风风力①

① 图中所示风力为登陆时风力。

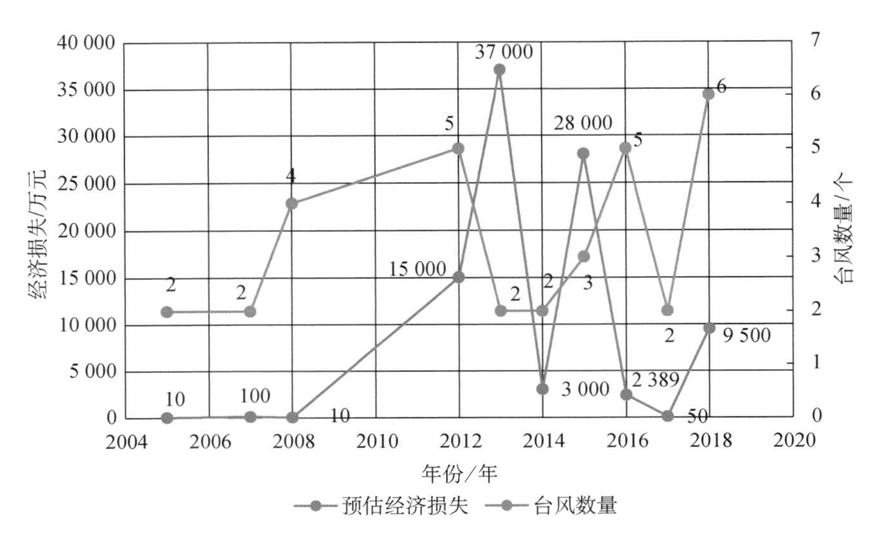

图 3-6　上海台风数量与造成的估计经济损失

表 3-2　2014—2018 年部分台风影响记录

<table>
<tr><th>时间</th><th>名称</th><th>影响</th></tr>
<tr><td>2018 年 7 月 11 日</td><td>玛莉亚</td><td rowspan="2">刮倒了树、木板、玻璃等杂物，砸坏 89 辆车，影响 34 条道路交通，吹坏 12 个红绿灯和 7 个雨棚</td></tr>
<tr><td>2018 年 10 月 5 日</td><td>康妮</td></tr>
<tr><td>2018 年 7 月 21 日</td><td>安比</td><td rowspan="4">造成 391 026 人受灾，紧急转移安置 369 976 万人，农作物受灾面积 7 381.4 hm²，其中成灾面积 2 978.8 hm²，绝收面积 24.2 hm²；大风刮坏 27 个红绿灯，刮倒了树、广告牌、指示牌等，致使 252 辆车被砸，影响 204 条道路交通，还发生多起电线杆刮倒和电线刮断压断事件，导致多个小区停电；暴雨造成 50 多条道路和 10 多处以上小区房屋积水，10 多辆车抛锚；上海两大机场延误取消航班 2 300 多架次。直接经济损失 9 033.7 万元</td></tr>
<tr><td>2018 年 8 月 3 日</td><td>云雀</td></tr>
<tr><td>2018 年 8 月 13 日</td><td>摩羯</td></tr>
<tr><td>2018 年 8 月 17 日</td><td>温比亚</td></tr>
<tr><td>2017 年 9 月 14 日</td><td>泰利</td><td>大风造成 3 辆轿车被砸，1 棵大树被刮倒在路面上影响 2 条车道通行</td></tr>
<tr><td>2016 年 9 月 15 日</td><td>莫兰蒂</td><td>全市受灾人数 4 579 人，倒塌房屋 3 间，农作物受灾面积 3 110 hm²，绝收面积 630 hm²，直接经济损失 2 389 万元</td></tr>
<tr><td>2015 年 7 月 10 日</td><td>灿鸿</td><td rowspan="3">16.6 万人受灾，紧急转移安置 14.4 万人；农田受灾面积 1.1 万 hm²，其中成灾面积 0.3 万 hm²，绝收 0.1 万 hm²；全市树木倒伏万余棵，广告牌等招牌受损 300 余处，100 多条马路、近 3 000 户居民和商家、200 多个小区、30 多座立交积水；上海两大机场延误取消航班近 1 300 架次，其中 8 月 24 日受台风“天鹅”外围环流和冷空气等共同影响，虹桥机场停机坪出现数厘米的积水。直接经济损失 2.8 亿元</td></tr>
<tr><td>2015 年 8 月 22 日</td><td>天鹅</td></tr>
<tr><td>2015 年 9 月 20 日</td><td>杜鹃</td></tr>
<tr><td>2014 年 10 月 12 日</td><td>黄蜂</td><td>上海长江口水域出现 8 级以上偏北大风，造成上海港全港 30 余艘船舶出入境(港)受阻</td></tr>
</table>

续表

时间	名称	影响
2014年9月23日	凤凰	上海普降大雨到暴雨，降水主要集中在浦东新区和市区。“凤凰”台风造成浦东机场国际进出港航班延误319架次，取消航班31架次，改降虹桥等周边机场3架次

2. 上海暴雨灾害

由于上海的地理位置和气候特性，在夏、秋季常有强对流天气发生，再有厄尔尼诺、拉尼娜、全球气候变暖现象的叠加，暴雨呈现突发性、强降雨、局部性、历时短等特征，降雨量在100 mm左右的暴雨并不少见。2014—2018年暴雨天数与受灾影响如表3-3所示。

表3-3　2014—2018年暴雨天数与受灾影响

年份	暴雨日数	影响
2014年	4天	暴雨造成近50户居民、一些企业及下立交积水，近1 700 hm^2 农田一度受淹，强降水使上海虹桥和浦东机场200多个航班延误或备降其他机场
2015年	5天	暴雨造成0.3万人受灾，农田受灾面积0.3万 hm^2，其中成灾面积0.2万 hm^2，近80条马路、近60个厂房和小区以及近100座立交积水，千余户民宅进水。直接经济损失0.8亿元
2016年	5天	暴雨造成一些街道和小区积水，雷暴雨还使上海虹桥和浦东两大机场900多个航班延误、取消或备降其他机场
2017年	3天	全市多个街道或小区或房屋积水，造成19人受灾，紧急转移安置15人，直接经济损失14万元，道路积水最深处超120 cm
2018年	4天	暴雨造成70多条马路、80多处房屋、10多个小区积水，40多辆车抛锚

根据表3-3的记载，将上海因暴雨受灾折算为经济损失后与暴雨天数如图3-7所示。

2007—2016年，根据上海市小时降水观测数据，以徐家汇站为例，年平均降水量达1 348.3 mm，最大降水量是在2015年出现的1 698.3 mm。从2016—2018年上海降水量趋势图来看(图3-8)，全年最高峰降水量集中在4月及7—9月。

从日统计值来看，最大量出现在2016年的9月15—16日，浦东新区雷达站日雨量达305.8 mm。持续时间最长的降雨出现在2010年的7月3—5日，长达61 h。极端性最强过程出现在2008年9月24—25日，小时雨强超过50 mm，出现6个时次，其中小时雨强在100 mm以上出现2个时次。

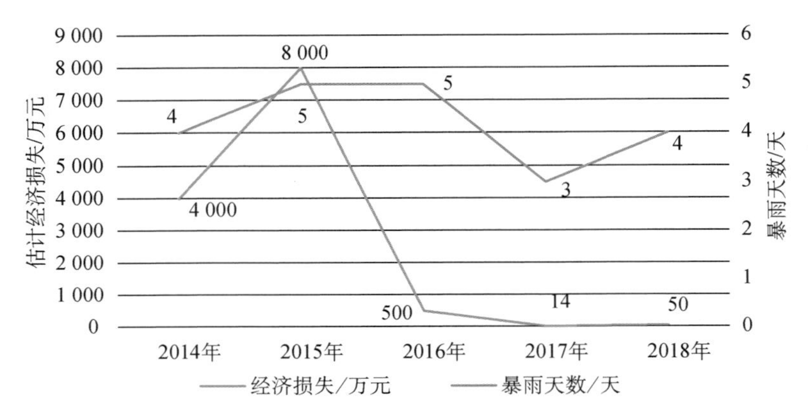

图 3-7　2014—2018 年上海暴雨天数与估计经济损失

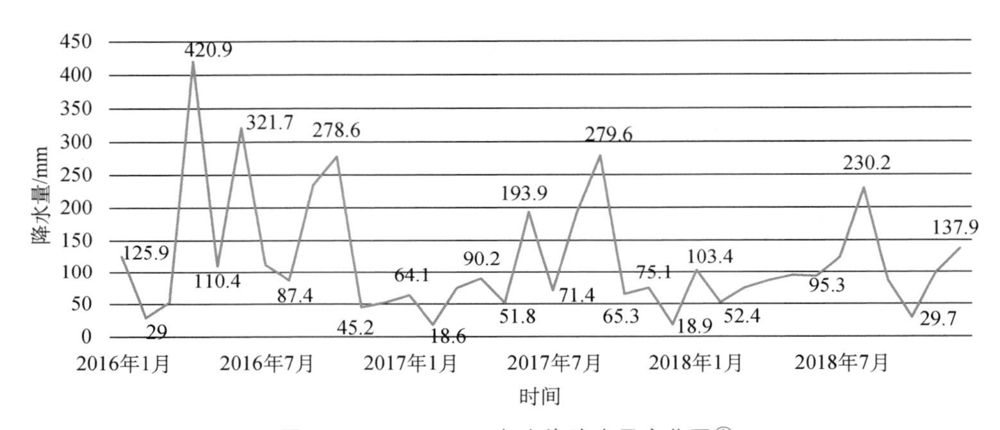

图 3-8　2016—2018 年上海降水量变化图①

目前，上海市的排水能力为平均每小时 35 mm(《上海市城镇雨水排水规划(2017—2035)》)，短时间内的强降雨，城市不透水面积对雨洪径流的影响，以及城市排水设施老旧、建设滞后等使得在暴雨天易造成内涝。根据上海气象局发布的气象灾害年鉴数据显示，一旦市区普降暴雨，市区内一定会出现道路及小区进水的情况。根据 2018 年的上海市交通委关于本市交通行业防汛防台工作的总结，全市易积水的下立交现有 45 座(下立交总数为 575 座)，不少路段、高架匝道也存在易积水点。

3.2　上海自然灾害受灾原因分析

根据上述数据，历年来自然灾害带给上海最大的威胁在于台风、暴风、风暴潮等带来的强降水造成的内涝，加之其地势原本就处于低洼地带，还要严防海洋性灾害带来的

① 数据来源：徐家汇气象站。

海水倒灌，从而导致目前呈现出的复杂、多变、突发的局部性水灾。致灾原因有以下几点。

3.2.1 城市地理位置及气候变化分析

上海本身地理位置纬度较低，属于平原感潮河网地区，地势低平。上海的土质非常松软，在城市化进程中过度开发地下水和工程建设容易引起地面沉降，加之全球变暖引起的格林兰冰川融化，使得中国沿海海平面以 3.3 mm/年的速率上升(中国海平面公报)，最终导致城市排涝能力不足，城内积水难以排出，形成内涝。

3.2.2 河湖水面率低，调蓄能力不足

改革开放以来，因城市扩容进行的人类活动对城市原有河网体系进行了干扰，发生了人河争地现象。大量河道被城市建设用地取代，低等级、末端河道不断减少。2016—2018年间，上海河湖水面率从 9.72%提升至 9.97%(图 3-9)，但距离 2020 年的目标 10.1%还有些许差距。河湖水面率低导致了河道密度稀，水系不畅，河道调蓄能力不足和空间分布不均匀，现有的河道输排水能力和蓄水能力没有发挥出“海绵”的功能，与上海的除涝需求存在差距。

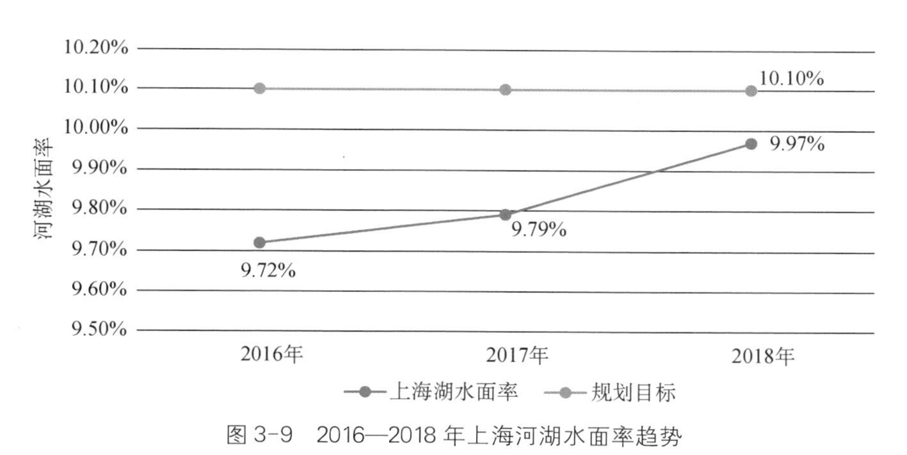

图 3-9　2016—2018 年上海河湖水面率趋势

3.2.3 排水系统设计不足

上海常有超出规划设计标准的降雨，这也是不可避免导致内涝发生的原因。根据《上海市城镇雨水排水规划(2017—2035)》(公示稿)信息，上海排水标准偏低，应对极端气候的能力偏弱。近年来，全球气候异常，极端强降雨频现，本市 90%左右的排水系统采用一年一遇标准，与国家新要求和国外发达城市相比，排水防涝标准明显偏低，不能有效应对强降雨袭击，暴雨“看海”现象时有发生。

3.3 上海自然灾害防灾减灾现状

针对自然灾害的防灾减灾的工作牵涉关联多方，有政策制定、应急预案因素，有物资、人力储备投入因素，也有社会知识宣传教育普及因素。本节就政策环境、自然灾害应对组织架构、自然灾害的应急响应、自然灾害应急准备工作、自然灾害防御减灾建设几方面，再佐以 2019 年台风“利奇马”案例来说明上海目前的自然灾害防灾减灾发展现状。

3.3.1 法规规划环境

国家与上海市应对自然灾害的相关政策文件如表 3-4 所示。

表 3-4 国家与上海市应对自然灾害的相关政策文件

类别	发布机构	名称	发布时间	目标/简介
国家	中国气象局、中华人民共和国国家发展和改革委员会	《全国气象发展“十三五”规划》	2016 年 7 月	到 2020 年，基本建成适应需求、结构完善、功能先进、保障有力的以智慧气象为重要标志，由现代气象监测预报预警体系、现代公共气象服务体系、气象科技创新和人才体系、现代气象管理体系构成的气象现代化，气象保障全面建成小康社会的能力和水平显著提升
	第九届全国人大常委会	《中华人民共和国气象法》	2016 年 11 月	发展气象事业，规范气象工作，准确、及时地发布气象预报，防御气象灾害，合理开发利用和保护气候资源，为经济建设、国防建设、社会发展和人民生活提供气象服务，制定本法
国家	第八届全国人大常委会	《中华人民共和国防震减灾法》	2008 年 11 月	为防御和减轻地震灾害，保护人民生命和财产安全，促进经济社会的可持续发展
上海市	中国气象局、上海市人民政府	《上海气象事业发展“十三五”规划》	2016 年 7 月	为增强大气环境服务能力和城市气象灾害综合治理能力，核心业务技术创新实现重大突破，气象信息化水平显著提升，基本形成智慧气象体系。到 2020 年，全面综合实力迈入国际先进行列
	上海市人民政府	《上海市气象灾害防御办法》(沪府令〔2017〕51 号)	2017 年 3 月	加强气象灾害的防御，避免、减轻气象灾害造成的损失，保障人民生命财产安全
	上海市人民政府	《上海市气象灾害预警信号发布与传播规定》(沪府规〔2019〕19 号)	2019 年 4 月	规范本市气象灾害预警信号发布与传播工作，提高气象灾害预警信号使用效率，有效应对灾害性天气，降低气象灾害损失
	人民代表大会常务委员会	《上海市地面沉降防治管理条例》	2013 年 4 月	为了加强和规范地面沉降防治工作，避免和减轻地面沉降造成的损失，维护人民生命和财产安全，促进经济和社会可持续发展

续表

类别	发布机构	名称	发布时间	目标/简介
上海市	人民代表大会常务委员会	《上海市防汛条例》	2017 年 11 月	加强本市的防汛工作，维护人民的生命和财产安全，保障经济建设顺利进行
	人民代表大会常务委员会	《上海市河道管理条例》	2018 年 12 月	为了加强河道管理，保障防汛安全，改善城乡水环境，发挥江河湖泊的综合效益

3.3.2 自然灾害应对组织架构

上海市应对自然灾害组织架构如表 3-5 所示。

表 3-5 上海市应对自然灾害组织架构

序号	专项指挥部	主要牵头部门	事件类别
1	市防汛指挥部	市应急局、市水务局(海洋局)	水旱灾害
2	市重大气象灾害应急专项指挥部	市应急局、市气象局	气象灾害
3	市重大地震地质灾害应急专项指挥部	市应急局、市地震局、市规划资源局	地震地质灾害
4	市重大海洋灾害应急专项指挥部	市水务局(海洋局)	海洋灾害

3.3.3 自然灾害的应急响应

2014—2018 年期间，上海气象局共发布预警信号 661 次，其中红色 5 次，橙色 78 次，黄色 499 次，蓝色 79 次，如图 3-10 所示。

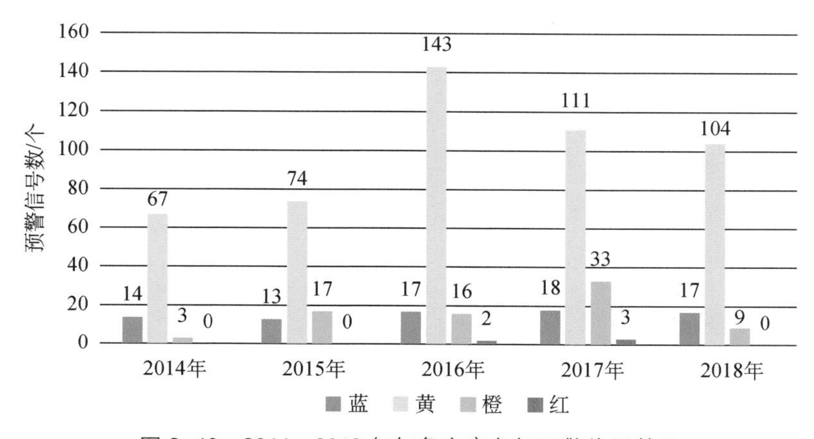

图 3-10 2014—2018 年气象灾害各级预警信号数量

其中发布台风预警信号共12次,暴雨预警信号116次。2018年新增了“黄浦江高潮位预警信号”,并在当年发布了两次蓝色预警。平均每年发布132.2次,台风预警占1.8%,暴雨预警占17.5%。

表3-6 2014—2018年各类气象灾害预警信号发布情况

年份	2014年(总/蓝/黄/橙/红)	2015年(总/蓝/黄/橙/红)	2016年(总/蓝/黄/橙/红)	2017年(总/蓝/黄/橙/红)	2018年(总/蓝/黄/橙/红)
预警信号使用次数统计	84/14/67/3/0	104/13/74/17/0	178/17/143/16/2	165/18/111/33/3	130/17/104/9/0
台风预警信号	2/1/1/0/0	2/0/1/1/0	—	—	8/3/2/1/0
暴雨预警信号	19/2/15/2/0	27/7/17/3/0	31/1/27/3/0	20/2/16/2/0	19/1/16/2/0
暴雪预警信号	—	—	—	—	1/0/1/0/0
寒潮预警信号	3/3/0/0/0	1/1/0/0/0	5/5/0/0/0	3/3/0/0/0	1/1/0/0/0
大风预警信号	12/8/4/0/0	7/5/1/1/0	28/11/17/0/0	33/11/22/0/0	17/8/9/0/0
高温预警信号	9/0/9/0/0	15/0/6/9/0	34/0/22/10/2	52/0//21/28/3	21/0/17/4/0
雷电预警信号	28/0/28/0/0	33/0/33/0/0	55/0/55/0/0	45/0/44/1/0	29/0/29/0/0
冰雹预警信号	—	1/0/0/1/0	—	—	—
霜冻预警信号	—	1/0/1/0/0	1/0/0/1/0	2/0/0/2/0	10/0/10/0/0
大雾预警信号	8/0/7/1/0	11/0/8/3/0	16/0/14/2/0	—	17/0/16/1/0
霾预警信号	3/0/3/0/0	7/0/7/0/0	6/0/6/0/0	7/0/7/0/0	—
道路结冰预警信号	—	—	2/0/2/0/0	1/0/1/0/0	3/0/2/1/0
空气重污染预警信号(2017年起)	—	—	—	2/2/0/0/0	2/0/2/0/0
黄浦江高潮位预警信号(2018年起)	—	—	—	—	2/2/0/0/0

注:表中短线表示未发布预警信号。

上海市政府印发《关于市应急联动中心110接警涉及建设工程和燃气突发事件信息传递的工作方案》,通过市气象局预警发布中心,向本市住建领域相关单位、施工企业管理人员发送空气重污染、气象灾害预警及应急提醒等信息,2018年共计向4 500家用户发送短信198次,约150万条。

3.3.4 自然灾害应急准备工作

自然灾害应急准备工作描述的是在灾害来临前,各方针对减灾工作前期所做的准备,其中包括救灾储备库的建设、防汛救灾设备的储备、应急队伍的储备、巡查工作中的隐患排查整改及日常的宣传教育、演习活动。

1. 救灾储备库

在物资储备方面，上海目前有 2 个救灾储备库。一个是闵行储备库，在“十二五”期间，闵行储备库已接收了入库帐篷、棉被、棉大衣、折叠床等各类救灾储备物资近3 000 件，改变了上海民政救灾物资零储备的局面。2017 年 5 月 6 日，启用了另一个位于上海市嘉定工业区的首个省级救灾物资储备库，距离沈海高速上海朱桥出口 5.5 km，离上海铁路南翔编组站 18 km，离上海虹桥机场和铁路虹桥站 38 km，对内交通便利辐射广泛。储备库面积 16 700 m^2，内储帐篷、棉被、折叠床、棉大衣、床垫、应急灯、移动厕所及耗材等应急救灾物资，可满足上海启动三级应急响应紧急转移安置受灾群众所需生活物资，也可满足上海支援兄弟省（市、区）应急响应所需救灾物资。

2. 防汛救灾设备

以上海市交通委的防汛救灾设备为例，根据上海市住房和城乡建设管理委员会2018 年的工作报告，在台风来临其间，对本市的防台防汛工作进行了部署安排，其中包括了形成抗台指挥网，对建筑工地设备设施进行防汛安全管理。以上海市交通委的防汛救灾设备为例，根据上海市交通委资料，截至 2018 年，已储备移动泵车 55 辆，抽水泵 559 台、发电机 291 台、抢险车 977 辆、麻袋 71 945 只、草包 64 330 只、交通路锥 45 048 个、铁锹5 612 把、扫把 10 194 把，阻水设备 198 套、牵引车或吊车 153 辆。配备防汛板 2 500 余块、防滑垫3 500 余块、阻水袋 32 000 余袋、沙袋 21 000 余袋、应急泵 900 余台等防汛防台物资。大型施工企业组建了 80 余支抢险应急队伍，落实拖轮 5 艘、钻机 13 台、挖掘机 23 台、履带吊车 48 台、泥浆泵 216 台、发电机 51 台。港口企业共计储备抢险物资草包、麻袋 28 000 余只，挡水板、阻水袋 4 000 余袋，抽水设备 209 台。

3. 应急队伍储备

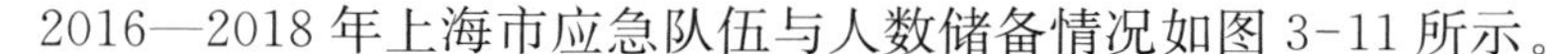

2016—2018 年上海市应急队伍与人数储备情况如图 3-11 所示。

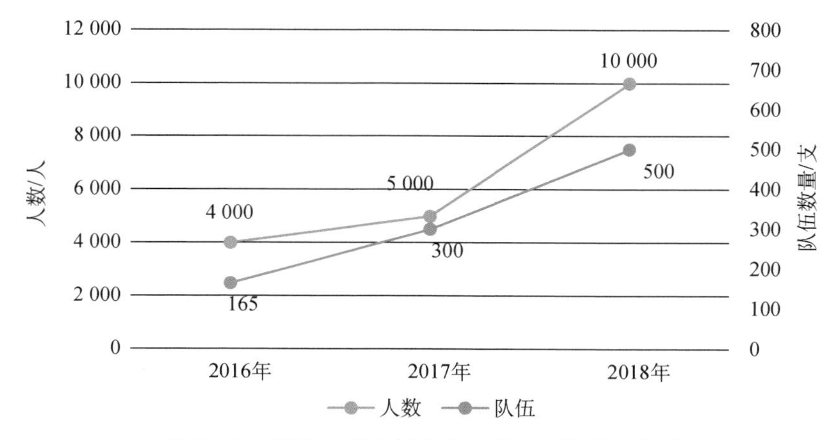

图 3-11　2016—2018 年应急队伍与人数储备情况

2016 年交通委储备了 165 支、4 000 余人应急队伍，2017 年建立了 300 多支、约 5 000 人的防汛抢险队伍，至 2018 年，救灾队伍达到约 500 支、10 000 人的规模，在进入汛期后随时待命出动，2018 年上海市住房和城乡建设管理委员会共计落实 28 支抢险队伍和 600 名抢险人员蹲点待命，形成全市“抢险地图”。

4. 隐患排查整改

2016—2018 年间，上海各个行业都开展隐患排查整改工作，其中上海市交通运输行业的排查工作在 3 年中共发现隐患 3527 处，整改 3 490 处，平均整改率为 97.2%(图 3-12)。

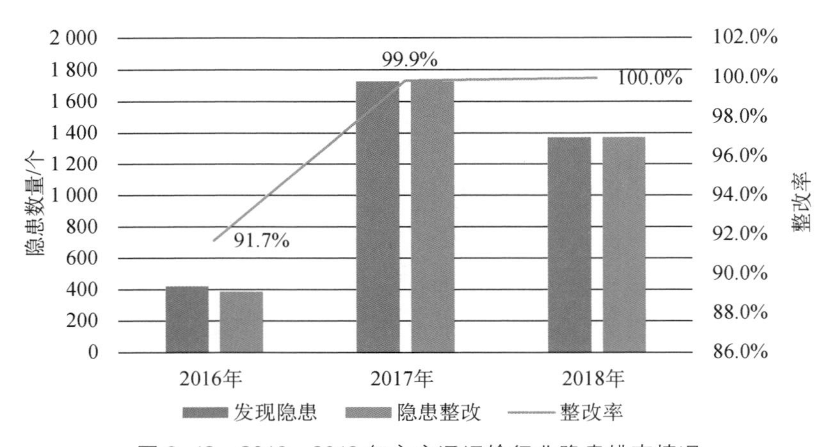

图 3-12　2016—2018 年市交通运输行业隐患排查情况

上海市住房和城乡建设管理委员会排查整治现场排水、洞口邻边、高处堆放、临时用电等不安全因素，实时跟踪天气情况发展，做好工地人员紧急撤离预案等。

5. 宣传教育及演习活动

上海市历来重视对市民的防灾知识宣传和安全教育工作。2018 年上海交通行业共开展专项宣传活动 371 场，2.7 万人次参加，制作宣传展板近 2 800 块、宣传横幅近 2 500 条，发放各类宣传用品 4.6 万余份，发放宣传材料近 3 万份。制作防汛宣传海报 2 000 张，设置专栏 9 个，刊发文章 61 篇，开展专题教育培训 509 场，近 2 万人次参加；与此同时，针对预案要求的新变化，及时开展学习、演练，累计开展各类防汛演练 16 次，地质灾害综合演练 2 次。

3.3.5　自然灾害防御减灾建设

针对上海市因自然灾害引起的易内涝、排水难、海水倒灌的特性，政府启动了一系列建设工作，包括了海绵城市建设，千里海塘、江堤建设，苏州河深隧计划及排水设施建设。

1. 海绵城市的建设

传统的城市建设对环境是破坏式的，而海绵城市在对生态环境低影响度的情况下，还能够起到保护河流、湖泊，完善城乡雨水排水体系，增强下凹绿地与屋顶绿化等蓄、滞径流雨水能力，发挥建筑、道路、绿地和水系等人工与自然系统对雨水的吸纳、蓄渗和缓释作用，实现“增渗减排”和源头径流量控制。

在财政部、住房和城乡建设部、水利部的大力支持下，2016 年 4 月，上海市入选第二批全国海绵城市建设试点城市，试点区域为浦东新区临港地区，面积约 79 km^2。目前 16 个区政府和临港、虹桥商务区、国际旅游度假区、长兴岛等管委会都已建立了海绵城市建设推进工作机制，明确了区建委（建交委）为牵头部门，积极推进海绵城市建设。试点区域浦东新区临港地区在接下来的 3 年里，将力争实现“五年一遇降雨不积水、百年一遇降雨不内涝、水体不黑臭、热岛有缓解”的总体目标（图 3-13）。

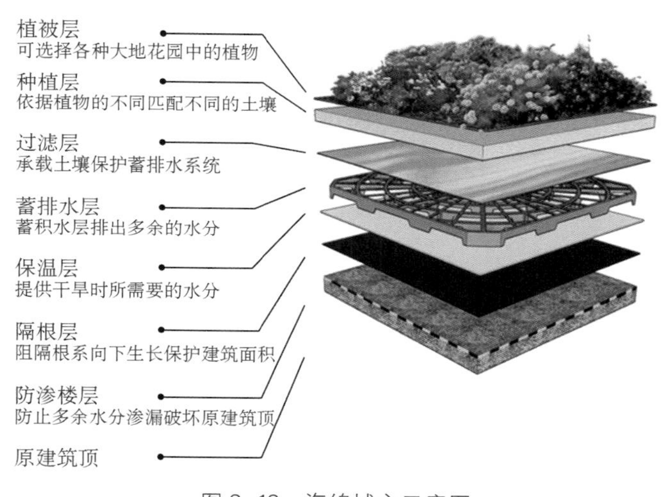

图 3-13　海绵城市示意图

在应对 2019 年台风“利奇马”时，海绵城市也发挥了巨大的作用。在试点邻地区的芦茂路上，雨水从旱溪、生态多孔纤维棉、雨水花园引入雨水管网再被转输排出，给整个区域的排水节省了时间和空间（图 3-14）。

2. 千里海塘、江堤建设

根据《上海市城市总体规划（2017—2035）》，建造“四道防线”，即千里海塘、千里江堤、区域排涝设施和城镇排水系统，流域防洪达到防御不同典型降雨百年一遇洪水标准；区域防洪达到五十年一遇标准；城市防洪标准达到千年一遇标准，全市区域除涝达到二十年一遇标准。

目前，上海在城市防汛中已基本建成了“千里海塘、千里江堤、区域排涝设施和城镇排水”系统“四道防线”，防洪堤长度建设情况如图 3-15 所示。为了进一步优化太湖流域的防

图 3-14 “利奇马”期间芦茂路路面及旱溪实图

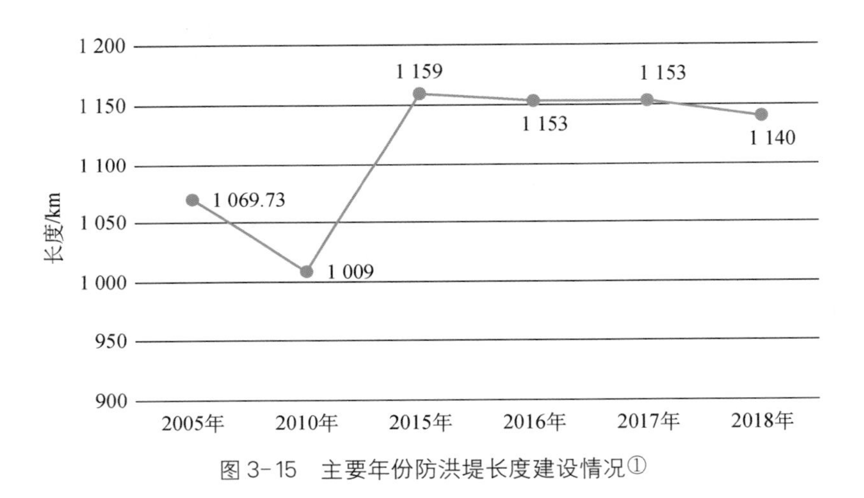

图 3-15 主要年份防洪堤长度建设情况①

洪体系，国家计划建设太湖吴淞江泄洪工程。吴淞江泄洪工程，对于太湖流域防洪而言将是一项具有长久效应的重大工程措施，国家和地方的投资规模超过 400 亿元，全长 120 km，在上海的区段有 53 km，涉及上海青浦、嘉定、宝山等低洼地区，由吴淞江至宝山入长江形成又一个大的泄洪通道。

3. 苏州河深隧计划

苏州河深隧计划(以下简称“深隧”)是国内规模最大的深层排水调蓄管道系统，苏州河底将修建一个 100 万 m^3 的“水库”，容量相当于 400 个标准游泳池。计划于“十三五”末

① 注：防洪堤不包括市区和郊区的圩堤。

基本建成，届时苏州河沿线的排水能力可从目前的一年一遇（每小时排水 36 mm）提高至五年一遇（每小时排水 55 mm）。

“深隧”工程全部建成后服务面积约为 58 km^2，将实现三大目标：

（1）将苏州河沿线排水能力从目前的一年一遇提高至五年一遇；

（2）使苏州河沿线排水系统能有效应对百年一遇降雨，路中积水深度不超过 15 cm，即不发生区域性城市运行瘫痪；

（3）基本消除沿线初期雨水污染，22.5 mm 以内降雨泵站不溢流。

根据规划，未来雨水将暂时放在“深隧”里面，进行净化、沉淀，错峰纳入合流一期总管，再进行排江，这样可以改善水环境，特别能够很好地解决初期雨水的污染。从防汛层面来讲，“深隧”工程也将提升中心城区的防汛标准。

4. 排水设施建设

2005—2018 年随着对城市运行安全问题的重视，上海市政府加大了对市政设施、排水设施建设的投资，如图 3-16、图 3-17 所示。2018 年对排水设施的建设投入资金已达 133.8 亿元，与 2017 年相比，提高了 175%。与此同时，城市排水管道以及污水处理每年投资资金也保持着一定的涨幅。根据 2019 年上海市排水设施管理重点工作，2019 年预计完成 91.39 km 的污水管道新建工程，对1 245 个住宅小区完成雨污混接改造，建设 7 座通沟污泥处理设施，以及推进雨水系统垃圾拦截，确保年度改造量不低于设施量的 10%。对积水道路开展改善工程，年内完成已列入市政府实事项目额 11 条道路积水改善工程。为保证持续提升排水设施防汛能力，各区还将抓紧建立道路积水隐患滚动排查机制，制订道路积水改善工程计划。

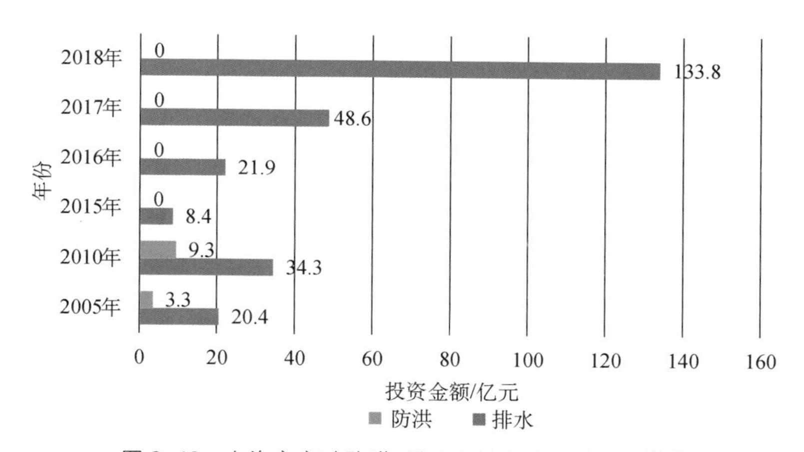

图 3-16　上海市市政防洪、排水设施完成投资情况①②

① 数据摘自住房和城乡建设部《城市（县城）建设统计报表》，并参照报表分类排列。

② 2013 年起住房和城乡建设部报表不再统计防洪投资。

图 3-17　上海市城市排水管长度及污水处理能力①

3.3.6　自然灾害应急管理案例——台风“利奇马”

以台风“利奇马”为例，上海市应急流程启动如图 3-18 所示。

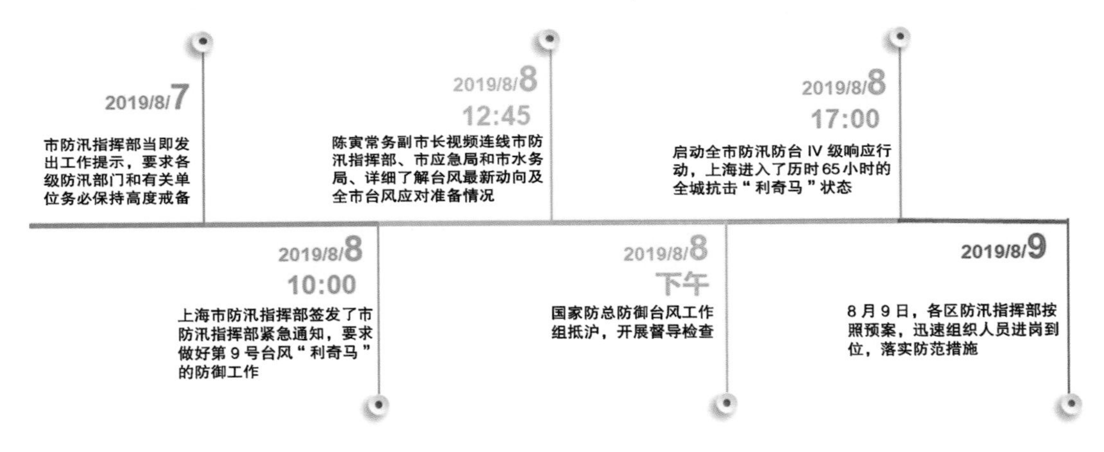

图 3-18　台风“利奇马”应急启动过程

在启动应急预案后，全市 10 万余名各级防汛干部进岗到位、全天候应急值守，12.5 万人的抢险救援力量整装待命。各部门按照预案，及时组织实施转移安置一线海塘外施工作业人员和危旧房屋、工棚简屋内人员 25.9 万人(全市 1 578 个安置点)，组织避风进港船只 2 827 艘、上岸人员 2 808 人。围绕重点部位和薄弱环节组织开展拉网式排查 9.0 万人次。

台风来临前，上海利用网络、电视、广播、手机等各种新媒体平台，积极推动防汛防台信息“五上十进”向社会公众滚动发布风情、雨情、水情及避险防灾等预警信息(图 3-19)。

---

① 注：数据摘自住房和城乡建设部《城市(县城)建设统计报表》，并参照报表分类排列。

图3-19　防汛防台信息"五上十进"

在台风期间，上海媒体每日新闻中持续大篇幅地播出相关信息，市防汛办新闻发言人也通过电视、广播、网络媒体直播连线的方式，第一时间发布有关信息及时告知台风进程。市通信管理局积极协调，在8月9日"利奇马"全面影响上海前，向所有在沪移动通信设备发送防汛防台宣传短信，告知市民台风避险常识，共计发送短信约3 500万条。此外，机场、火车站、客运站、轨道交通、地下空间等人员密集场所和防汛重点区域的户外电子屏也滚动发布台风预警信息、交通管制信息、铁路航空班次调整信息及避险自救提示，指导外出市民群众科学防灾、主动避灾。同时，各街镇、村居委会及其他基层组织运用"小喇叭"这一传统宣传方式，将台风即将来临等重要信息及相关防御提示传递到村、到户、到人。

在台风时期，共计出动2.6万名环卫工人、102辆防汛移动泵车，绿化抢修3.1万人次，景观广告牌加固、拆除3万人次，积水抢排1 300人次，电力抢修1.5万人次，公安干警出警3.7万名，消防救援1.1万名指战员在岗、890辆消防车待命，全力以赴恢复生产生活秩序，最大限度减少台风带来的损失，确保人民群众生命财产安全和城市正常运行。

"利奇马"台风过后，上海市防汛办表示，将进一步完善防汛工作机制，加快推进新一轮24个排水系统建设、35条易积水道路改造、10座泵闸新建改扩建和91 km防堤、106 km海塘建设，进一步提升防洪(潮)除涝能力的目标。

3.4　上海应对自然灾害的挑战及建议

面对日益变化的新形势，上海在自然灾害防治应对工作方面存在着防灾减灾设施设备建设、自然灾害防治统筹机制、民众防灾自救知识宣传面不匹配、不适应等问题。结合上海市自然灾害特点即降水总量多，台风个数与强度与往年持平，总结并提出建议如下文所述。

3.4.1 完善雨水和内涝防治系统，实行全过程控制

将雨水和内涝防治配套成系统工程，从源头减排、排水管渠、排涝除险等措施与防洪设施相衔接。在源头减排时利用生物滞留设施、调蓄设施等方法控制雨水径流。同时根据近年来降雨强度对排水管渠设计标准进行校准，提高排水标准，充分利用城市自然调蓄和行泄能力，合理确定排水出路。将降雨期间的地面积水控制在可接受范围内。

3.4.2 开展减灾科普宣传，培养灾害管理人才

利用现今社会发达的网络，向社会宣传自然灾害相关知识，提升市民的安全意识及自救互救能力，使防灾减灾宣传日常化、网格化。培育救灾管理人才，储备科技资源和人才资源，提高城市的灾害应急管理综合协调能力。

3.4.3 提升自然灾害预测预报的准确性和及时性

建立覆盖重点城区的气象灾害检测网络，做到全天候、全天时、多要素、高密度、精细化的立体检测能力。利用综合管理平台，传递各个气象站、管理部门之间的信息，再通过多种渠道向市民及时推送灾害预警、灾情播报。提升气象核心业务技术，实现高分辨率数值天气预报。大力发展某些重点灾害如台风、海洋和暴雨等灾害的专业数值预报业务系统，提升观测水平和预报质量。

第4章 城市建设安全

4.1 房屋建筑

4.1.1 概况

目前我国正在进行历史上最大规模的基本建设，建设项目由于具有一次性、复杂性、露天高处作业多、劳动力密集等特点，因此一直是高危行业，建筑领域的安全事故频繁发生，伤亡人数居高不下，给国家和人民群众的生命财产带来巨大损失。

《2018中国统计年鉴》数据显示，2017年年末建筑企业88 074家，从业人员5 529.63万人，建筑业总产值213 943.56亿元，建筑业增加值39 765.33亿元，房屋施工面积1 318 374.1万平方米，房屋竣工面积419 072.3万平方米。

《2018上海统计年鉴》数据显示[①]，2017年年末房屋建筑业企业851家，从业人员35.70万人，竣工产值2 335.98亿元，总产值3 411.77亿元，房屋建筑施工面积40 344.13万平方米，竣工面积7 988.82万平方米。

根据2019年3月1日发布的《2018年上海市国民经济和社会发展统计公报》的数据，上海市2018年全年实现建筑业总产值7 072.21亿元，房屋建筑施工面积47 577.35万平方米，竣工面积7 960.06万平方米。

4.1.2 事故及成因分析

1. 全国和上海市建筑生产安全事故和死亡人数基本情况

根据住房和城乡建设部网站“事故快报”进行整理，2012—2018年，这7年，我国建筑施工事故的人员事故起数和死亡情况处于波动状态，总体呈现上升的趋势，如图4-1所示。

从总体趋势上看，2012—2018年上海市建筑施工事故的人员事故起数和死亡情况呈现下降的趋势，个别年份偶有波动，如图4-2所示。

---

① 源自《2018上海统计年鉴》表14.2建筑业主要指标。

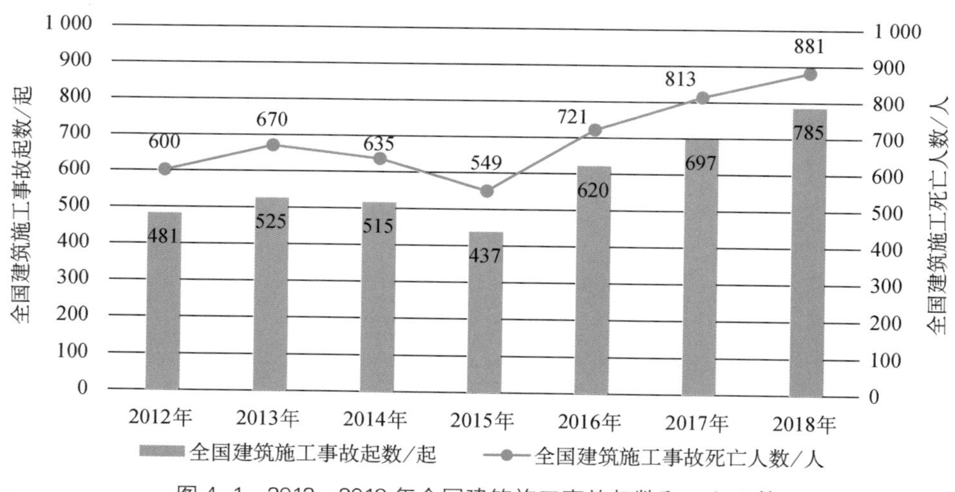

图 4-1　2012—2018 年全国建筑施工事故起数和死亡人数

数据来源：住房和城乡建设部网站。

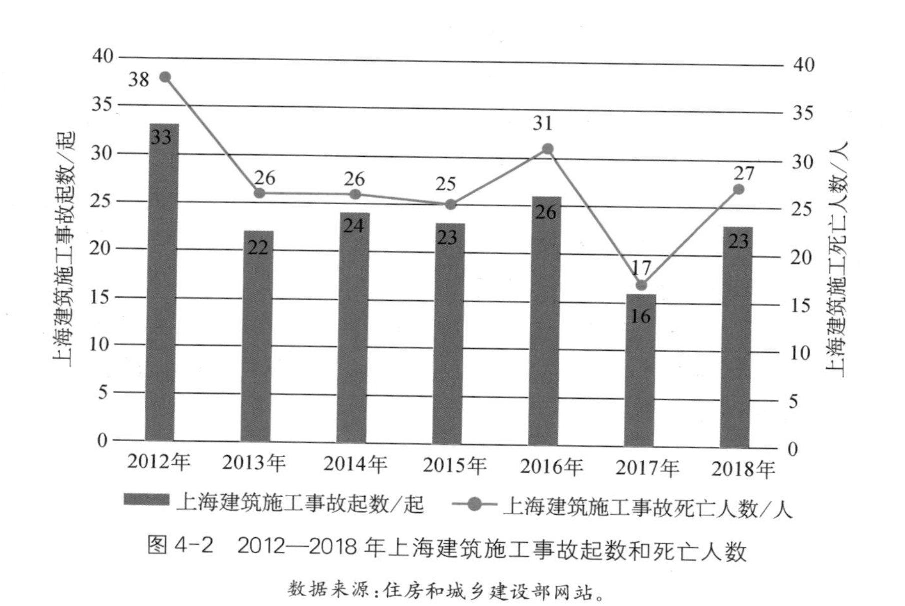

图 4-2　2012—2018 年上海建筑施工事故起数和死亡人数

数据来源：住房和城乡建设部网站。

2. 上海市建筑生产安全事故和死亡人数与全国的比较分析

1）上海市建筑生产事故起数绝对指标在全国处于中等水平

根据 2018 年住房和城乡建设部的事故快报，整理出全国各省市的建筑事故起数分布，上海的事故起数在全国 31 省市中处于较低的水平。在北京、天津、上海、重庆四个直辖市中，上海的事故起数处于中等水平，如图 4-3 所示。

2）上海市建筑生产事故死亡人数进行相对比较

为体现事故发生情况与建筑体量的关系，以死亡人数为分子，分别以建筑业增加值、

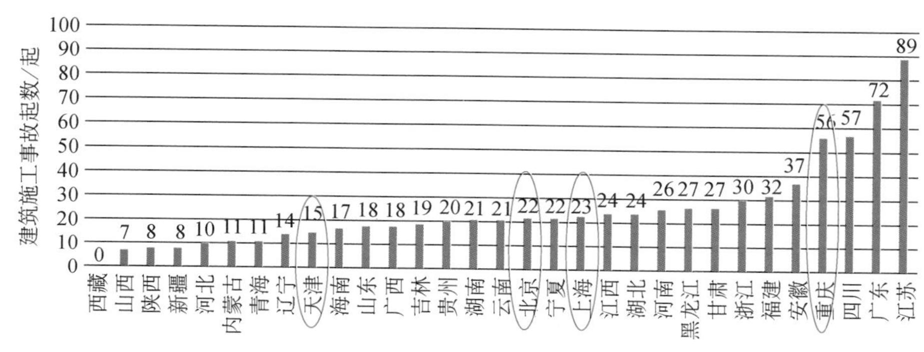

图 4-3　2018 年全国各省市建筑施工事故起数

数据来源：住房和城乡建设部网站。

建筑业总产值、固定资产投资、建筑施工面积、国内生产总值等（数据查询自历年中国统计年鉴）为分母，分别计算每万元建筑业增加值死亡率、每百亿元建筑业总产值死亡率、每百亿元固定资产投资死亡率、每百万平方米建筑施工面积死亡率、每十亿元国内生产总值死亡率，经过研究统计，列示如图 4-4 至图 4-8 所示。

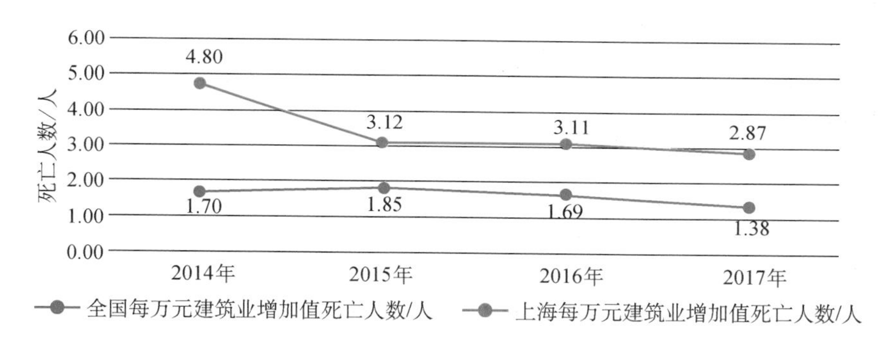

图 4-4　每万元建筑业增加值死亡率

数据来源：住房和城乡建设部、国家统计局网站。

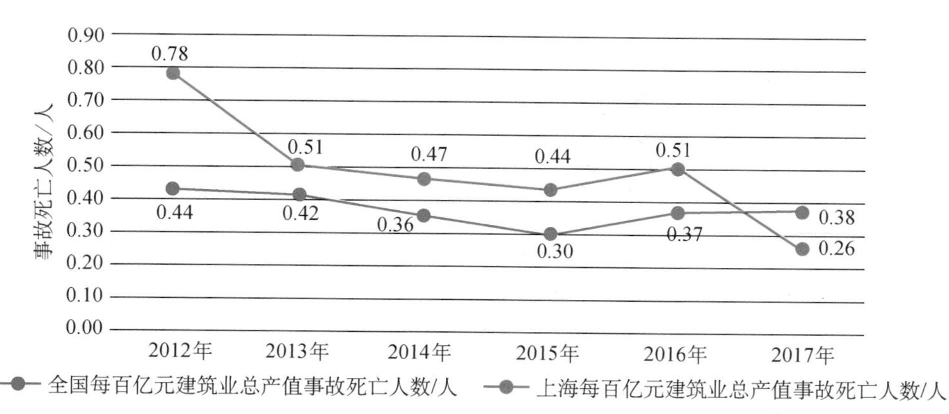

图 4-5　每百亿元建筑业总产值死亡率

数据来源：住房和城乡建设部、国家统计局网站。

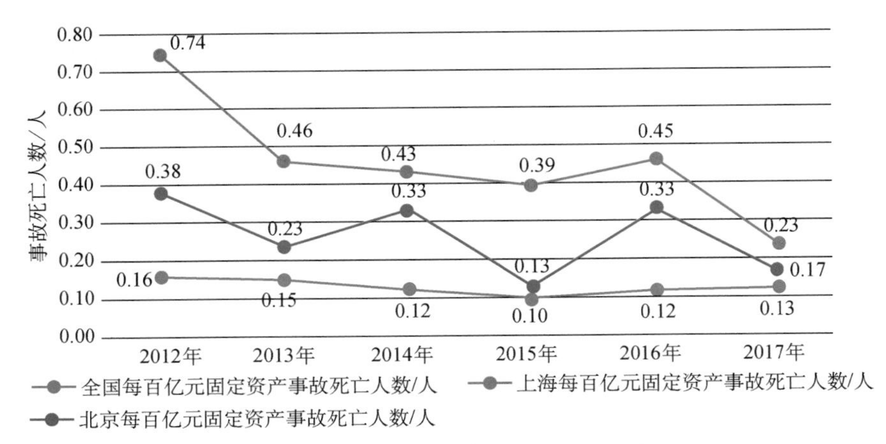

图 4-6　每百亿元固定资产投资死亡率

数据来源:住房和城乡建设部、国家统计局网站。

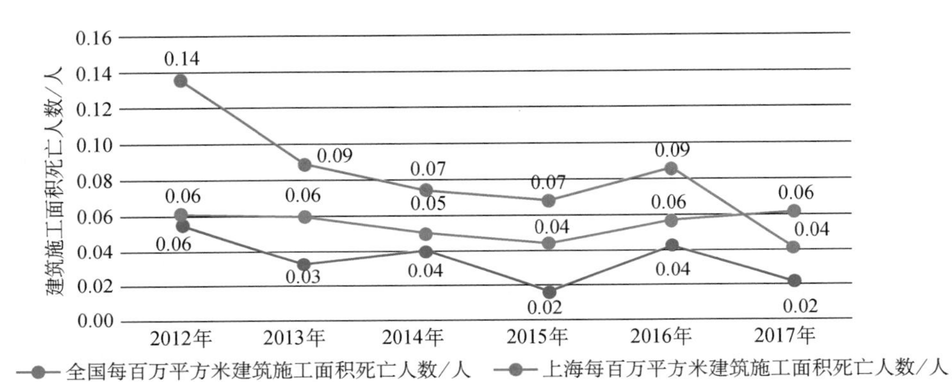

图 4-7　每百万平方米建筑施工面积死亡率

数据来源:住房和城乡建设部、国家统计局网站。

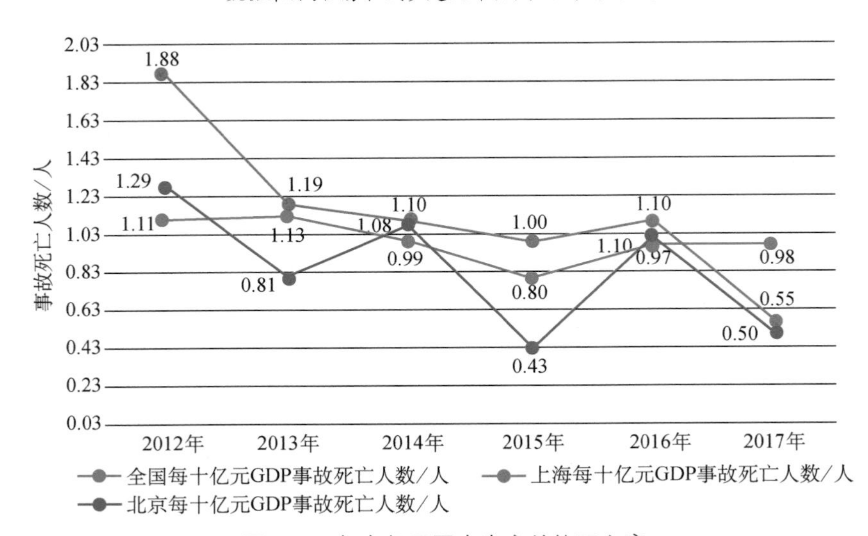

图 4-8　每十亿元国内生产总值死亡率

数据来源:住房和城乡建设部、国家统计局网站。

3. 上海市2014—2018年建筑施工安全事故分类、等级和趋势分析

1）上海市建筑生产事故类型分析

参考住房和城乡建设部对安全事故的分类①，整理近5年上海建筑事故分类见表4-1。

表4-1 近5年上海建筑事故分类 单位：起

年份	总计	高处坠落	物体打击	起重伤害	坍塌	机械伤害	车辆伤害	触电	中毒和窒息	火灾和爆炸及其他
2014年	33	12	2	3	2	3	1	0	0	1
2015年	23	10	4	3	3	2	1	0	0	0
2016年	26	15	6	2	1	1	0	1	0	0
2017年	16	10	0	3	0	2	0	1	0	0
2018年	23	10	3	4	2	3	0	0	1	0
5年合计	121	57	15	15	8	11	2	2	1	1
占比	100%	47%	12%	12%	7%	9%	2%	2%	1%	1%

数据来源：住房和城乡建设部。

2014—2018年，上海市建筑施工安全事故按照类型划分，高处坠落事故57起，占总数的51%，是最易造成人员伤亡的事故类型；物体打击事故15起，占总数的13%；坍塌事故8起，占总数的7%；起重伤害事故15起，占总数的13%；机械伤害事故11起，占总数的10%；触电、车辆伤害、中毒和窒息、火灾和爆炸及其他类型事故6起，占总数的5%。

从数据可知，上海市建筑施工安全事故排前五名的为高处坠落、物体打击、起重伤害、机械伤害和坍塌，合计占所有事故类型的95%，如图4-9所示。

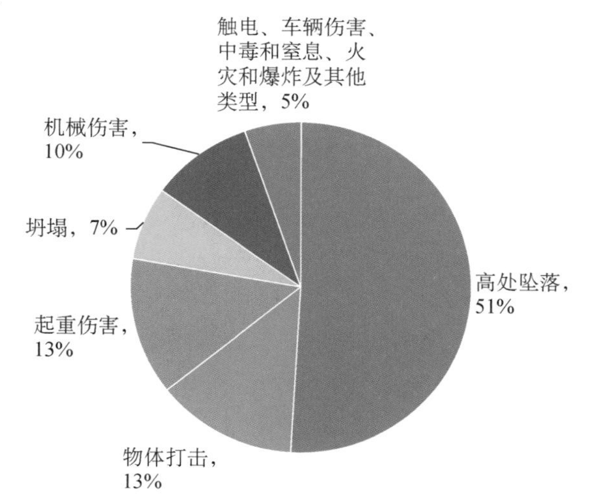

图4-9 近5年上海市建筑施工事故类型分布

数据来源：住房和城乡建设部网站。

表4-2显示了近5年各种类型的占比。

① 住房和城乡建设部，2016年房屋市政工程生产安全事故情况通报 http://www.mohurd.gov.cn/wjfb/201702/t20170214_230594.html。

表 4-2　近 5 年上海建筑事故类型占比

年份	总计	高处坠落	物体打击	起重伤害	坍塌	机械伤害	其他类型
2014 年	100%	50%	8%	13%	8%	13%	8%
2015 年	100%	43%	17%	13%	13%	9%	4%
2016 年	100%	58%	23%	8%	4%	4%	4%
2017 年	100%	63%	0%	19%	0%	13%	6%
2018 年	100%	43%	13%	17%	9%	13%	4%

数据来源：住房和城乡建设部。

按照类型划分，并没有出现某类事故逐年降低，某类事故升高的明显趋势，如图 4-10 所示。

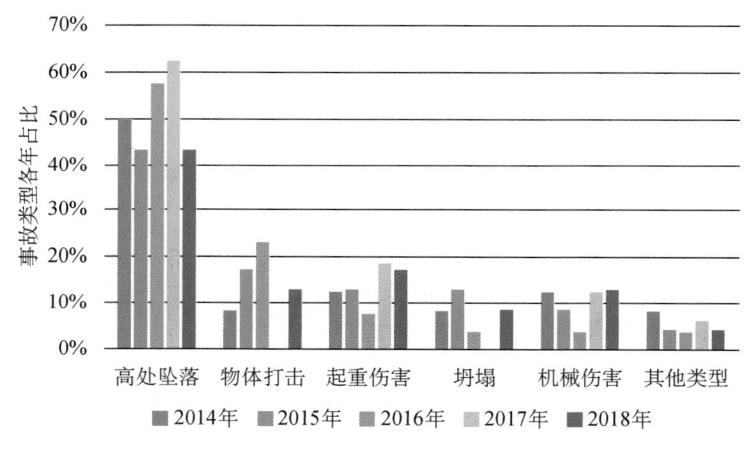

图 4-10　2014—2018 年上海市建筑施工事故类型各年占比

数据来源：住房和城乡建设部网站。

2）上海市建筑生产事故等级分析

生产安全事故按事故一次死亡人数分，可以分为重特大事故、较大事故和一般事故。重特大事故为一次死亡 10 人（含）以上，较大事故为一次死亡 3～9 人（含），一般事故为一次死亡 1～2 人。

2012—2018 年上海市建筑生产安全事故等级分布如图 4-11 所示。

从图 4-11 中可以看出，上海市建筑生产安全事故多为一般事故，较大事故很少，重大事故和特别重大事故迄今为止尚未发生。

2018 年，上海市 16 个区的事故分布情况如图 4-12 所示，从中可以看到浦东新区和松江区的事故较多，而黄浦区、静安区、徐汇区事故较少，这与各区的建筑体量有关。

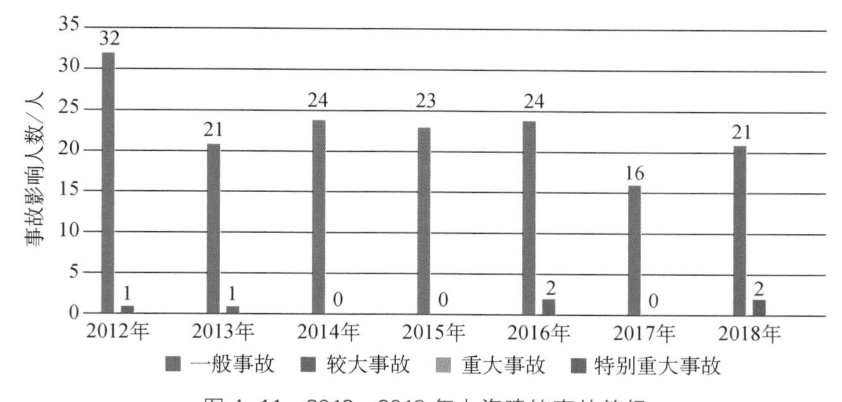

图4-11　2012—2018年上海建筑事故等级

数据来源：住房和城乡建设部网站。

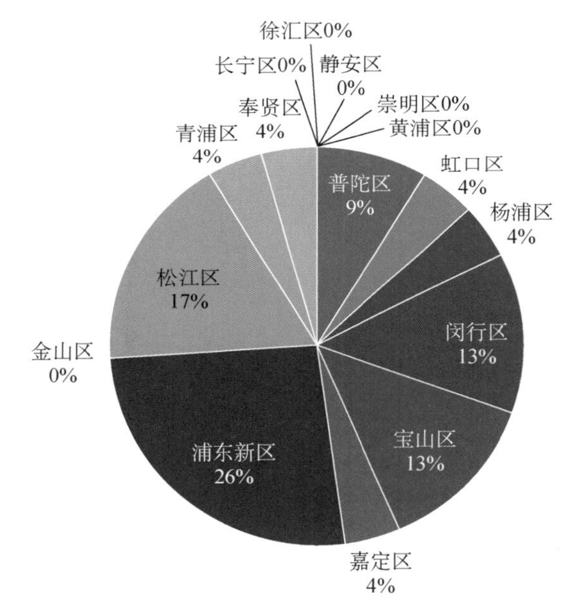

图4-12　2018年上海市各区事故分布情况

数据来源：住房和城乡建设部网站。

4. 上海市近年房屋建筑工程建设期安全事故成因分析

在2016—2018年上海市发生的4起房屋建筑工程建设期安全较大事故中，造成事故的共同原因有：劳务分包单位安全生产责任制不落实，未有效开展隐患排查工作，未有效开展针对性安全技术交底；用工不规范；未对从业人员开展有针对性的安全教育和应急演练，致使从业人员安全意识缺乏，应急处置能力薄弱，发生事故后盲目施救；未向从业人员告知有限空间和缺氧作业的危险因素、防范措施和事故应急措施，并配备相应的劳动防护用品。

据统计建筑施工安全事故排前5名的为高处坠落、物体打击、起重伤害、机械伤害和坍塌，合计占所有事故类型的95%。总体来说，2016—2018年，房屋建筑工程建设期安全事故原因主要为物的不安全状态和人的不安全行为，施工前缺乏风险防控意识，事前未采取有效的风险管控措施，施工过程中风险监测不到位，多种因素叠加导致安全事故发生。具体分析如下：

（1）高处坠落属建筑行业多发性事故，而且致残率和致死率高。容易发生高处坠落事故与事件的部位包括“四口”（预留洞口、楼梯口、电梯口、阳台口）、建筑物邻边、作业脚手架、梯子、石棉瓦等轻型屋面、塔架结构和电线杆等。容易发生高处坠落事故/事件的活动包括高处作业，攀爬架杆，在“四口”附近、建筑物邻边和石棉瓦等轻型屋面上行走等。人的不安全行为、物的不安全状态和安全管理缺陷为高处坠落事故/事件发生的原因。另外，房屋建筑施工现场的自然条件对于安全施工同样重要。有时候为了赶工期，在雨雪天、大风、高温等恶劣天气施工，导致施工人员在施工过程中发生坠落事故。

（2）建筑施工的高处作业不仅易造成高处坠落事故，而且易造成物体打击事故。物体打击不但直接导致人身伤亡，还会对建（构）筑物、管线设备、设施等造成损害。从上海市物体打击事故的起因看，其原因包括施工现场管理混乱，不按规定放置材料、构件、机械设备，施工现场环境脏乱差、多支施工队伍同时交叉作业、作业人员个人防护用品不全等因素。

（3）起重和机械伤害，因起重所吊运的重物多，荷载有变化，吊运过程复杂而危险，且活动空间范围大，一旦发生事故，影响的范围也大。起重机械是特种设备，其操作有严格的安全技术操作规程，如果对设备性能不清楚、技术不熟练，就容易发生事故。机械设备由于运转速度快，在运转过程中如不熟练或者违反操作规程，很容易造成严重伤害和死亡事故。

（4）坍塌事故多数由于结构失稳所致，分析造成结构失稳的因素存在如下几个共性问题：工程结构设计不合理或计算错误；脚手架、模板支架、起重设备结构设计不合理或计算错误；施工前没有编制切实可行的施工组织设计和专项施工方案，未做具体技术交底和安全措施，特定施工项目未经专家评审论证。基坑开挖过程中也可能引发坍塌，常见原因包括开挖深度较大而未按要求设置基坑支护结构、基坑开挖时未按规范要求放坡、雨水冲刷坑壁浸泡基坑等原因。

任何事故的形成，都是在主因与诱因相互作用下发生的，而且都存在一个从无形到有形、从量变到质变、从渐变到突变、从屈服到极限、从失稳到破坏的演变过程。建筑施工安全事故更是如此。

4.1.3 管理措施

1. 上海市2016—2018年房屋建筑生产安全管理政策(表4-3)

2016年，在建设工程质量和安全方面①，以落实质量安全管理“五方主体责任”、推进落实注册执业人员质量责任为重点，研究建立建设工程质量和安全风险评估制度、施工过

① 根据行业发展报告进行微调。

程中的设计签认制度、工期及进度审核制度、工程质量保险制度等，健全工程质量安全监管和技术管理法规制度体系，推进施工现场质量标准化管理，推进建设工程在线监管。

表4-3　2016—2018年上海市房屋建筑生产安全管理政策

发布时间	发布机构	名称	简介
2016年	上海市住房和城乡建设管理委员会	《关于立即开展建设工程安全生产大检查的紧急通知》	因某发电厂三期在建项目发生冷却塔施工平台坍塌特别重大事故，排查各类隐患
2017年	上海市住房和城乡建设管理委员会	《上海市工程质量安全提升行动工作方案》	促进勘察设计文件审查一次合格率、勘察设计和施工质量检查合格率、建筑材料质量监督抽检合格率同比明显提高，一般安全事故同比降低，较大事故得到有效控制，重特大事故得到遏制
2017年	上海市住房和城乡建设管理委员会	《关于在本市建筑工程开展重要建材供应信息报送制度的通知》	要求六类结构性建材和四类功能性重要建材于2018年1月1日起实施建材信息报送，全面加强本市建设工程建材使用的监督管理，以提升本市建设工程材料质量水平
2017年	上海市住房和城乡建设管理委员会	《关于进一步加强城市安全运行和安全生产工作的通知》	对城市安全运行提出新的要求
2017年	上海市住房和城乡建设管理委员会	《上海市民用建筑墙体节能工程质量安全管理规定》	加强本市民用建筑墙体节能工程质量安全管理，提高建筑墙体节能工程质量
2018年	上海市住房和城乡建设管理委员会	《关于进一步加强当前建筑施工安全生产工作的紧急通知》	针对上海市9月接连发生两起较大以上生产安全事故，暴露出建设项目参建各方安全责任不落实、监督检查走过场、隐患整改不到位等突出问题，要求各单位高度重视，把安全生产工作做实做细；全面排查整治各类安全生产隐患，坚决防范、遏制重特大生产安全事故发生。重点排查高大模板、深基坑和起重吊装等危险性较大的分部分项工程
2018年	上海市住房和城乡建设管理委员会	《关于开展进口博览会建筑工地安全生产和空气质量保障专项治理工作的通知》	开展进博会安全生产和空气质量保障专项治理工作
2018年	上海市住房和城乡建设管理委员会	《关于强化本市建设工程质量安全巡查行政处置工作的通知》	对施工总包单位项目经理长期不到岗或者到岗不履职的，或者项目管理机构关键岗位人员大部分未按规定配备或者长期不到岗等严重违法违规行为进行巡查行政处置

续表

发布时间	发布机构	名称	简介
2018 年	上海市建设工程安全质量监督总站	《关于开展本市建筑施工企业安全生产条件动态核查的通知》	以十二项安全生产条件为具体检查要点，采取对企业进行实地检查和在建设市场管理信息平台系统核查
2018 年	上海市住房和城乡建设管理委员会	《关于进一步加强密闭空间施工作业安全管理的紧急通知》	要求加强密闭空间施工作业安全管理，提高对密闭空间施工作业安全重要性的认识，加强对密闭空间施工作业的安全管理，明确密闭空间作业的管理流程
2018 年	上海市住房和城乡建设管理委员会	《关于开展建设工程领域消防安全大排查、大整治行动的通知》	要求在全市建设工程领域开展消防安全大排查、大整治行动，全面排查整治建设工程领域火灾隐患，广泛开展消防宣传培训
2018 年	上海市住房和城乡建设管理委员会	《关于进一步推进建筑施工安全专项治理行动的通知》	推进治理施工现场违法违规行为和事故隐患，加大事故的查处力度

资料来源：根据上海市住房和城乡建设管理委网站内容整理。

2017 年在建设工程质量和安全方面，以强化质量安全管理信息化技术、提升本市建设工程材料质量水平为重点，研究促进勘察设计文件审查一次合格率、勘察设计和施工质量检查合格率、建筑材料质量监督抽检合格率。

2018 年在建设工程质量和安全方面①，以排查整治各类安全生产隐患、加强密闭空间施工作业安全管理为重点，研究加强施工总包单位项目经理到岗履职率和项目管理机构关键岗位人员配备到岗，继续推进新开工和既有在建建筑工程全面实施施工质量标准化管理评价工作。

从 2016—2018 年上海市政府关于建设工程安全生产政府发布的相关政策来看，上海市住房和城乡建设管理委员会、上海市建设工程安全质量监督总站对安全生产一直高度重视，对于有效防范和坚决遏制重特大事故产生了良好影响，严格防控较大事故，减少事故总量，促进住房和城乡建设系统安全生产形势稳定好转，为决胜全面建成小康社会营造稳定的安全生产环境。

2. 房屋建筑生产安全行业主管部门的监管

1）上海市 2016—2018 年房屋建筑生产安全检查情况

根据《2016 年上海市安全质量监督总站工作总结》，2016 年市区两级共实施行政处罚结案 1 161 起，收缴罚款 8 894.6 万元。共对 28 家单位暂扣安全生产许可证、9 家单位暂停在

① 具体名称：根据上海市建筑施工行业协会网站内容查询整理，http://www.shjx.org.cn/list-1879-22.aspx。

沪承接工程、3 家单位降低资质等级。市区两级监督机构共签发行政处理单 5 625 份,其中安全质量隐患(问题)整改单 4 497 份,局部暂缓施工指令单 986 份,停工单 142 份。

根据《上海市建设工程安全质量监督 2017 年度报告》,2017 年市区两级监督机构共签发行政处理单 6 381 份,其中整改单 5 290 份,局部暂缓施工指令单 978 份,停工单 113 份。

根据《2018 年安全质量监督年报》,2018 年市住建委组织对全市在建工程中的 157 个工地进行了巡查,市区两级监督机构共签发行政处理单 7 287 份,其中整改单 5 951 份,局部暂缓施工指令单 1 169 份,停工单 167 份,如图 4-13 所示。

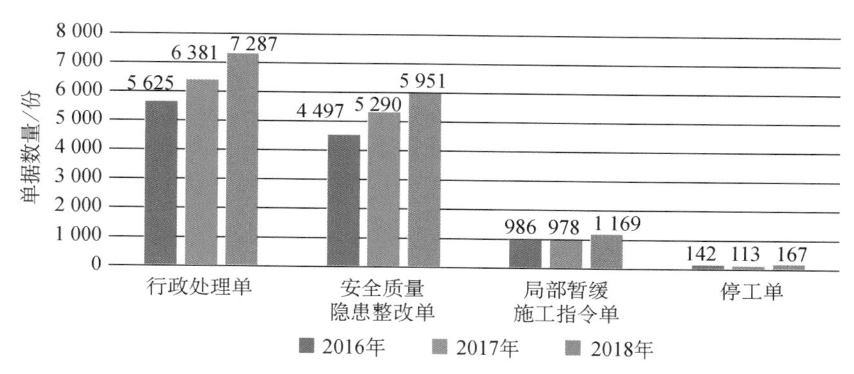

图 4-13　2016—2018 年上海市生产安全检查情况

数据来源:住房和城乡建设部网站。

从图 4-13 中可以看到,行政处理单、安全质量隐患整改单和局部暂缓施工指令单数量在 2016—2018 年这三年间逐年有所上升,而停工单数量逐年波动。

2) 优化监督资源,规范现场执法行为

上海市政府建设管理除现有的监管体系外,另外成立了巡查小组。自 2013 年组建在建工地巡查小组以来,对工地精细化管理水平提升起到良好的作用,巡查内容不断明确,巡查工作内容逐步量化,实施了巡查量化表共 128 项检查,将隐患排查和制度宣贯结合在巡查工作中。上海市政府行业监管部门不断提高执法监管工作水平,先后修订了《上海市建设工程监督机构与监督人员管理规定》《上海市建设工程质量安全监督工作规定》等文件,在建立"一单两库"(抽巡查事项清单、检查人员库和工程项目库)的基础上,逐步在综合执法检查、专项检查、监督检查等三类检查中,推进"双随机一公开"(在监管过程中随机抽取检查对象,随机选派执法检查人员,抽查情况及查处结果及时向社会公开)制度,不断规范执法监管行为。

现场执法行为更加规范。通过制定安全质量执法合规性的工作标准,梳理相关规定,修订《上海市建设工程安全质量监督总站行政处罚工作若干规定》等文件,编制行政执法合规性管理手册,确保行政执法工作不断不乱。深入推进法规的汇总和梳理工作,进一步推广行政执法标准化文书,加强对区域建设工程监督机构执法工作的指导。完善项目经理计分标准,逐步建立一套标准的项目经理记分制度,实现"一种违规、一个标准",减少人为主观因素的干扰。

3. 建设工程应急管理

1）建设工程事故应急管理措施

根据《上海市处置建设工程事故应急预案》(2018 版)对房屋建筑和市政基础设施(除交通工程)的新建、改建、扩建工程中发生的人员伤亡、中毒和财产损失等事故进行统一指挥、分级负责,上下联动、属地为主,以人为本、快速处置。

如发生建设工程事故,市建设交通委、市应急联动中心及有关部门接警后,要立即予以核实,通过组织、指挥、调度相关应急力量实施先期处置,迅速控制并消除危险状态。在处置过程中,市建设交通委负责收集、汇总事故有关信息,根据现场实际或征询有关部门意见进行研判,确定建设工程事故等级,掌握现场动态并及时上报。

建设工程应急预案综合演练已数次于多个项目举行,演练主题囊括了施工现场防台防汛、火灾事故、脚手架坍塌的应急救援和处置;以遭遇台风天气,行车滑出轨道、大量积水涌入基坑、配电箱发生电器火灾、吊运管片滑落造成人员受伤为情景,实战演练起重设备事故、防台防汛、电器火灾、人员救护应急处置等四个科目。

通过数次演练,进一步增强了上海市建筑施工从业人员的安全责任意识、防范意识以及发生安全事故时的自救和自我保护能力,也提高了上海市建筑施工现场对发生安全事故应急救援的快速反应能力、实战能力,进一步强化了各抢险救援部门的协同作战能力,对预案各个环节的衔接、配合进行了一次严格检验,确保最大限度地减少事故造成的人员伤亡和财产损失。

2）加强建设系统的应急专业队伍建设,提升应急处置能力水平

为了加强行业应急的专业化建设工作,与上海建工集团股份有限公司、上海隧道工程股份有限公司、上海煤气第一管线工程有限公司、上海凌锐建设发展有限公司等六支①市级专业应急队伍约 500 人进行了签约。

专业应急抢险队伍作为中坚骨干,在关键时刻发挥着突击队作用,时刻保持高度警觉,做好各项准备,确保一旦有事,迅疾出动。平时加强大型、特型装备性能检测,确保时刻保持良好技术状态。专业队伍立足最困难、最复杂条件,强化队伍演练,培养一专多能人才,不断提高各种条件下遂行任务的能力。

4.1.4 挑战和建议

作为国民经济支柱产业的建筑业,其就业范围广,体量大,对拉动经济、扩大就业、带动上下游相关产业发展有着重大影响,现在依靠规模快速扩张的传统发展模式更是难以为继,行业面临着前所未有的机遇和挑战。

---

① 应急保障处 2018 年工作总结和 2019 年工作思路,“利奇马”逼近,上海全面进入台风临战状态 http://baijiahao.baidu.com/s? id=1641406351207173609&wfr=spider&for=pc。

1. 上海市房屋建筑建设期安全面临的挑战

1）工业化和信息化带来的挑战

近年来，随着信息产业的发展和新技术的不断涌现及应用，工业化和信息化给各个行业尤其是制造业带来了根本性的变化。作为传统的建筑业，相比其他工业门类发展缓慢，工业化、信息化程度不高，存在生产方式粗放、劳动效率低下、高耗能、高污染、安全事故高发等问题。

2）劳动力需求变化带来的挑战

建筑业一直属于劳动密集型产业，而上海的建筑业从业人员逐年减少，建筑业的“招工难”“用工荒”现象已经出现，并仍在不断加剧。除此之外，由于建筑业长期以来拼速度、拼规模，以及单一的粗放生产方式直接导致高素质、复合型人才缺乏，尤其是生产一线的农民工一直以无序、散乱的体制外状态存在，建筑业从业人员素质较低、安全防护意识薄弱以及安全防护技能水平不高等问题突出。

3）工程建设组织模式变革带来的挑战

建筑业受分割管理体制的影响，工程建设环节碎片化、分散化、分割极严重，尤其工程总承包推广缓慢，全过程工程咨询机构几乎没有，建筑企业多集中于建筑业价值链的低端，在附加值高的融资建设、总承包、全过程工程专业咨询等方面仍落后于发达国家。

4）政府监管方式和职能转变带来的挑战

党的十九大报告指出：“转变政府职能，深化简政放权，创新监管方式，增强政府公信力和执行力，建设人民满意的服务型政府。”

当前我国正在大力推进政府职能转变，进行“放管服”改革。对建筑业管理实行简政放权，包括优化资质资格管理的市场准入制度，缩小必须招标的工程建设项目范围；试点放宽承揽业务范围限制，加强事中和事后监管；完善全国建筑市场监管公共服务平台，健全建筑市场信用体系等。这意味着政府减少对建筑企业活动的直接干预，更多地为事中和事后监管。

2. 改进上海市房屋建筑建设期安全状况的建议

1）推进装配式建筑和信息化发展，通过智慧手段，提升在建项目安全管控水平

工业化、信息化的发展带来挑战的同时也带来相应的机遇。建筑业可通过驱动技术创新进一步推进建筑产业现代化，重要途径包括：大力推广装配式建筑，推动建造方式创新；加快推进以BIM和互联网技术为主的集成应用，实现项目全生命周期数据共享和信息化管理；加快先进建造设备、智能设备的研发、制造和推广应用，限制和淘汰落后危险的工艺工法；发挥标准引领作用，提升完善工程建设标准，加强与科技研发部门的沟通配合，与国际先进标准衔接。

应用现代化工具，通过智慧手段，完成在建工地质量安全管控水平的有效提升。在推进智慧工地的信息化工作时要做到五个方面的结合：与关键岗位到岗履职相结合，与重大

危险源现场管理相结合，与环保、创全、文明工地创建等相结合，与紧急事项应急处置相结合，与安全隐患预警相结合。运用智慧工地建设成果，为工程建设保驾护航，并在全国起到示范带头作用。

针对“项目安全隐患自查—落实企业安全生产主体责任、人员安全动态管理—规范现场作业人员安全行为、扬尘监控自动降尘—完善绿色施工环境保护措施、高处作业防护预警—降低高处坠落事故发生风险及危大工程预警管理—控制较大等级事故发生概率”五大模块，在“人、机、料、法、环”的技术框架下，推进现场安全管理色谱分区、临边洞口危险区域预警、现场人员智能化管理、危大工程监测及预警技术等关键智能技术的研究。

在有条件的工地引入附着式电动施工平台、吊钩可视化系统、单兵移动巡检系统等智慧工地新科技。

随着信息化技术不断在各行各业推进，在建筑业也建议引入工程风险评估机制，加强房屋建筑建设安全管控，建立全过程动态风险管理系统，从而尽可能提升工程安全水平。

2）建立全员全过程的房屋建筑安全管理体系，将房屋建筑事故隐患消弭于无形中

关于房屋建筑建设期的安全管理，要建立以施工总承包单位为中心，建设、监理、勘察、设计及其他有关单位各负其责的责任体系，通过强化政府部门监管责任，形成住房和城乡建设管理部门的综合监管与交通、水务、绿化市容、民防等专业管理部门专业监管相结合的工作机制。

从源头管理提高系统性和实效性，建立多层次安全技术交底，从设计方对总包单位的交底开始，到总包对分包、分包对班组、班组对工人交底，将施工工艺、环境存在的风险、危大工程、操作规程等从不同层次、不同角度，逐层传递，直至形成操作人员可直接领会、直接感悟、直观操作的具体内容，提高交底的实效。

加强建筑行业工人安全教育和基础安全知识培训，强调安全防护，提高工人自我防护意识。一方面，改革生产方式，通过建筑工业化，大幅提高劳动者的生产效率；另一方面，完善建筑用工制度，企业有用工的自主权，农民工可自行组建小微专业作业企业，达到专业化、组织化，建立学校和企业的技术人才培养机制，推出体现技工价值的薪酬荣誉制度，弘扬工匠精神，推进农民工向产业工人转型。同时利用好上海新一代年轻劳动者素质提升和就业结构优化等人才新红利，加快培养高素质建筑人才。

3）整合建设过程现场监管系统，持续推进监管工作规范化、标准化、信息化

进一步推动信息化管理各模块的运用整合。充分利用物联网技术和大数据资源，深入挖掘关键监管信息点，大力推进远程视频监控在工地现场中的应用，逐步实现实时监管，强化工程监管时效。进一步扩大移动监督系统和执法记录仪在监督执法过程中的应用范围，全市所有监督记录统一通过监督系统录入。建立建筑企业、人员信息、诚信信息共享模式，完善行业诚信系统建设，实现企业、从业人员诚信信息和项目信息的集成化信息服务。

继续推进和完善工地现场监管系统，加快建设工程安全质量移动监督系统的开发，强化统计和数据比对分析，构建以人员（执业类和职业资格类）、项目、企业、起重机械、危大工程和建材信息为核心的监管数据资源库，为差别化的双随机监管机制提供技术支撑。

以保障性住宅和人流密集场所的建筑为重点，落实在建工程质量隐患排查，强化关键建材、关键施工环节的监督抽检力度。

4.2 市政基础设施

市政基础设施的建设包括城市道路、桥梁、隧道等基础设施的建设工程项目。市政基础设施是市民生活、工作、娱乐等的重要保障，如果市政基础设施建设的过程中出现意外情况，将会给市民带来极大不便，同时造成巨大的经济损失。

市政基础设施施工面积大、地点跨度大，封闭施工困难，影响因素多、范围广。市政基础设施往往在城区人口密集区进行，特别是对于上海经济发达、人口密度大的地区，一旦发生安全事故，往往会造成十分严重的后果。因此，有必要对城市基础设施建设安全现状进行研究，降低各类事故的发生率。

4.2.1 行业概况

根据《2018 年上海统计年鉴》中主要年份城市基础设施投资额数据，2015—2017 年，上海市在交通运输基础设施建设上的投入分别为 759.23 亿元、883.81 亿元及 903.62 亿元，在市政建设上的投入分别为 374.10 亿元、345.75 亿元及 473.6 亿元，在交通运输及市政建设上的投资整体呈增长趋势。图 4-14、图 4-15 展示了上海市主要年份交通运输及市政建设基础设施投资额及投资额增长率。上海市 1991 年之前，交通运输及市政建设的投资额很少，每年投资额均小于 10 亿元。从 1991 年开始，交通运输及市政建设投资额呈快速增长趋势，至 2009 年达到最大，交通运输投资额达 978.21 亿元，市政建设投资额达 623.21 亿元。2009—2014 年，交通运输的投资额呈快速下降趋势，到 2014 年以后又保持增长趋势。2010—2016 年，市政建设投资额保持在 300 亿～400 亿元，2017 年市政设施投资额增加到 473.60 亿元。2003 年作为关键转折点，在此之前市政建设的投资额大于交通运输，之后交通运输的投资额大于市政建设。

根据上海市交通委员会 2016—2018 年工作报告显示，上海市每年推进的重大交通工程项目 50 余项（包含轨道交通工程），完成年度投资额达 600 亿元以上，重大项目分布在高架路、省道及区区对接道路上，其具体情况如下。

2016 年，共推进 55 项重大交通工程，占全市重大交通工程一半以上，完成投资 670 亿元，比年初投资计划超额完成 20%以上。长江西路越江、嘉闵高架北北延伸、中环路国定东路下匝道、S3 先建段主线高架段建成通车，沿江通道、龙耀路越江、虹梅南路高架等工程有序推进。稳步推进北横通道建设，实现 10 个节点开工，完成投资 22.7 亿元，

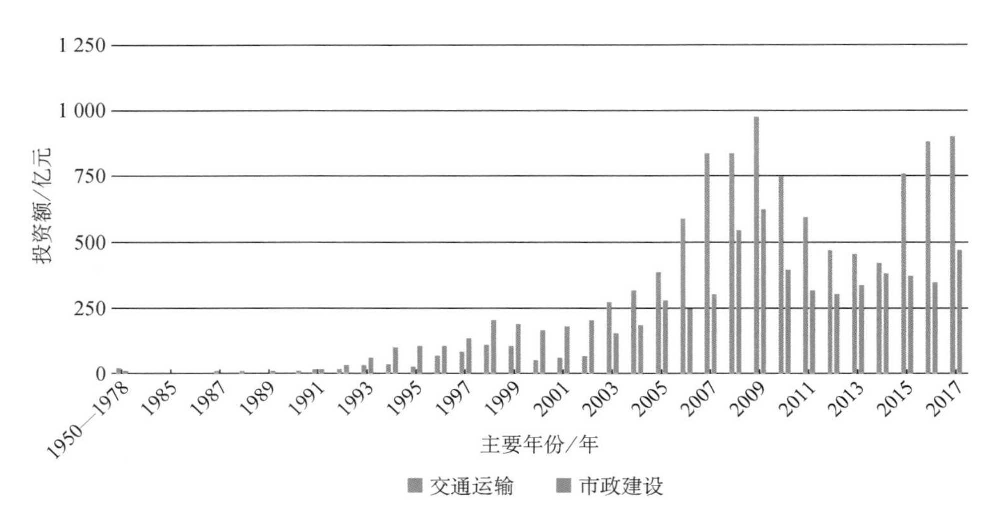

图 4-14 上海市主要年份交通市政基础设施投资额

数据来源:《2018 年上海统计年鉴》。

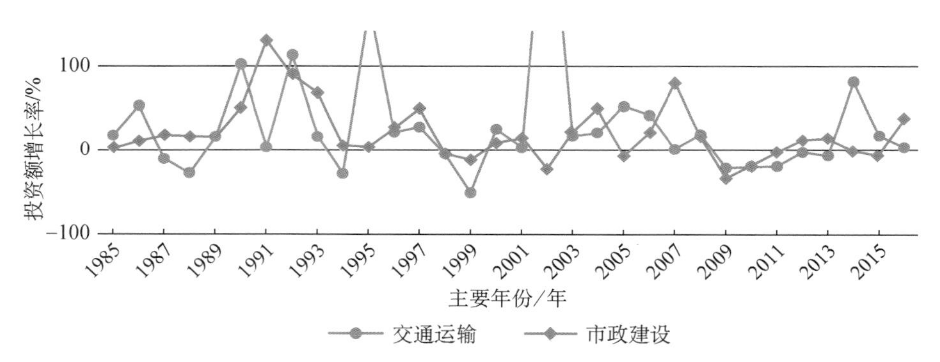

图 4-15 上海市主要年份交通市政基础设施投资额增长率

数据来源:《2018 年上海统计年鉴》。

完成率达 108%。推进 39 条区区对接道路(断头路)建设,其中建成 17 条,开工 22 条,解决了部分道路的交通瓶颈问题。

2017 年,推进市重大交通工程项目 55 项,完成投资 789.9 亿元,完成率达到年度计划的 101.9%。稳步推进北横通道建设,中江路至中山公园盾构进洞,北虹立交 WS 匝道通车。军工路快速化、崧泽高架西延伸等一批项目开工建设。S3 先期实施段地面道路、浦星公路改建工程、虹梅南路高架段等建成通车。区区对接道路(断头路)打通 11 条。

2018 年,市重大交通工程项目 50 项 76 个,年度计划投资 664.96 亿元,实际完成投资 701.75 亿元,为年初计划的 105.5%,超额完成 36.79 亿元。嘉闵高架南南延伸地面道路、S26 公路入城段等建成通车,区区对接道路完成 11 条。

从以上分析可知,2017 年较 2016 年与 2018 年完成的投资有较大的增长,这与 2017 年是“十三五”规划建设的第1年，在交通基础设施上的投资增大直接相关，且该趋势与上海市统计年鉴基础设施投资额的变化保持一致。

4.2.2 事故及成因分析

1. 2016—2018年上海市市政基础设施生产安全事故情况

2016年，上海市交通行业未发生影响经济社会发展的重特大安全生产事故，安全运行形势总体平稳。交通建设领域发生上报事故数1起，死亡人数1起。2017年，是实施“十三五”规划承上启下的重要一年，也是深化交通运输领域供给侧结构性改革的关键一年。2017年上海市交通行业安全生产事故数、事故死亡人数均较2016年稳中有降，行业安全生产形势总体平稳可控。交通建设领域，2017年发生上报事故（一般等级）1起、死亡2人，同比分别持平和上升100%，未发生有严重影响的重特大安全生产事故，同比2016年持平。连续3年保持同期不发生有严重影响的重特大安全生产事故。2018年，交通建设领域未发生有严重影响的重特大等级生产安全事故，保持连续5年（2014—2018年）不发生有严重影响的重特大生产安全事故。交通建设领域发生上报事故0起，同比下降100%。图4-16为上海市2016—2018年交通建设领域上报事故情况，可以看到，2017年事故死亡人数较2016年与2018年多，该趋势与交通运输及市政建设的投资额变化一致。

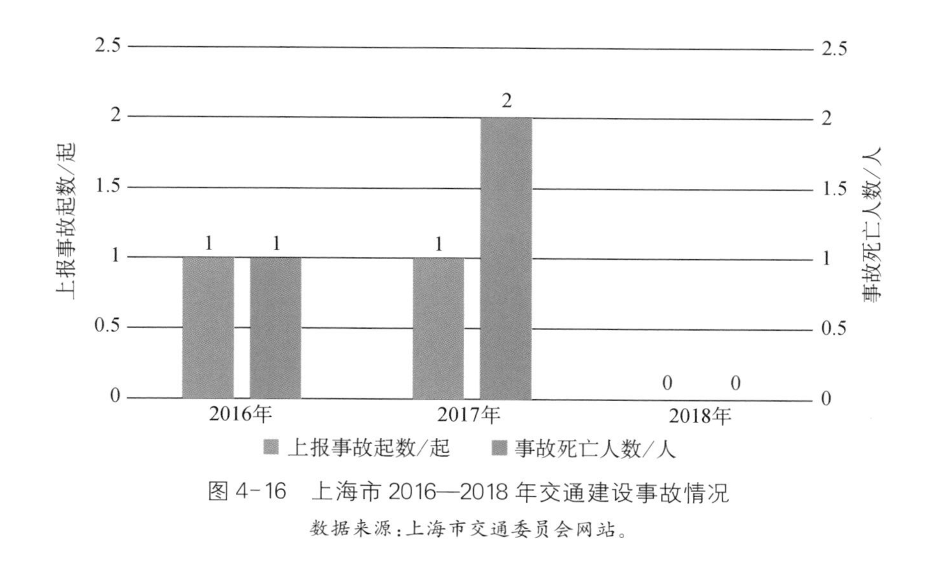

图4-16 上海市2016—2018年交通建设事故情况

数据来源：上海市交通委员会网站。

按交通运输部统计口径，市政工程、轨道交通建设不纳入上报事故统计范围。表4-4给出上海市交通委作为运行事故统计的市政道路工程事故情况，可以看到，2016年未统计到市政道路工程事故，2017年统计到的市政道路工程事故为2起，死亡人数为2人，2018年统计到的市政道路工程事故为1起，死亡人数为1人。2017年市政道路工程事故较 2016 年及 2018 年多发，交通建设安全事故变化趋势与上海市 2016—2018 年 3 年交通运输、市政建设的投资额变化一致。

表 4-4　2016—2018 年市政基础设施运行事故情况

年份	事故类别	运行事故概况	类别归属	死亡人数
2016	施工过程中事故	6 月 1 日 18:10，虹梅南路高架工程主体结构三标，ZX134 东侧在进行排管施工过程中，1 人在沟槽基底作业，3 人在上部作业，由于沟槽土方塌方造成 1 人受伤，紧急送医，经抢救无效死亡	市政道路工程事故	1
2017	工程车辆撞人	8 月 16 日 15:45，G15 公路松浦二桥以南大修工程二标(G15 金山工业区大道收费口匝道内)，铣刨作业料车在倒车时，不慎撞倒1 名现场施工人员，造成其当场死亡	市政道路工程事故	1
2018	施工事故	7 月 11 日，北横通道新建工程二标中江路工作井工地施工过程中，1 名钢筋工在从左侧承重排架从上往下攀爬时不慎跌落地面，上方松动的型钢同时坠落砸中其头部，紧急送医，经抢救无效死亡	市政道路工程事故	1

虽然上海市交通市政建设领域发生事故较少，但交通市政建设工程的安全问题仍应引起重视。全国 2006—2018 年市政工程安全事故数从 1 144 起下降到 734 起，死亡人数从 1 324 人下降到 840 人。全国市政工程事故发生数与事故死亡人数 2006—2015 年呈下降趋势，2015—2018 年呈增长趋势，因此，市政工程安全问题仍面临较大挑战。通过 2006—2018 年全国市政工程施工领域事故数量的统计分析，市政工程事故情况及类型统计如图 4-17 和图 4-18 所示，市政工程主要事故类型为高处坠落、坍塌、物体打击、设备伤

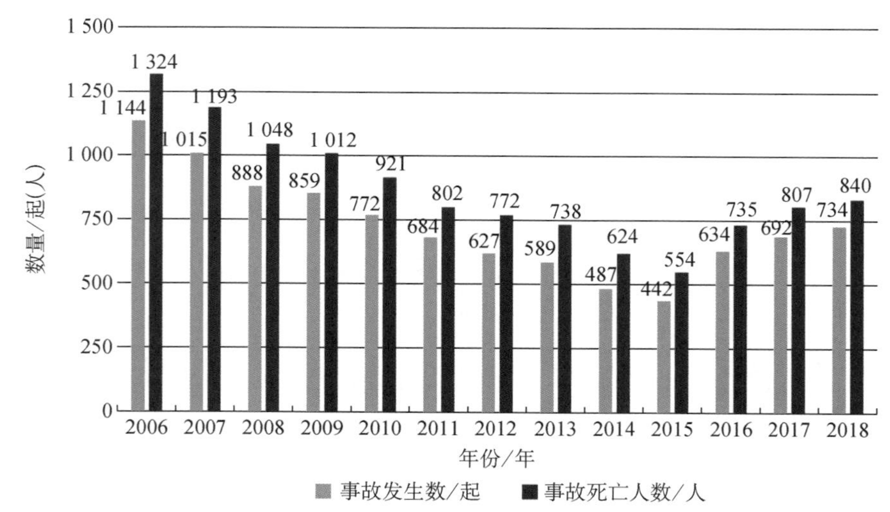

图 4-17　2006—2018 年全国市政工程事故情况统计

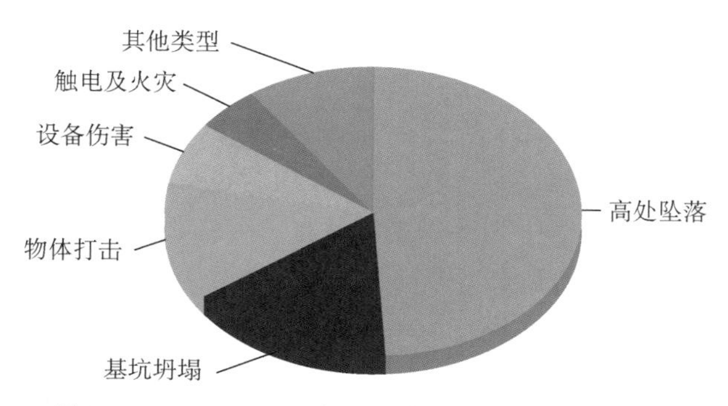

图4-18　2006—2018年全国市政工程事故类型统计

害和触电等五类，且每年排在前三位的均为高处坠落、坍塌和物体打击。高处坠落占49.17%，坍塌占16.09%，物体打击占12.37%，设备伤害占7.20%，触电及火灾占5.31%，五大伤害导致事故发生占90.14%。高处坠落、坍塌、物体打击、设备伤害占事故总数的主要部分，是预防事故发生的重点，其中高处坠落是市政工程施工过程中所需预防的重中之重。

2. 市政基础设施生产安全事故因素分析

市政基础设施建设项目施工过程中安全问题主要因素分为"人、机、料、法、环"及"环境"因素，安全事故主要因素分析如图4-19所示。市政基础设施施工过程中参与的人员主要有施工管理人员、施工作业人员、监督人员等。在工程施工过程中，大部分的安全问题都是人为因素造成的。如全国2006—2018年事故类型统计中，高处坠落、物体打击、基坑坍塌、设备伤害及触电火灾这五种类型事故占事故发生的90%以上，这些事故直接或间接由人的因素导致的。

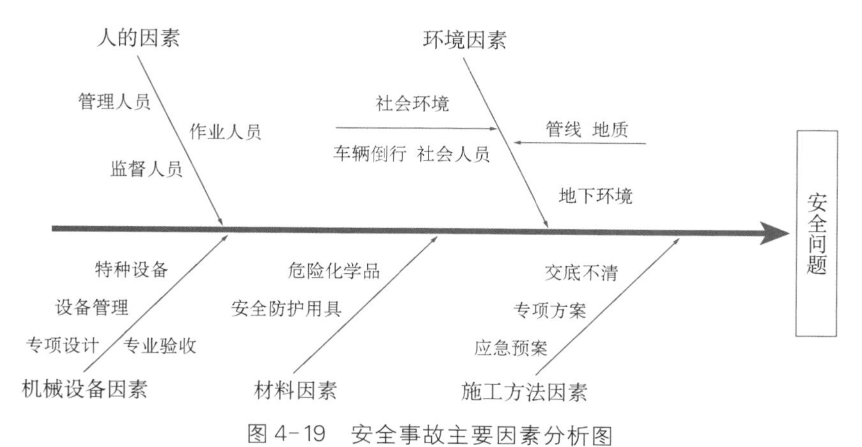

图4-19　安全事故主要因素分析图

由于市政工程施工程序较多，且在工程布局规划方面也较为复杂，施工人员需解决多个难题，因此工程施工中存在较多不安全因素，造成多种安全隐患。如在市政工程建设过程中，经常会出现交叉作业，且在交叉作业的过程中也会出现多种多样的问题。施工人员需要在地下给排水管线、园林保护和供暖管线的敷设中，做好各环节的协调和配合工作，以此提高工程建设质量，保障施工安全。施工现场的具体情况和实际条件对工程施工有显著影响，如项目施工现场人员较多，人员的工作内容也有所不同。再加上工程建设和预案存在着一定差异，作业现场对工程建设的质量也将存在较大的影响。另外，市政基础设施工程建设施工地点受不影响交通以及人们日常生活的限制，增大了市政基础设施施工风险。

此外，在市政工程建设中，每项工作内容都存在不同程度的风险，个别问题不能及时有效处理，严重影响了工程的安全生产。市政工程的规模较大，且工程建设中涵盖了较多的子项目，施工流程也存在着较大的差异，且不同工程对施工方式和施工环境的要求也有所不同。且市政工程施工具有较强的流动性，人员变化较大，对工程建设的安全构成较大威胁。

3. 市政设施生产安全事故主要原因

总体来说，上海市市政基础设施安全生产事故较少发生。根据上海市发生的市政基础设施安全事故的调查报告及过去经验总结，上海市 2016—2018 年市政设施生产安全事故原因主要分为以下几个方面：

(1) 思想认识不足。部分企业安全意识不足、措施不力、投入不够，隐患排查治理不够深入细致，有关要求未有效贯彻执行；部分机械设备操作人员、施工人员安全生产意识不强，无证上岗，未按要求采取安全防护措施，未严格按照操作规程操作机器设备，遇紧急情况处置措施不力、操作不当等造成市政基础设施安全生产事故。

(2) 恶劣天气多发。从事故发生月份来看，冬季，强降雪、浓雾、低温凝冻等极端灾害性天气多发，施工作业条件恶劣；夏季，道路运输需求旺盛，旅游客流、学生流等客运高峰与货运高峰相互交织重叠，道路施工任务繁重，安全生产保障压力增大，8 月份高温、强降雨等恶劣天气多发，对市政基础设施建设安全影响显著。

(3) 教育培训人员素质不高。部分企业单位没有对管理人员、从业人员开展经常性、针对性的安全教育培训，或对安全教育培训流于形式，走过场。另外，部分车辆驾驶员、工程施工人员流动性大，整体素质不高，安全意识不强。

(4) 企业管理有待完善。部分企业尤其是小企业、私营企业的业务能力、管理方法有待完善，部分企业对安全事故的防范和应急措施不够重视，存在重经济效益轻安全管理的情况。同时，企业中拥有安全管理专业知识的人员少、安全管理机构不健全、安全管理制度落实不到位等现象也比较突出。

(5) 其他原因。2017 年交通建设投资进入高潮，交通基础工程施工量大，工期紧；部分交通设施、设备使用年限已长，或进入老化阶段。

4.2.3 管理措施

1. 制定市政基础设施安全建设管理政策

国家对建设工程质量与安全十分重视，2016—2018年国务院发布的有关质量与安全的管理意见共有7项，住建部全面贯彻落实党中央、国务院关于安全生产工作的决策部署，各级住房和城乡建设主管部门和有关单位全面贯彻落实党的十九大精神，坚持以习近平新时代中国特色社会主义思想为指导，牢固树立安全发展理念，大力弘扬生命至上、安全第一的思想。认真贯彻落实中共中央安全生产的精神，有效防范和坚决遏制重特大事故，严格防控较大事故，减少事故总量，促进住房和城乡建设系统安全生产形势稳定好转，为决胜全面建成小康社会营造稳定的安全生产环境。

2016年9月，国家发展改革委联合住建部发布关于开展重大市政工程领域政府和社会资本合作（PPP）创新工作的通知，要求相关住房和城乡建设部管理部门按照《中共中央　国务院关于深化投融资体制改革的意见》（中发〔2016〕18号）、《国务院关于创新重点领域投融资机制鼓励社会投资的指导意见》（国发〔2014〕60号）等文件精神，为更好推动PPP模式在新型城镇化中的运用，加大城市基础设施建设力度，在重大市政工程领域开展PPP创新工作，在深化中小城市PPP创新工作的同时，深化市政领域相关行业PPP创新工作。

2018年，为贯彻落实国务院深化“放管服”改革，优化营商环境的要求，住房和城乡建设部决定对《房屋建筑和市政基础设施工程施工招标投标管理办法》（建设部令第89号）、《房屋建筑和市政基础设施工程施工图设计文件审查管理办法》做出修改，删去部分原强制性规定，对房屋建筑和市政基础设施工程施工市场各主体的要求适当放宽。

2. 推行市政基础设施安全生产管理监管措施

市交通委以深基坑、大型起重吊装、高大模板脚手架和水上水下作业等监管为重点，加强市政工程建设安全管理，强化工程现场的安全主体责任和监管责任落实。以创建“平安工地”和“文明工地”为抓手，提升现场文明施工水平。加强行业安全生产和运行监督管理制度化、标准化、信息化建设，加强基层安全监管队伍建设。推进安全与应急基础设施和装备建设，加强市政交通行业安全生产监督管理研究与交流合作。

2017年，为进一步加强建设领域安全监管执法，强化安全风险管控，深化隐患排查治理，严格落实各项安全生产责任和措施，开展全市房屋建筑和市政基础设施工程建筑施工安全生产大检查，共出动3 964人次，检查2 447个建筑工地，排查隐患8 241处，开具685份整改通知书、180份暂缓施工令，通报批评102个项目，行政处罚123.26万元。发挥市地下空间管理联席会议平台作用，加强地下空间安全使用日常管理的抽查工作，确保地下空间平稳安全。

在建筑施工方面，以规范安全生产法治秩序为重点，全面推行质量安全巡查，全面开展打非治违专项行动。住房和城乡建设管理部门累计实施行政处罚结案 1 113 起，收缴罚款 8 753 万元，并对 21 家单位暂扣安全生产许可证，对 4 家单位暂停在沪承接工程。

3. 推行市政基础设施安全生产安全保障措施

深入开展市政基础设施建设领域电气火灾综合治理、危险化学品安全综合治理，推进港口危险货物作业专项安全大检查专项工作。配合科技信息处和信息中心，推动市政建设安全综合监管平台升级改造相关工作。组织开展市政建设行业安全生产责任考核、考评管理制度修订、安全生产事故隐患排查治理、安全管理“四张清单”等专项研究。

深入推进“放管服”改革，研究制定改革实施方案。加强事中事后监管，全面推行“双随机、一公开”工作。推进“证照分离”改革，积极支持和助推浦东新区做好涉及市政建设领域相关改革事项的贯彻落实工作。修订《市交通委行政许可程序暂行规定》《市交通委行政许可批后监督检查规定》及行政许可文书。推进行业信用管理体系建设，修订完善企业质量信誉考核办法，发挥信用监管和联合惩戒的威慑作用，营造诚信受益、失信惩戒的良好氛围。

4.2.4 挑战和建议

1. 上海市市政基础设施安全生产面临的问题与挑战

随着上海市经济的快速发展，市政基础设施建设工程投资额保持较高水平，大型道路、桥梁、隧道、地下管线、交通枢纽的工程日益增多，安全生产管理难度大。在上海市各政府部门及组织机构的精细化管理下，市政基础设施建设施工安全事故时有发生，市政基础设施建设工程的生产安全仍面临较大挑战。

1）施工队伍安全管理水平低、施工人员综合素质差

市政基础设施建设工程施工企业各级施工人员对安全标准存在不熟悉、不了解的现象，这直接导致现场安全管理不够深入，安全检查发挥不了应有的作用，使安全事故隐患不能立即消除或制止，最终可能导致安全事故的发生。施工人员的综合素质差也是市政基础设施生产安全管理水平低的一个重要因素。施工企业为节省成本，经常使用临时性员工，使安全教育和培训的持续性、系统性和有效性得不到落实。

2）对安全教育缺乏重视，落实不足

市政基础设施建设工程施工企业普遍存在安全教育落实不足。包括现行法律法规、企业安全生产责任制及安全操作规程，现场安全防护知识培训，班前安全技术交底等企业三级安全教育、台账教育对安全生产至关重要，但具体落实还远远不够，对安全生产存在着“说起来重要，做起来次要，忙起来不要”的现象。

3）安全生产责任制及考核落实不到位

安全生产保证体系的不健全与安全生产制度的不完善，部分施工企业安全生产责任制不到位。存在漏签、代签现象，没有做到明确企业、项目部、班组各级人员的安全责任，没有层层分解落实安全生产责任，特别是对专业分包方的安全管理缺乏有效监管。实施过程中亦缺乏必要的考核落实，直接导致了安全生产保障体系不健全、安全生产制度不完善。

4）施工企业对安全设施、安全防护用品投入不够

存在安全隐患，部分施工企业没有安全生产专项资金，不设立专职安全员。存在重质量、轻安全，重效益、轻管理，重事故后的分析处理、轻安全生产隐患管理的现象。对安全设施、安全防护用品投入不够，导致存在安全生产隐患。

2. 上海市市政基础设施安全生产的建议

当前市政行业安全生产形势依然严峻，必须时刻牢记事故教训，本着对人民群众高度负责的责任感和使命感，齐心协力，全力以赴，努力提升上海市政行业安全监管水平。

1）加强行业安全生产工作重要性的认识

一是各级市政基础设施管理部门要以习近平新时代中国特色社会主义思想为指导，认真贯彻落实全国安全生产电视电话会议和全国交通运输安全生产电视电话会议部署要求，以高度的政治责任感和对人民群众认真负责的态度，清醒认识当前行业领域面临的严峻安全生产形势。二是坚守安全“红线”，把牢安全底线，强化“党政同责、一岗双责、失职追责”和“三个必须”的安全责任体系，进一步压实各级、各部门监管责任和企业主体责任。三是深入落实事故调查处理“四不放过”原则要求，深刻汲取事故教训，深入剖析事故原因、深化规律性认识，突出安全生产事故多发、频发的重点领域，针对存在的薄弱环节和突出问题，切实采取有效的工作措施，综合施策，精准治理，坚决遏制重特大安全生产事故发生。

2）强化安全生产风险管控

一是加强行业日常安全监管，督促有关企业严格企业主体责任，完善安全管理制度，深入研究安全生产形势特点，优化生产作业调度方案，强化午后、凌晨等重点时段安全运行管理，坚决杜绝疲劳作业。二是举一反三，扎实推进行业安全生产检查督导。深入推进行业企业安全生产隐患自查自纠和排查治理，深化专项执法、联合执法和交叉执法，推进“双随机、一公开”抽查检查机制，尤其突出重点行业、重点领域、重点单位，对前一阶段事故多发、易发和隐患较多的企业、区域，要使检查督导工作措施和要求落实到基层一线。三是对排查出的安全隐患要建档登记，建立隐患整改责任制，对暂时不能完成整改的重大隐患，要挂牌督办、严密监控并落实安全措施，严防隐患演变成事故。对整改责任不落实、整改不到位的企业，依法依规严肃问责。

3）强化恶劣天气预警防范

完善与多个相关部门的信息共享机制，及时获取和发布各类灾害预警信息。督促企业完善防范冬季雨雪冰冻、大雾、寒潮等恶劣天气应急预案，配备必要的应急物资和装备设施，并加强演练，切实增强应对极端灾害性天气的能力。

4.3 轨道交通

1993年5月28日上海市第一条轨道交通1号线正式通车运营,截至2018年,建成运营线路17条(含磁浮线),线路总长度为705 km,车站415座(含磁浮2座车站)。根据上海市城市轨道交通第三期建设规划,到2030年,上海将建成长度约1 642 km的城市轨道交通。

从核心区域干线的建设期,到城市中心区域轨道交通网络建设,再到城市轨道交通枢纽综合立体开发,上海市轨道交通从零起步,逐渐发展成为世界范围内线路总长度最长的城市轨道交通系统。当前,新的轨道交通建设正以"现代、安全、高效、绿色、经济"的原则,统筹城市开发进程、建设条件及财力情况下有序推进。

4.3.1 行业概况

从"十二五"跨入"十三五",再到"十三五"的攻坚阶段,上海市轨道交通的规划与建设围绕"构建符合上海特大城市发展需要、达到世界先进水平的综合交通体系"总目标,有力有序推进各项工作。

2015年,开工建设8号线三期、15号线、18号线等88 km轨道交通线,继续推进5号线南延伸、9号线三期东延伸、10号线二期、13号线二期、14号线、17号线共128 km轨道交通建设,建成11号线迪士尼段、12号线西段、13号线部分区段共40 km轨道交通线。组织编制《上海市综合交通"十三五"规划》、新一轮远景轨道交通网络规划等取得成果。

2016年,推进轨道交通项目建设10项216 km,包括5号线南延伸等6个轨道交通延伸工程,14号、15号、17号、18号线4个新线建设工程。包括17号线、8号线三期、9号线东延伸、5号线南延伸等4个项目主体结构贯通,盾构推进50 km,新开工车站58座,封顶车站24座,"十三五"期间新建车站实现全部开工。同步推进13号线西延伸、20号线、18号线二期等轨道交通选线专项规划研究。

2017年,全面推进216 km轨道交通线路建设,实现55 km建成通车、45 km主体结构贯通、116 km全面开展土建施工。全年共完成车站设施38座,完成率100%;车站封顶26座,完成率118%;盾构推进44 km,完成率101%。9号线三期(东延伸)、浦江线、17号线三条线路建成。地面公交线网逐年优化,与轨道交通网络进一步融合。全市轨道交通站点周边50 m、100 m半径范围内提供公交服务的比例分别达75%、89%。新建轨道交通站点周边50 m范围内全部实现公交线路配套。启动轨道交通19号线、21号线(一期)、23号线(一期)选线专项规划编制。

2018年,推进5号线南延伸、13号线二期、13号线三期工程建成投运,新增运营里程41 km,新投运车站26座。推进10号线二期、14号线、15号线、18号线建设。轨道交通浦江线开通试运营,5号线南延伸、13号线二期、三期建成通车。积极推进中运量公交发展,松江现代有轨电车2号线开通试运营。深化1 000 km轨道交通网络城际线方案研究,加强主城区与新城以及近沪城镇、新城之间的快速联系。

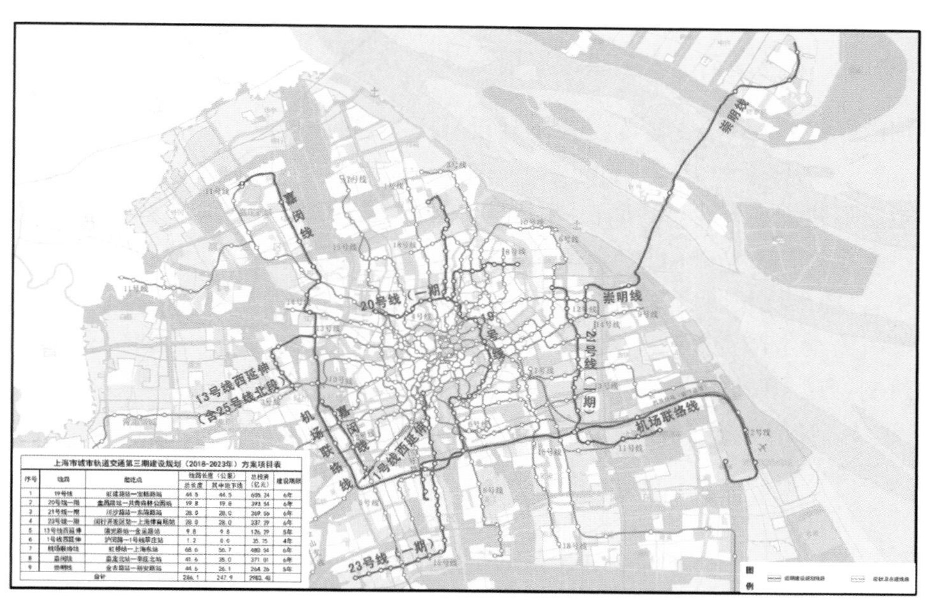

图 4-20　上海市城市轨道交通第三期建设规划(2018—2023 年)示意图

4.3.2　事故及成因分析

1. 上海市近 3 年轨道交通建设工程安全事故统计

轨道交通建设具有工程环境复杂，技术含量高、工程管理要求高等特点，上海为典型的软土地基环境，建设难度和应急管理难度进一步加大。

2016 年，轨道交通新线路建设多发。17 号线(2 标淀山湖大道站、3 标青浦路站和汇金路站 3＃风井、4 标汇金路站)、9 号线(金桥停车场)和 14 号线(7 标中宁路车站)多个标段连续发生死亡事故。2017 年，发生建设期内事故 1 起；2018 年，发生建设期内事故2 起，见表 4-5。

表 4-5　近三年轨道交通建设典型事故统计信息

年份	事故类别	运行事故概况	类别归属	死亡人数
2017	施工事故	4 月 9 日 16 时，轨道交通 14 号线 24 标铜川路站工地，为配合煤气管线单位进行煤气管切割施工，在清障挖土时，原路面水稳层一块混凝土脱落，造成 1 名工人被夹，经送医抢救无效死亡	轨道交通建设事故	1
2018	施工事故	7 月 18 日，轨道交通 18 号线北中路站工地 1 台汽车吊(25 t)在现场吊装 1 捆钢筋过程中不慎发生侧翻，无人员伤亡	轨道交通工程事故	0
2018	工程渗漏事故	12 月 19 日，轨道交通 14 号线真如—中宁路站区间盾构工程下行线，真如站端头井发生渗漏水事件	轨道交通工程事故	0

2. 轨道交通建设工程安全事故原因分析

根据已有的事故调研资料，轨道交通建设事故发生的主要原因主要包括以下几个方面：

1）安全管理体系和管理意识问题

轨道交通建设项目建设周期长、工程技术难度大、管理涉及面广、隐蔽工程多、环境不确定性因素多，等等。在项目安全规划过程中，可能对复杂工况产生侥幸心态；在工程管理过程中，可能出现长期建设的安全麻痹心态；在现场施工过程中，可能出现抓大放小的惰性心态。安全生产责任制度落实不到位，没有形成环环相扣、相互监督、有效制约的安全管理机制，典型事故往往就是由于管理中的疏漏导致的。

2）建设人员的非标准化作业和非精细化施工

除了管理人员外，现场实施的技术人员是轨道交通建设的主体。在大力推动机械化自动化施工的今天，仍然有大量的现场作业需要施工人员操作和判断，从业人员的技能素养和工作素养称为影响施工安全和质量的重要因素。典型事故中的一部分正是由于现场人员的误操作导致的，进一步深究原因包括安全意识不到位、职业技能不过硬、未遵循操作流程、野蛮施工等。

3）第三方监督缺位以及应急管理缺失

在工程建设中，独立第三方的监督和技术服务是保障工程特别是重大工程项目安全的重要组成部分，是工程安全建设和管理的闭环之一。第三方机构需要以专业的技术和独立的视角帮助业主单位管控轨道交通建设进程，对必要的安全指标进行监测，对必要的生产进行巡查，对可能的风险进行预警和评估，提供客观专业的评估报告和意见。在一些项目建设过程中，由于第三方监督的缺位以及风险管控意识的不足，导致事故隐患未被及早发现并处置，从而形成恶性事故。

4.3.3 管理措施

上海市作为轨道交通建设领域的排头兵，在轨道交通近 30 年的建设过程中，不断总结建设过程中发现的安全问题，从组织管理、政策引导、技术发展和人才建设等方面出发，以“现代、安全、高效、绿色、经济”为目标，探索提升城市轨道交通建设水平的“上海方案”。

1. 轨道交通安全生产管理政策

2016 年，上海市交通委发布了《上海交通港航安全发展白皮书》，制定了上海交通发展的目标、原则和行动指南。其中，建设期内的指标包括：

(1) 重大建设工程平安工地考核全面达标。高速公路和快速路、越江桥隧、轨道交通和大型水运工程平安工地考核达标率 100%。

(2) 大型交通建设（构造物）工程施工远程监控全覆盖。在建高速公路和快速路、轨道交通（深基坑）、长大桥隧（高边坡）、港口等大型工程远程监控覆盖率达到 100%。

(3) 进一步明确达到建设期发展目标的行动指南，包括：

① 加强轨道交通线位的规划控制。

② 加强交通建设工程远程监控管理。借助信息化、物联网等先进技术推进在建高速公路和快速路、轨道交通深基坑、长大桥隧（高边坡）、大型港口及航道等构造物工程施工现场和沥青混合料拌和、混凝土拌和、预应力智能张拉等关键施工场所的远程监控管理。

③ 强化交通建设工程安全生产事故隐患排查治理。重点开展高速公路的高边坡、桥梁工程的围堰、墩柱、挂篮、支架、起重，隧道工程的仰坡和防火防爆，轨道交通和市政桥梁工程的深基坑、盾构推进、旁通道开挖、高支模、大型构件吊装，船舶作业、水下爆破作业等关键环节的隐患排查治理。

同时，根据交通运输部关于开展交通运输安全体系建设工作的要求，制定“法规制度、安全责任、预防控制、宣传教育、支撑保障、国际化战略”六个体系工作方案，全面推进专项工作。编制《上海市交通安全管理实施意见》，落实安全生产风险管理，不断推进安全生产标准化建设。

对自然灾害下的安全生产管理，开展多层次督查。2017 年，修订应急预案，根据前期梳理的关键风险点和重大危险源施工项，对全市处于开挖阶段深基坑 23 个、盾构机施工 22 台以及施工现场的 26 台塔吊、55 台龙门吊以及若干移动式起重机（汽车吊、履带吊）和打桩机械等进行了专项抽查，督促施工单位落实人员撤离转移的临时安置点。

2. 轨道交通安全生产管理举措

1）行政管理组织调整

2019 年，依据应急管理部近期向国务院上报《国家突发事件总体应急预案（报审稿）》，结合本市应急管理工作实际，上海市应急管理局建议按照“平战结合、防救一体”的模式设立市突发公共事件应急管理委员会，在应对重特大自然灾害、事故灾难、公共卫生和社会安全四类突发事件时，直接转为市突发公共事件应急总指挥部。同时，市安全生产委员会、市减灾委员会加入市突发公共事件应急管理委员会，下设市防汛指挥部、市重大生产安全事故应急专项指挥部等 20 个应急专项指挥部。

建立突发事件应急专项指挥机构和主要牵头部门管理体系，形成了包括自然灾害、事故灾难、公共卫生事件和社会安全事件在内的四大类型城市风险事件的应急管理体系，并构建了突发事件应急保障工作牵头协调部门和支持部门的组织架构（表 4-6、表 4-7）。

表 4-6　事故灾害类风险事件的应急管理体系

序号	专项指挥部	主要牵头部门	事件类别
1	上海市重大生产安全事故应急专项指挥部	上海市应急管理局	危险化学品事故、工贸行业事故
2	上海市重大消防安全事故应急专项指挥部	上海市消防救援总队	火灾事故、森林灭火

续表

序号	专项指挥部	主要牵头部门	事件类别
3	上海市重大交通安全事故应急专项指挥部	上海市公安局、上海市交通委员会、上海海事局、上海铁路监管局、民航华东管理局	道路交通事故、轨道交通事故、水上事故、铁路交通事故、民用航空器事故、桥梁隧道运行等事故
4	上海市重大城乡建设安全事故应急专项指挥部	上海市住房和城乡建设管理委员会	建设工程事故、燃气事故、人防工程事故
5	上海市重大电力安全事故应急专项指挥部	上海市经济和信息化委员会、国家能源局华东监管局	大面积停电事件
6	上海市重大通信网络和信息安全事故应急专项指挥部	上海市经济和信息化委员会	通信网络中断和信息安全事故
7	上海市重大特种设备安全事故应急专项指挥部	上海市市场监督管理局	特种设备事故
8	上海市重大核生化事故应急专项指挥部	上海市民防办	核生化事故
9	上海市重大生态环境安全事故应急专项指挥部	上海市生态环境局、上海市水务局(海洋局)	辐射事故、重污染天气事件、环境污染事件、生态破坏事件、水污染事件等

表 4-7　突发事件应急保障工作牵头协调部门和支持部门

序号	应急保障措施	牵头协调部门	支持部门和单位
1	专家保障	突发事件主要牵头部门	上海市应急管理局、上海市科学技术委员会、上海市教育委员会
2	预警发布	上海市应急管理局、上海市气象局、上海市预警发布中心	上海市公安局、上海市消防救援总队、上海市水务局、上海市地震局、上海市住房和城乡建设管理委、上海市生态环境局、上海市交通委员会、国家能源局华东监管局、上海海事局、上海市卫生健康委、上海市农业农村委、上海市地方金融监管局、上海市外办、上海市通信管理局
3	先期处置	上海市应急联动中心	上海市公安局、上海市消防救援总队、上海市卫生健康委、上海市民防办、上海海事局、上海市住房和城乡建设管理委、上海市交通委、上海市生态环境局、上海警备区、武警上海总队、各区政府
4	信息发布	上海市政府新闻办	上海市应急管理局、突发事件主要牵头部门

续表

序号	应急保障措施	牵头协调部门	支持部门和单位
5	医疗卫生保障	上海市卫生健康委	上海市市场监管局、上海市医疗保障局、上海市药品监督管理局、上海红十字会、各区政府
6	交通运输保障	上海市交通委员会、上海市公安局	民航华东管理局、上海铁路监管局、上海海事局、各区政府
7	抢险救援物资保障	上海市应急管理局、上海市发展改革委	上海市应急管理局、上海市经济信息化委、上海市公安局、上海市住房和城乡建设管理委、上海市交通委、上海市水务局、上海市规划资源局、上海海事局、上海警备区、武警上海总队、各区政府
8	电力和通信保障	上海市经济和信息化委员会、国家能源局华东监管局	上海市通信管理局、上海市文化旅游局、上海市应急局、上海市交通委、民航华东管理局、上海铁路监管局、上海海事局、各区政府
9	治安维护	上海市公安局、武警上海总队	各区政府
10	基本生活保障	上海市民政局	各区政府

2）新技术的使用

2016年，鼓励建设单位引入信息化技术，实现建设工程的远程监控，提高工程管理的实时性。申通地铁建设管理的"GREATA系统"、现场安全"3G管理信息系统"三大工程信息化应用系统。

2017年，加强BIM技术和装配式等新技术应用，通过BIM技术的实际应用，监理及设计人员等可以利用三维数字设计方式及可视化方式来进行工程建设，提高工程质量的可控性以及提升工程施工效率。申通地铁进一步推动工程设计和建造的"BIM系统"应用，探索轨道桥梁装配式下部结构的设计与建造技术，推动车站装配式设计建造。其中，轨道交通13号线学林路站成功完成了预制混凝土（PC）楼梯的吊装工作，这是上海地铁首次尝试应用预制混凝土（PC）技术修建地铁车站工程，也为上海地铁建设实现高效、节能、环保的理念翻开了崭新的篇章。

推动全封闭绿色工棚应用，全封闭施工棚将原先盾构施工所产生的机械设备运行的轰鸣声、土箱卸土的冲击声、车辆行驶的噪声、夜晚照明的灯光、粉尘等污染源全部封闭在工棚内，大大降低了对周边的环境污染，避免了恶劣天气的侵扰，提高了建设效率。另外，工地实测在棚外40℃的气温下，棚内气温在31℃左右，大大改善了作业人员的工作环境。

近两年，积极探索物联网、5G、人工智能、计算机视觉等新技术在施工建设领域的应用,推动“智慧工地”建设。

3）人才建设和培养

加强干部队伍建设和人才培养。按照“信念坚定、为民服务、勤政务实、敢于担当、清正廉洁”的好干部标准,进一步规范干部选拔任用,加强年轻干部培养,科学配备系统各单位领导班子力量,用好各个年龄段干部。贯彻落实上海交通行业“十三五”人才规划,明确行业人才队伍建设的目标、措施和工作保障,加大行业紧缺人才和高技能人才培养力度。

4.3.4 挑战与建议

1. 上海市轨道交通安全生产面临的问题与挑战

1）新建轨道交通项目工况复杂、难度大

由于城市的不断发展及基础设施的不断完善,轨道交通在人口密集区域自由穿梭无疑需要面对更多困难,在新建轨道交通项目中,交汇站点较多,开挖深度不断增加;区间沿途穿越的建(构)筑物越来越多,包括穿越铁路、穿越已运营轨道线等。另外,由于市中心交通繁忙及拆迁困难,一方面,造成施工场地狭小、间接增大施工难度;另一方面,造成工期拖延,使有效施工工期更紧。此外,施工场地范围内部及周边的建(构)筑物、管线情况复杂,有效工期常受搬迁工作限制,容易造成局部突击抢工期现象,甚至出现不按正常程序施工现象。

2）施工现场管理不够规范

施工工程中存在技术或操作不规范,不利工程风险的控制,如工程降水施工技术管理水平整体较低,施工现场降水、止水随意性和盲目性依然存在;工程现场监测人员专业素质较差,监测作业不够规范。施工现场作业人员安全意识不强,安全管理松懈。监理单位现场控制手段落后,监管力量薄弱,在材料见证取样、有效旁站监理等关键环节把关不严。

3）勘察、设计工作深度不够

工程勘察存在的问题主要表现为部分工程勘察不严格按照国家技术规范标准执行,导致对水文地质条件的评判存在较大偏差;现场踏勘不足,出现较大设计变更后,不能及时补勘或调整勘察技术文件。结构设计存在的问题主要表现为多采取边设计边施工的方式,施工图设计文件不完整;部分设计单位和设计人员对计算书编制不够重视,计算内容缺项较多;在特殊节点、复杂结构的设计上不够明确,不能指导现场施工等。

2. 上海市轨道交通安全生产的建议

上海市轨道交通建设从重点发展中心城区到目前规划解决轨道交通综合体的定位转变,未来轨道交通建设将呈现“任务重,安全风险高,社会涉及面广”的特点。第一,已有建筑、轨道数量增加,建设环境更大更复杂,工程风险增大;第二,多条轨道交通同时建设,工程任务量大、任务重;第三,施工过程中的沉降、渗水等关键技术问题需要进一步探索技术方案;第四,应对施工产生的噪声、粉尘和光污染三大难题。为此,需要从多方面加强建设规划和安全生产管理。

1）城市建设风险预警和精细化施工管理

随着上海市核心区域轨道交通网络的发展，城市地下、地面修筑的人工构筑物逐渐改变了原有环境。新建轨道交通在施工过程中的工程环境更加复杂，地质环境、城市功能和生态人文的脆性使施工风险进一步增加。这给轨道交通建设的风险预测、应急管理、施工组织、工程技术等内容提出了更高的要求。

2）强化企业风险管理意识和智慧监测服务

市政轨道交通的建设需要关注的内容增多，管理的要求提高，风险事态从工程安全进一步扩展到城市功能保障、社会稳定和环境保护等方面，风险管理的含义、要求都在变化。因此需要工程参与的企业强化风险管理意识，从规划、设计到施工过程管理，开展风险分析和风险预警，把问题尽可能在实施前预测好、规避好，把风险发生的概率降到最低。同时，由于轨道交通建设安全事故的发生具有一定的偶然性，应重视施工过程中的监测、监管工作，开展智慧监测服务，提升安全生产保障。

第 5 章
设施运行安全

5.1 建筑及附属设施

近年来，在城市建(构)筑物正常使用和改造过程中出现了各类安全问题，这使得加强保障建筑运营期安全力度的需求更加紧迫。

本节首先统计了上海市既有建筑的概况，重点关注高层超高层建筑、城市商业综合体和老旧建筑三类存在较高安全风险的建筑存量和分布情况；其次，分析了建筑运营期的事故及安全问题的主要原因，包括质量安全隐患、材料老化、耐久性劣化，以及多种人为因素引起的建筑安全问题等；再次，梳理了上海市建筑运营期的安全管理情况，包括建筑安全监测、管控平台的建设情况，以及上海市建筑运营期安全管理制度现状；最后，总结了上海市建筑运营期安全问题面临的挑战，并提出了具体建议。

5.1.1 概况

根据《2018 年上海统计年鉴》，截至 2017 年年底，上海市主要年份各类房屋增长情况如图 5-1 和图 5-2 所示。其中，居住房屋包括公寓、联列住宅、花园住宅、新式里弄、旧式里弄和简屋。根据上海市住房保障和房屋管理局提供的居住房屋分类的调整，2011 年起公寓数据包含职工住宅数据，2012 年起取消其他分类，因此图中 2010 年也将职工住宅计入公寓统计数据。非居住房屋包括工厂、学校、仓库堆栈、办公建筑、商场店铺、医院、旅馆、影剧院等。

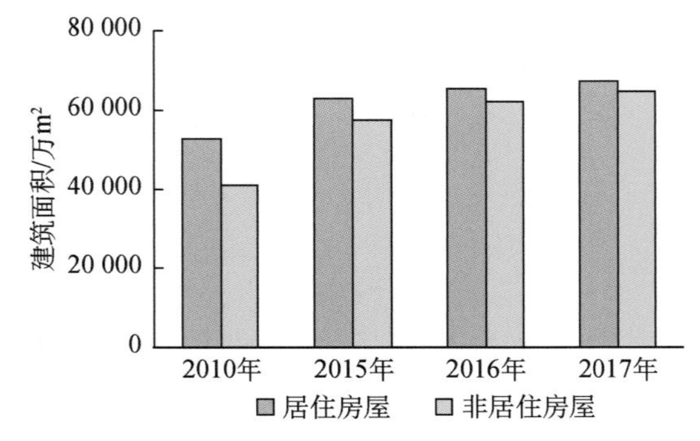

图 5-1 2010—2017 年上海市居住房屋与非居住房屋建筑面积增长情况

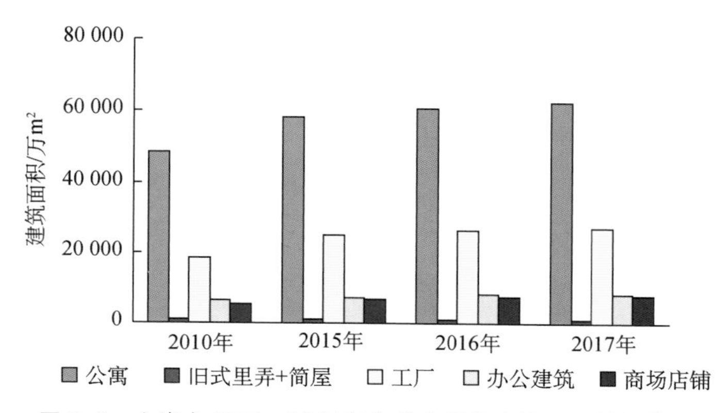

图5-2 上海市2010—2017年各类房屋的建筑面积增长情况

注：图5-1和图5-2数据来源为《2018年上海统计年鉴》，数据按建筑面积计算，单位为万 m^2。

截至2017年年底，上海市总房屋面积相比2010年增长41%，其中居住房屋增长28%，主要增长来源于公寓；非居住房屋增长58%，主要增长来源于工厂、办公建筑和商场店铺，旧式里弄和简屋的总面积维持在1 100万 m^2，基本保持稳定。

图5-3为上海市截至2017年年底居住房屋和非居住房屋按建筑面积在各个区的分布占比情况，其中，公寓、工厂、办公建筑和商场店铺四类房屋的分布如图5-4所示，居住房屋和非居住房屋分布最多的均为浦东新区。

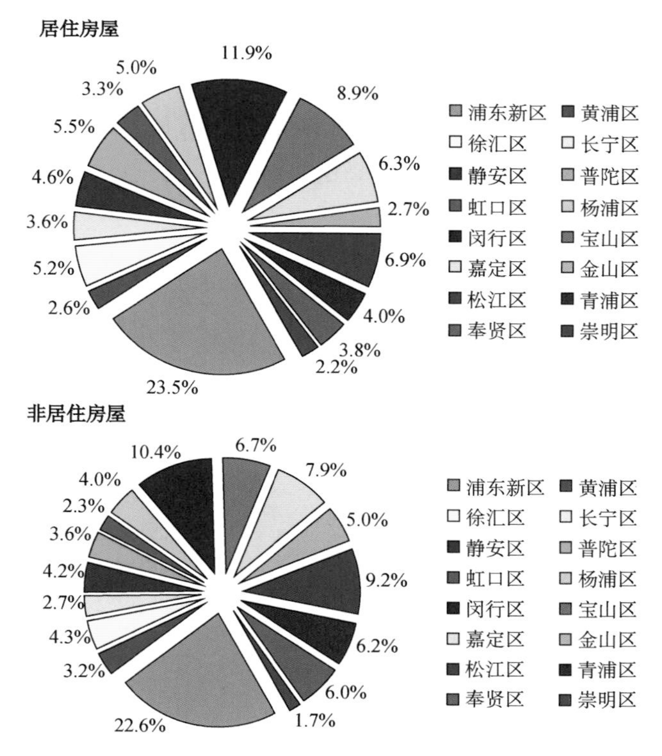

图5-3 截至2017年年底，上海市居住房屋和非居住房屋分布情况(按建筑面积)

数据来源：《2018年上海统计年鉴》。

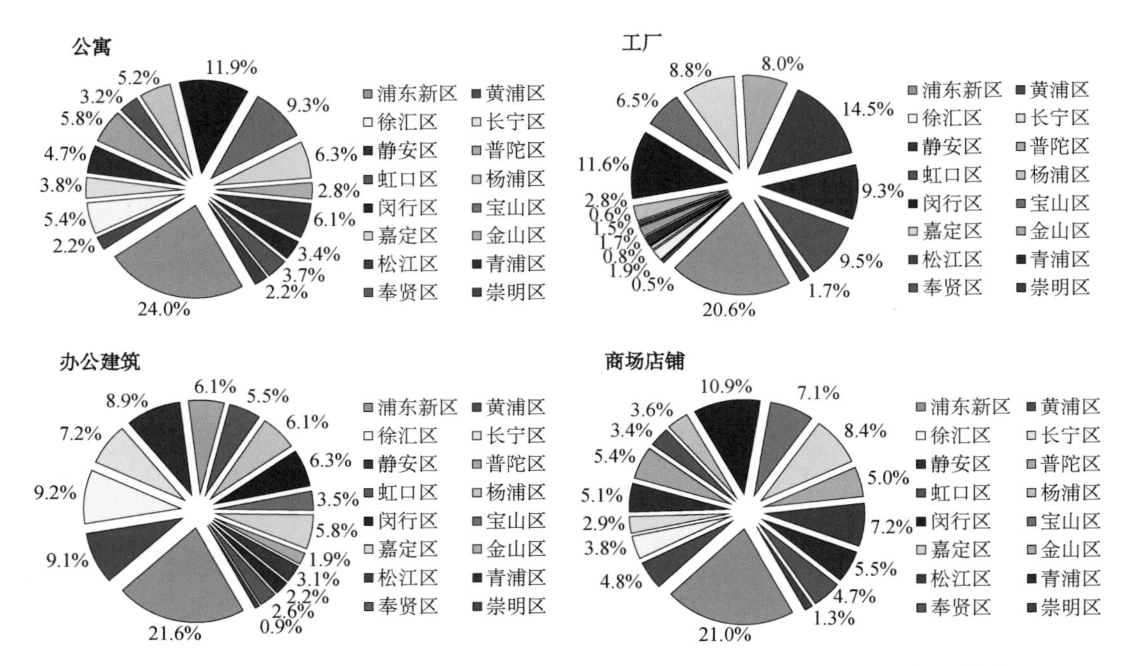

图 5-4　截至 2017 年年底，上海市公寓、工厂、办公建筑和商场店铺四类房屋的分布情况(按建筑面积)

数据来源:《2018 年上海统计年鉴》。

在高层和超高层建筑方面，上海市 8 层及以上房屋 2010—2017 年的增长情况如图 5-5 所示，其中，11～15 层的高层建筑占比最大，其次是 16～19 层的高层建筑。相比 2010 年的现状，截至 2017 年，高层建筑幢数和面积都有大幅增长，其中 30 层以下的高层建筑幢数呈现翻倍的趋势，30 层及以上超高层建筑幢数增长也达 70%。

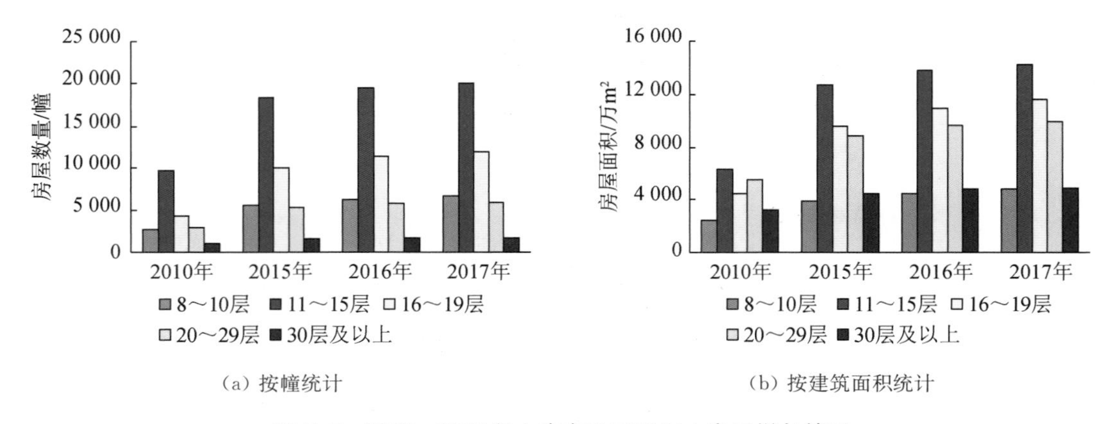

(a) 按幢统计　　　(b) 按建筑面积统计

图 5-5　2010—2017 年上海市 8 层及以上房屋增长情况

数据来源:《2018 年上海统计年鉴》。

截至 2017 年，按建筑单体统计，上海市共有 8 层以上高层建筑 4.6 万幢(其中 100 m 以上的超高层建筑近 600 幢)，数量、规模均居世界首位。对上海地区的高层超高层建筑进行统计，如图 5-6—图 5-8 所示，从 1988 年起，上海地区高层超高层建筑数量开始迅速增加；高度在 100 m 以下的高层超高层建筑占 34%，高度在 100～200 m 的高层超高层建筑占 48%，高度在 200～300 m 的高层超高层建筑占 16%；高层超高层建筑中，办公建筑、混合功能建筑、酒店建筑、住宅建筑分别占 53%，16%，14%，13%。在上述高层超高层建筑中，超过 1 万幢建筑使用了玻璃幕墙，也有少部分使用了外贴面砖作为外饰面。

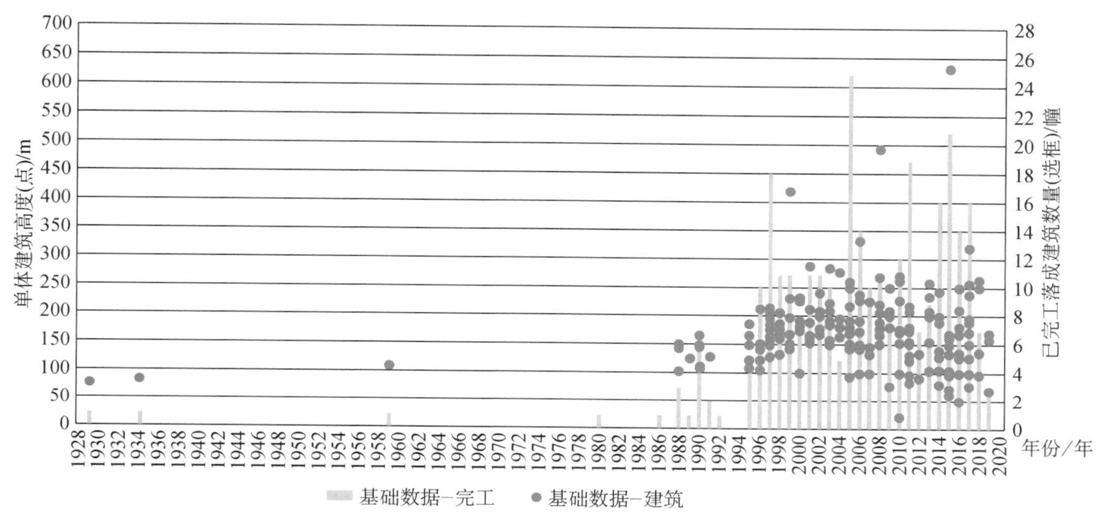

图 5-6　上海地区高层超高层建筑高度随时间轴分布图

图片来源：http://www.skyscrapercenter.com/。

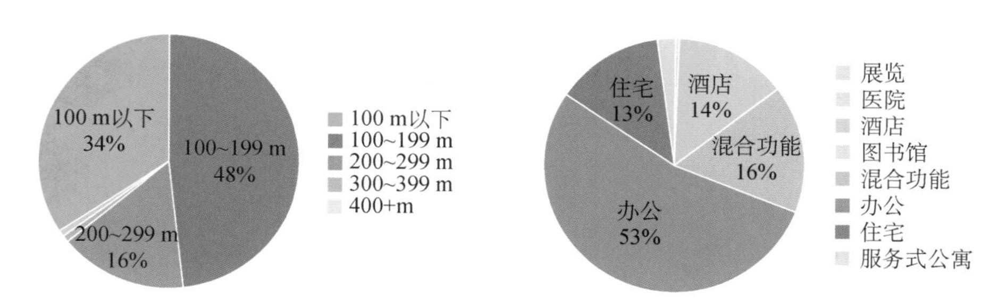

图 5-7　上海地区高层超高层建筑高度分布　图 5-8　上海地区高层超高层建筑功能分类

在城市大型综合体方面，根据《上海城市商业综合体发展情况报告(2017—2018)》，上海城市商业综合体由 2015 年年末的 151 家增加到 2018 年 10 月的 255 家。截至 2018 年 10 月，上海城市商业综合体商业建筑面积达 1 828 万 m^2，占全市商业建筑面积比例超过 20%。

从数量和面积来看，上海的城市商业综合体仍处于快速发展期。截至 2017 年年底，上海 225 家城市商业综合体商业建筑总面积为 1 637 万 m^2，较 2016 年增长了 18.4%，年客流总量 21.3 亿人次，较 2016 年增加了 2.6 亿人次。2018 年上半年，上海新开业城市商业综合体 16 家，新增商业建筑面积 94 万 m^2，总体呈现增长快、客流量大、人流密集的特点。

从空间分布来看，新增城市商业综合体向各区分散式扩增。截至 2018 年 6 月末，上海各区城市商业综合体商业建筑面积占比如图 5-9 所示，浦东新区、闵行、黄浦、静安四区城市商业综合体的商业建筑面积之和超过了全市总面积的 50%，其中浦东新区最多，达到 328 万 m^2，占全市 19%，各个区域正形成多核心布局。

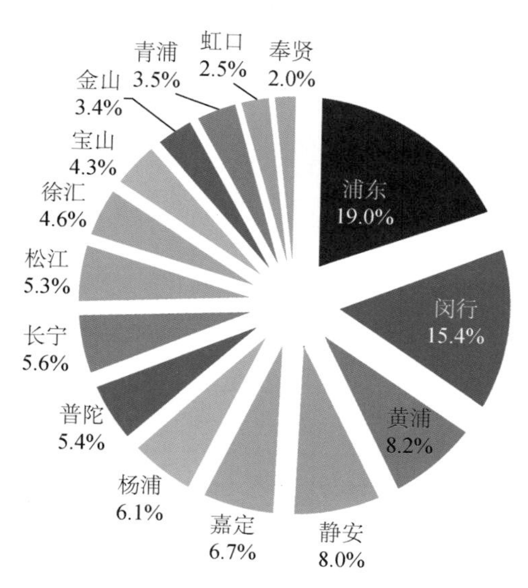

图 5-9　截至 2018 年上半年，上海各区城市商业综合体分布

图片来源：《上海城市商业综合体发展情况报告(2017—2018)》。

在老旧住房方面，上海为解决 20 世纪五六十年代的房荒问题，组织实施了新建住房、自建公助、挖掘房屋潜力等应对措施，紧接着自改革开放后开始进入城市建设快车道，建造了大量住宅和商业用房。截至目前，现有 1990 年前建造的房屋约 1 亿 m^2，50 年以上的“高龄”房屋超 2 000 万 m^2，其中简屋和旧式里弄的安全问题最为突出①。简屋是指低标准建造的简陋居住房屋、临时居住房屋，随着年限增长出现安全和功能等多方面问题，目前上海市现存简屋 11 万 m^2，主要分布在杨浦、虹口、浦东、徐汇等区，多为砖木结构，多数简屋结构简陋、设施不全，人均居住面积远低于全市平均水平。旧式里弄是由传统民居四合院演变而来的带天井的多单元连接住宅，上海市现存旧式里弄房屋总面积 1 109 万 m^2，全市各区均有分布，主要集中在黄浦、虹口、浦东、杨浦、静安等区。

根据上述统计，上海市既有建筑总体体量大，密集程度高，且既有建筑与新建建筑穿插分布，新建建筑施工对周边既有建筑的影响不可忽略。

5.1.2　事故及成因分析

1. 上海市建筑运营期安全事故统计

经调研收集，上海市近年来建筑运营期安全事故统计如表 5-1 所示，从事故原因统计来看，这些事故主要原因包括：房屋建筑的质量问题（材料老化、结构长期持荷变形、附属及围护结构质量问题等）、受周边施工影响（没有做好规范施工管理）、人为因素（不规范施工和拆除）、施工安全问题等。房屋建筑的安全问题在上海时有发生，这会对城市公共安全构成威胁，公众关注度高，社会影响强烈。

按照事故主体类型统计，主体结构、围护结构、附属结构和附属设施发生的事故数量、

① 数据来源：徐汇区市人大代表专题调研小组.加快推进上海旧住房综合改造[J].上海人大，2014(2)：26-27.

造成的死亡人数和受伤人数占比如图5-10所示。由图可见，近年来上海市建筑运营期发生的事故中，主体结构和围护结构事故数量占了大多数。

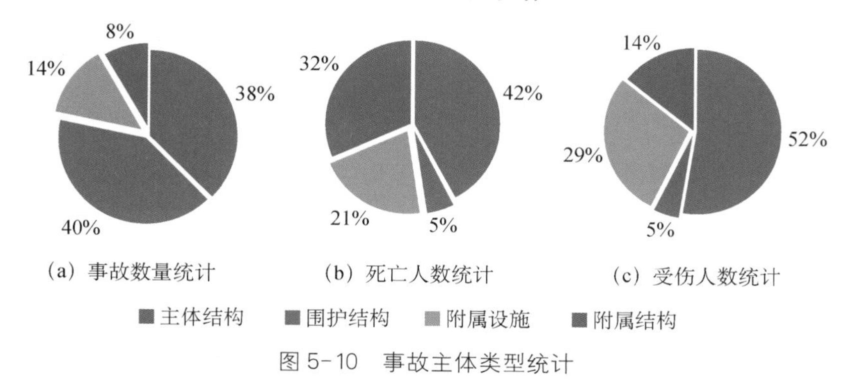

图5-10 事故主体类型统计

针对主体结构、围护结构、附属结构和附属设施，按照发生事故的原因(人为因素、施工安全、施工影响、质量问题)统计如图5-11所示。由图可见，近年来上海市建筑运营期事故中，由于人为因素、结构质量问题以及周边施工影响等造成的主体结构事故数量相近；围护结构的事故则大多是由于围护结构质量问题导致的，在对质量问题进行整治施工时也易发生事故；附属结构和附属设施除了质量问题和整修施工的安全问题之外，人为因素也会造成不少事故，影响社会公共安全。

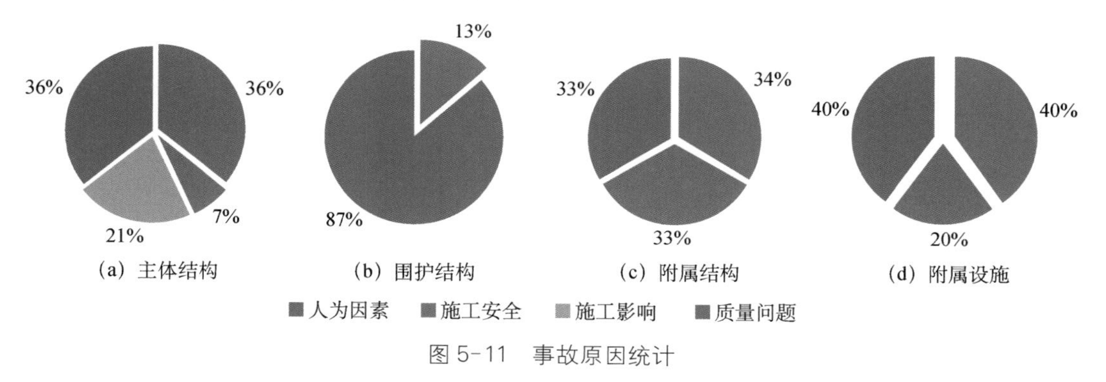

图5-11 事故原因统计

表5-1 上海市近年来典型建筑运营期安全事件

序号	事故时间	项目地点	事故主体	事故原因	事故详情	事故损失
1	2011年4月25日	上海宝山淞兴西路85号	主体结构	人为因素	装修改造破坏承重墙、柱，引起楼房楼顶坍塌	—
2	2014年12月30日	上海黄浦区延安东路110号	主体结构	人为因素	违章装修改造破坏承重墙、柱，引起房屋7层、8层楼面坍塌	—
3	2016年4月11日	上海松江西霞路61号	主体结构	人为因素	装修改造破坏承重墙，引起房屋整体倒塌	2伤

续表

序号	事故时间	项目地点	事故主体	事故原因	事故详情	事故损失
4	2017年11月11日	上海浦东新区祝桥镇晚霞路138号	主体结构	人为因素	超市堆货阁楼堆放货物过重,造成局部坍塌	3死,6伤
5	2017年2月8日	上海市静安区陕西北路634号	主体结构	人为因素	装修改造破坏承重墙,发生2层改造插层楼板局部塌落	—
6	2012年6月14日	上海市宝山区蕴川路3958号	主体结构	施工安全	安全网维护不足断裂导致坠落事故	1死
7	2009年4月	军工路越江隧道浦东岸上段	主体结构	施工影响	盾构施工及深基坑开挖导致上部周边住宅裂缝与不均匀沉降	—
8	2009年6月27日	闵行区莲花河畔景苑	主体结构	施工影响	13层在建住宅楼受附近地下车库施工以及淀浦河防汛墙塌方影响	1死
9	2014年6月3日	上海市黄浦区济南路305号	主体结构	施工影响	对面地块内施工,造成房屋三层厨房间楼板局部塌陷	—
10	2011年12月5日	上海长宁茅台路600弄	主体结构	质量问题	施工偷工减料,阳台承载力不足,引起阳台突然坍塌坠落	1死
11	2012年3月14日	上海市闸北区恒丰路48弄1号	主体结构	质量问题	钢筋锈蚀,阳台板根部开裂,导致阳台变形开裂	—
12	2012年3月6日	上海市宝山区友谊路57号、63号、67号	主体结构	质量问题	阳台板受拉主筋位置偏下,造成构件有效计算高度损失,导致阳台变形开裂	—
13	2014年5月4日	上海市虹口区新港路240弄12号	主体结构	质量问题	房屋老旧,3层坍塌,压到2层,隔壁房子也被带倒	2死,3伤
14	2015年6月3日	上海市徐汇区瞿溪路1365弄2号楼	主体结构	质量问题	阳台严重变形下挠、阳台板与圈梁交界处严重开裂	—
15	2011年5月18日	上海陆家嘴时代金融中心大厦	围护结构	施工安全	工人在更换46层的一块已爆裂的玻璃时,不慎玻璃坠落	—
16	2016年5月9日	上海中心大厦	围护结构	施工安全	在更换幕墙玻璃时由于施工不当,导致一块幕墙玻璃从高空坠落	1伤
17	2013年1月	嘉定新城悠活城小区	围护结构	质量问题	东面墙出现局部鼓起和龟裂,大风导致外保温大面积脱落	—
18	2014年5月	上海某18层剪力墙住宅	围护结构	质量问题	东山墙出现大面积外保温脱落	—

续表

序号	事故时间	项目地点	事故主体	事故原因	事故详情	事故损失
19	2010年10月22日	上海恒隆广场	围护结构	质量问题	恒隆广场55层的一块幕墙玻璃自然碎裂，碎粒从55层高处坠落	—
20	2011年7月18日	上海陆家嘴时代金融中心大厦	围护结构	质量问题	43层的玻璃破碎	—
21	2011年7月20日	上海国金中心	围护结构	质量问题	38层的玻璃破碎	—
22	2011年7月27日	上海长城大厦	围护结构	质量问题	玻璃自爆破碎	—
23	2012年5月29日	上海陆家嘴时代金融中心大厦	围护结构	质量问题	38层的玻璃破碎	—
24	2012年8月6日	普陀区芝川路近大渡河路	围护结构	质量问题	高层玻璃幕墙坠落	1人受伤
25	2012年8月8日	宝山区某商务楼	围护结构	质量问题	台风“海葵”造成玻璃幕墙高空坠落	1死
26	2014年10月15日	某竣工使用8年项目	围护结构	质量问题	住宅楼北侧外墙面出现外墙保温板脱落，脱落面积比较大	—
27	2014年8月5日	上海虹口区广灵四路866弄	围护结构	质量问题	硅胶开裂进水、点焊锈蚀开裂、底栏托架断裂，导致高层阳台窗户玻璃坠落	—
28	2015年2月25日	上海市浦东新区临沂北路252号	围护结构	质量问题	外墙泡沫板保温材料受水膨胀变形，中间黏合水泥涂层年久失效，导致瓷砖坠落	—
29	2015年7月11日	上海嘉定红石路333弄	围护结构	质量问题	外墙外保温黏结材料和施工质量存在问题，导致墙体大面积空鼓、开裂和脱落	—
30	2016年5月3日	宝山区万业紫辰苑小区	围护结构	质量问题	保温层与面层大范围脱落	—
31	2018年4月17日	上海市黄浦区中山东一路5号	围护结构	质量问题	由于长期风吹日晒、雨水浸入至缝隙内，致使裂缝扩展、出现断裂脱落	—
32	2018年8月12日	上海普陀区某商务楼	围护结构	质量问题	2018年8月12日，普陀区新村路某商务楼的一块幕墙玻璃突然掉落	—

续表

序号	事故时间	项目地点	事故主体	事故原因	事故详情	事故损失
33	2016 年 11 月 11 日	上海青浦吾悦广场	附属设施	人为因素	老人抱孩子乘扶梯坠落	1 死
34	2016 年 3 月 8 日	龙之梦购物中心	附属设施	人为因素	乘客摔倒	3 伤
35	2011 年 8 月 6 日	浦东金闻路 106 号	附属设施	施工安全	安装货梯时,轿厢突然坠落	2 死,2 伤
36	2015 年 3 月 9 日	浦东新区环林东路 799 弄杉林新月小区	附属设施	质量问题	乘客头部被电梯门卡	1 死
37	2015 年 8 月 1 日	龙之梦购物中心	附属设施	质量问题	商场清洁工小腿被扶梯夹	1 伤
38	2016 年 12 月 18 日	上海普陀区大渡河路 1280 号	附属结构	人为因素	钢板未能被均匀地放置在货架上,致使货架受力不均,货架与钢板突然发生坍塌	4 死
39	2008 年 9 月 11 日	上海市长宁区协和路 1158 号	附属结构	施工安全	维修外墙渗水时,脚手架堆载过大,导致脚手架失稳坍塌	1 死,3 伤
40	2012 年 7 月 7 日	上海宝山区场中路 2600 弄	附属结构	质量问题	空调机架年久失修,构件锈蚀严重,空调维修时空调机架上突然断裂坠落	1 死

2. 事故原因分析

分析上述安全事故的原因,主要来源于建筑本身存在的质量安全隐患,如长时间服役后材料老化、耐久性劣化等,同时也存在多种人为因素,下面针对主体结构、围护结构和附属结构、附属设施分别分析发生事故的原因。

1) 主体结构

主体结构发生事故的原因主要来自工程结构老化和材料耐久性劣化等质量问题,周边建筑施工的不利影响,以及违规拆改、违规使用等人为因素造成结构坍塌。

(1) 工程结构老化与材料耐久性劣化。部分建筑在建成之初能够满足安全使用的要求,但随着使用年限的增加,伴随着材料开裂、腐朽的发展,建筑承载能力不断减弱,特别是在环境污染严重的环境里,这一趋势发展得更快更严重。建筑结构老化容易在一些不利荷载作用下发生突然破坏并造成灾害。上海市现存大量老旧建筑、历史建筑都面临结构老化问题,随着使用年限增长,其初始功能受到物质性、经济性、社会性等多种因素的影响,逐步演变成“综合性陈旧”建筑,主要表现为房屋结构性能显著退化、物理损坏比较严重、设施简单落后、功能不完善、管线陈旧破损等。目前,根据上海市城市发展总体规划,上海市部分老旧建筑已经实施或正在进行综合改造。

此外，上海是沿海城市，属于亚热带海洋性季风气候，沿江沿海的各类建筑均易受氯离子侵蚀产生不同程度的劣化，其耐久性安全问题深受关注。

（2）建筑施工对邻近建筑的不利影响。虽然上海市的城市建设已进入平稳发展阶段，但高层建筑、地铁、隧道、地下车库等工程的建设仍在持续进行，该类大型地下工程开挖施工都会对既有周边建筑产生不利影响，引起周围土体发生位移或振动。由于地下工程施工条件恶劣、土质条件复杂，致使在地下工程施工过程中极易对相邻城市建筑物造成沉降变形和损伤，危害城市建筑物的安全运营，从而引发争议与纠纷，造成社会矛盾的累积和激化。

建筑施工致使周边房屋出现损伤的直接原因大致分为两类：一类是造成相邻房屋基础的不均匀沉降；另一类是振动影响，如桩基施工、高架施工、重型车辆运行等。砖混结构房屋较易受到影响，产生的问题也最为突出，大多数农村房屋缺乏统一规划和合理设计施工，导致房屋抵抗外界影响的能力较低，受施工振动影响和基础不均匀沉降作用，易产生开裂、变形损伤。而新建的经正规设计的多层砖混结构商品住宅楼，受影响后的损伤相对较轻，多数表现为墙体粉刷层裂缝，对安全性能没有影响，而整浇框架结构由于自身整体性较好，基础不均匀沉降后的自适应能力较强，受周边施工的影响更小，主要损伤裂缝表现在辅助维护结构处，如走廊栏杆、围护墙窗口处①。

（3）对建筑的违规拆改和违规使用。建筑在交付使用后业主擅自对房屋结构进行改动，擅自拆除、移动承重墙体，改变平面布局，最常见的是为了增加卧室或客厅的使用面积，将卧室与客厅，或卧室与阳台之间的墙拆除或移位，引起房屋局部坍塌。在砌体房屋装修时住户为了美观将明线改为暗线，或把闭路线引到各房间，在承重墙体上用冲击钻凿洞，也会引起砌体墙的削弱。此外，对结构空间的超载违规使用也会造成局部倒塌，最常见的是阳台功能被人为改变，如在阳台上堆放过多重物。

2）围护结构和附属结构

建筑围护结构的隐患也颇多，主要来自玻璃幕墙、外贴面砖、外墙外保温系统、空调机架等带来的安全隐患。

（1）玻璃幕墙。高层超高层建筑常采用玻璃幕墙作为其外围护结构。20世纪90年代开始，玻璃幕墙被广泛使用。上海最早的玻璃幕墙建筑——联谊大厦建于1984年，至今已有36年。上海市房管局统计数据显示，上海目前共有超过1.3万幢玻璃幕墙建筑，是我国玻璃幕墙建筑数量最多的城市。玻璃幕墙所用胶的保质期在10年左右，而玻璃幕墙的设计年限多为25年。近年来，玻璃幕墙的老化问题日益凸显，幕墙坠落事件时有发生，其安全使用问题引起了全社会的高度关注。进入老化阶段的玻璃幕墙目前普遍存在五金件锈蚀变形、密封条老化龟裂、受力构件松动、雨水渗漏等问题，甚至出现玻璃幕墙自爆坠落的现象。

---

① 滕新华，顾荣军.施工建设对邻近房屋安全性影响分析[J].城市建设理论研究（电子版），2012(8)：1-8.

玻璃幕墙坠落是由材料老化、框架变形、房屋下沉、温差变化、本身质量和使用年限等多种因素造成的。由于在发生坠落事故前，很难用肉眼观察到，难以提前预警或处置，一旦事故发生，将带来严重后果。

(2) 外贴面砖。目前，仍有很大比例的高层建筑采用外墙面砖进行装饰，外贴面砖脱落大多由于施工质量引起，主要原因包括①：基层、面层所选用原材料不合格，如材料的孔隙率大，易含水，属于亲水性材料，抗渗、抗冻能力差，导致外墙基层材料强度低，体积易膨胀，无法抵抗大气风化，在低温下还会产生冻胀；基层处理操作不当，各层之间的黏结强度低，面层产生空鼓，从建筑物上脱落；外墙施工时，新墙体或基层水分未干透，就立即覆盖涂饰，待基层风干时，已经产生了收缩缝隙，或外墙施工时基层抹灰厚薄不均，产生不均匀收缩，贴块料空鼓，缝隙未填实，施工形成空洞，从而引起脱落；砂浆配合比不合理，水泥质量不合格，砂的含泥量大，引起砂浆收缩导致开裂空鼓；饰面层各层长期受大气温度影响，由表层到基层的温度梯度和热胀冷缩，在各层中出现内应力，如果面砖粘贴砂浆不饱满，面砖勾缝不严，雨水渗透后受冻膨胀，和内应力共同作用，使面层脱落。

(3) 外墙外保温系统。虽然我国大规模采用外墙外保温系统的时间并不长，但外墙外保温系统脱落事故近年来有逐年上升的趋势，尤其在台风影响下，发生的频次更大，不仅威胁人身安全，也会砸坏公共设施，带来恶劣的社会影响。外墙外保温材料脱落原因与面砖脱落原因相近，多是由于施工质量和材料质量问题导致，包括：外墙保温胶黏剂性能不能达到所需标准，黏结力不足；外保温板的耐水、耐冻融性能不佳造成开裂和空鼓；保温板切割偏差、陈化不足或没有经过陈化，导致无法正常黏结，甚至影响外保温墙平整度及严密度，出现掉落或起鼓开裂；施工时水泥砂浆或聚灰比例在未达到标准时聚合形成的聚合物砂浆直接施工勾缝、贴面砖等工程，砂浆柔韧性无法达到所需技术要求，造成面砖饰面开裂脱落；施工时网格布连接不紧密，在铺设网格布时距保温隔热层较近，丧失抗裂能力；施工季节天气极热或极冷，冬季施工因天气因素，上冻速度大于自收缩速度，导致出现开裂及脱落起鼓问题，夏季较热季节施工面在阳光暴晒下无法维持其保水性能，高温使施工面层失水，迅速造成开裂隐患；施工时未将基体清理干净，施工人员施工脱离标准造成垂直度及平整度不够，若通过直接增加砂浆厚度调整平整度，会导致厚度不均匀引起下坠及开裂现象；施工时不同批次的材料直接混合使用，材料配比不均，砂浆搅拌不均匀直接在基体施工影响成品质量，造成日后开裂起鼓等问题隐患。

(4) 空调机架。空调机架的坠落原因除个别由于安装不规范外，基本都是因机架老化锈蚀造成的，目前安装空调外机多用普通角钢，比较容易生锈，安全使用期一般在5～7年。老旧小区很多空调支架已达使用年限，超期服役危险重重。因此在使用空调时，需定期检查、检修并及时更换，发现螺丝松动要及时拧紧，建议在空调外机上安装小遮阳棚，防止长时间风吹日晒对支架的锈蚀。

---

① 王福俊.浅谈高层建筑物外墙面砖脱落的原因及处理措施[J].华章，2012(20)：343.

3）附属设施

建筑附属设施面临的最典型的安全问题是楼宇电梯的安全运行。随着我国经济建设的高速发展，电梯广泛分布于各大办公楼、居民住宅、商场等人员密集场所，电梯安全事故也频有发生，给人民群众生命财产安全造成极大危害。电梯事故的原因主要包括以下几方面①：

（1）使用与维护不当。电梯使用与维护不当是造成电梯安全事故重要原因之一。电梯使用与维护不当主要有以下几种情况：电梯使用单位对电梯的使用缺乏安全维护意识，缺失健全的制度；电梯使用单位没有安排工作人员管理和维护电梯，缺乏定期检查；电梯乘客对电梯轿厢内设施的损坏。由于电梯使用了多年没有检修，电梯处于不安全状态。

（2）专职人员安全培训缺失。所有高层建筑和大型商场都安装了电梯，但电梯专职人员安全培训不足，许多专职人员无安全知识、无专业培训、无资格证，或未尽到应承担的管理义务。

（3）电梯乘客的行为不当。乘客没有按规定乘坐商场自动扶梯，如推推车、抬重物，任由孩子独自乘坐自动扶梯等，一些电梯乘客习惯性地长时间按着按键延长开门时间，部分家长对孩子疏于管理，这些错误行为都会成为安全隐患并且影响电梯的使用寿命。当危险发生时，采取不科学的逃生措施也会危及人身安全。

（4）其他原因。原材料或安装质量不合格，例如使用了伪劣配件，或电梯安装队伍资质和专业技术训练不满足要求，给电梯的安全运行埋下隐患。

4）其他安全隐患

由于建造年代的不同，所参考的设计依据不同，以及不同经济水平与社会背景的影响，很多建筑结构从建成起就存在结构安全问题，加之自行改造过程中对主体结构的破坏和对建筑功能的改变，使建筑结构面临不可忽略的安全问题。建筑结构自身的安全隐患主要来自以下几方面：

（1）标准规范不完善时期建筑安全隐患。20世纪五六十年代建设工程的标准规范不完善，建筑材料匮乏，材料使用不规范或达不到技术指标，如砌筑砂浆强度低，钢筋混凝土梁柱承载力不足。改革开放初期，建设规模大，建筑政策法规执行不到位、执行错位或无法、无章可依，开发建设单位不具备资质，施工企业拼凑队伍，保证体系不到位建造的工程，也存在安全隐患。

（2）未经鉴定自行改造的建筑安全隐患。二次装饰的公共建筑，包括办公楼、商店对墙体的拆改，抹面对地面、墙面、基础增加荷载，造成结构不安全。用户对住宅的拆改也是一个比较严重的社会问题，易成为相关管理单位监管的漏洞，例如私自开挖地下室、拆除承重墙或开洞、截断梁底主要受力钢筋、预制楼板开洞等，给建筑物带来潜在危害。

（3）抗震设防不规范的建筑危害。国家规范明确要求各省地市按抗震区划图进行抗震设防，有关地市1994年开始抗震设防，但由于认识不足以及财政资金方面的问题，对早

① 勾晓波.电梯事故原因分析及预防措施[J].科技信息，2011(33)：90，114.

期建成但没有进行抗震设防的建筑进行抗震加固的工作仍在推进中。

5.1.3 管理措施

我国建筑业长期存在重建设、轻运营维护的问题，城市建筑物在长期运营过程中积累了诸多安全隐患。“九五”期间国家将建设工程提到重点发展领域；“十五”以来逐步开展了工程安全的机理、预测、防治、应急等方面的研究，工程安全首次作为战略任务被列入发展规划；“十一五”将公共安全提升到新的高度，建设行业针对城市生命线、地下空间等重点工程的安全防灾进行了广泛深入的研究；“十二五”聚焦了公共安全等多个领域的关键问题，强调突发事件安全管控、监测预警、应急处置等关键技术的持续创新；“十三五”更加强调应急管理工作从被动应对向常态化风险治理转变。如何提升城市建筑运营安全的评估、监测、预警、应急响应及安全保障水平，得到越来越高的重视，只有通过建立健全安全管理制度，辅以高效的信息化监测、预警和应急响应管理体系，才能最大限度地降低建筑运营安全风险，减少经济损失、人员伤亡，切实降低社会负面影响。

本节从上海市建筑运营安全管理的制度建设和监测、监控平台建设两个方面，总结了上海市建筑运营期的安全监管情况。

1. 安全管理制度现状

1）制度建设

修订有关房屋安全使用的规定，目前有关房屋安全使用条款虽然在部分规章条例中有所提及，如《上海市住宅物业管理规定》中对损害住宅房屋安全和性能等问题做了具体规定，《关于减少城市基础设施项目施工对周边环境影响的试行规定》针对重大工程施工对周边建筑的影响做了规定，但仍不够完整与系统。

目前上海市正在推行有关房屋安全使用的立法工作，2018年《上海市房屋使用安全管理办法》正式列入市政府规章立法工作计划，上海市房屋管理局正式组织起草工作，在组织开展立法调研、专家咨询、意见征询的基础上，完成了《上海市房屋使用安全管理办法(草案)》(以下简称《办法》)，报请市政府审定。2019年2月，上海市住房和城乡建设管理委员会和上海市房屋管理局针对《办法》进行了公开征求意见，该《办法》针对上海作为一个建筑体量巨大、经济地位显著的现代化大都市，如何持续有效地保障城市安全运行，以及如何解决近年来不断出现的房屋安全使用问题和改造方面出现的重大问题做出了规定，为上海市城市房屋安全管理工作有序开展提供法律依据①。该《办法》作为上海市首部针对房屋运营期安全的管理办法，对房屋的安全使用责任人、房屋安全使用过程中的各部门职责、公众监督办法、安全检查、安全检测和维修加固需要等做出了规定。

2）总体规划

上海市政府将城市建筑安全作为重点发展领域。《国家中长期科学和技术发展规划

---

① 张燕平.尽快制定《上海市房屋使用安全管理条例》[J].上海人大月刊，2011(6):23-24.

纲要》(2006—2020)中确立了“城镇化与城市发展”和“公共安全”为我国科学和技术发展中的两个重点发展领域,同时明确“城市功能提升与空间节约利用”与“重大自然灾害监测与防御”分别为两个发展领域中的优先主题任务。2017年12月,国务院批复的《上海市城市总体规划(2017—2035年)》,提出将保障城市运行安全作为2017—2035年城市发展重点,建立以各级应急避难场所为节点,救灾、疏散通道为网络的“全面覆盖、重点突出”的综合防灾空间结构。

2017年7月6日,上海市人民政府印发了《上海市住房发展“十三五”规划》,提出有序推进旧区改造,在中心城区重点推进集中成片二级旧里以下房屋改造,杨浦区、虹口区、黄浦区、静安区、普陀区、浦东新区等主要加快推进旧区规模大、房屋结构差、安全隐患多、群众呼声高的地块改造,徐汇区等在基本完成成片二级旧里以下房屋改造的同时,推进零星二级旧里以下房屋改造;按照城乡发展一体化和新型城镇化建设的要求,积极推进郊区城镇旧区改造;同时逐步有序推进“城中村”改造。

3) 整治管理

2016年11月14日,上海市召开市政府常务会议,研究推进落实本市公共安全风险管理和隐患排查整改工作等事项。根据市政府《关于进一步加强公共安全风险管理和隐患排查工作的意见》(以下简称《意见》),各区政府、市政府相关部门2016年首次向市政府报备了高风险等级危险源、危险区域和一级安全隐患的排查及整治结果,包括落实应急准备情况、隐患整改期限等,部分安全隐患还分别被国家以及市、区列为督办整改项目。《意见》指出,将加强公共安全风险管理和隐患排查贯穿于城市规划、建设、运行、发展等各个环节。

2018年8月18日,上海市人民政府办公厅印发了《本市全面开展空中坠物安全隐患专项整治实施方案》(沪府办〔2018〕54号)。方案中要求对全市户外广告、招牌、玻璃幕墙、高楼装饰物等各类建筑附着物开展安全隐患专项整治,分四阶段执行,包括全面排查摸底、全面整改隐患、重点抽查督导,建立健全长效机制。

贯彻习近平总书记对上海城市精细化管理工作的要求,2019年7月17日,上海市城市管理精细化工作推进领导小组办公室印发了《本市空调外机等外立面附加设施整治三年行动计划(2019—2021)》(沪精推办〔2019〕9号),针对上海市建筑空调外机等外立面附加设施存在的安全隐患,提出了排查整改和外立面整治提升措施,保障市民群众生命财产安全。计划提出并结合旧住房修缮改造实施整治,2019年起将外立面整治全面纳入各类旧住房修缮改造工程,旧住房成套改造、拆除重建改造工程按照新建住宅空调机位设计标准综合考虑空调外机等外立面附加设施的设置,至2020年将完成900万m^2结合旧住房修缮改造整治工程。

2019年7月29日,上海市城市管理精细化工作推进领导小组办公室印发了《关于本市房屋外墙墙面及附着物、建筑附属构件的高空坠物隐患问题处置工作意见》(沪精推办〔2019〕10号),针对上海市房屋外墙饰面、外墙外保温、外窗、建筑附属构件,以及空调外机、雨篷、花架、晾衣架、防盗窗等外墙附着物的高空坠物隐患问题,明确了责任主体和职责分工，并提出了发现隐患问题后的报告和应急处置流程，同时从强化组织领导、落实资金保障、完善管理制度、加强执法惩戒等方面提出了处理高处坠物隐患问题的保障措施。

2. 上海市建筑安全监测、监控平台建设情况

上海作为超大型国际大都市，城市精细化管理的要求更高、范围更广、变量更多、难度更大，其管理的核心理念是“三全四化”，即对城市实现全覆盖、全过程、全天候的管理，加快构建法制化、智能化、标准化、社会化的精细化管理服务体系，对建筑安全的精细化监测监控提出了更高的要求。以人工智能、云计算、大数据为代表的建筑安全监控监测平台建设，能够对潜在的安全隐患实现管理和预警，有效提升城市安全精细化管理的效率。

1）市级监测监控平台

上海市目前与房屋安全相关的典型监测监控平台有以下两个。

（1）上海市建设工程检测信息管理系统

上海市建设工程检测信息管理系统是本市建设工程检测行业集中管理，以统一检测软件和检测数据自动采集为基础，利用计算机及网络技术，进行检测信息的收集、传输、加工、存储、更新和维护，并出具检测报告，支持检测机构、生产企业和建设行政主管部门高层决策、中层控制、基层运作的集成化的信息系统。

检测信息管理系统自 2003 年开始建设，目前已建成“行业级”的信息管理平台。检测信息管理系统由综合管理子系统、检测合同信息报送子系统、检测样品管理子系统、材料检测子系统、工程检测子系统、企业内部实验室子系统、监督检测子系统等七大子系统及 App 软件组成，如图 5-12 所示。

（2）上海市城市多重灾害模拟与风险评估系统

2018 年 8 月，上海市防灾救灾研究所在第十届全国地震工程学术会议暨第一届区域与城市地震灾害模拟与风险评估论坛上介绍了上海市城市多重灾害模拟与风险评估系统（Multi-Hazard Shanghai），主要针对台风、地震、火灾、暴雨等灾害建立集灾害模拟、风险评估、监测预警和辅助决策于一体的防灾系统，并于 2019 年 3 月在城市防灾减灾创新发展论坛上正式发布。该系统已经历两个版本，形成上海部分区域的多灾害模拟与风险评估，目前仍处于不断完善阶段。

2）专项监控监测平台

针对房屋建筑安全运营中涉及的需要精细化监管的问题，上海市目前已建立了针对玻璃幕墙和电梯的专项监管平台。

（1）上海市建筑幕墙管理平台

2010 年，上海市住房和城乡建设管理委员会开始建设“上海市建筑幕墙管理平台”，2018 年开始在一些区域逐步进行试点，正在逐步推进玻璃幕墙“一楼一档”信息入网。目前，上海共有 1.25 万幢玻璃幕墙建筑，其中已有超 8 000 幢玻璃幕墙建筑纳入了该平台监管范围。在这个平台上，玻璃幕墙建筑的相关信息被记录在册，包括楼宇的基础身份信息、结构、楼龄、玻璃的性质等，更重要的还有楼宇使用过程中每一次的维保记录，一旦发

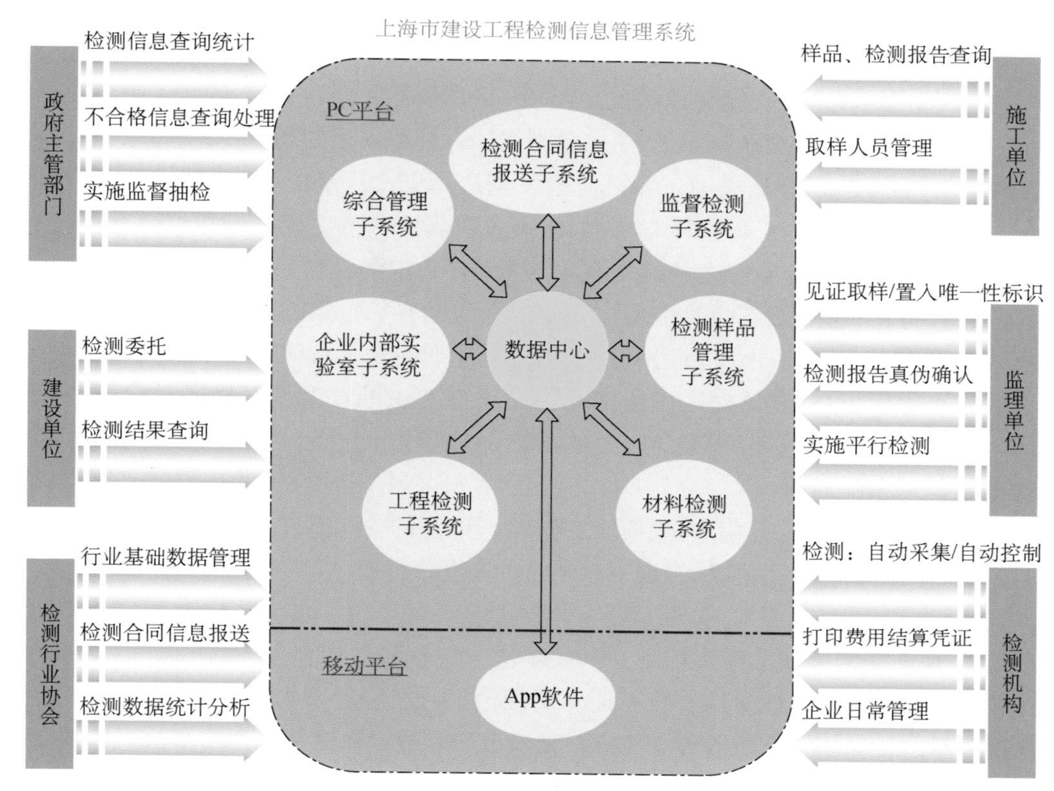

图 5-12　上海市建设工程检测信息管理系统

现隐患会及时向业主和监管部门发送预警，督促整改。

（2）上海市电梯应急处置公共服务平台

上海市电梯应急处置公共服务平台整合了原“市 110 电梯应急救援服务平台”全部功能，汇总对接各区应急分平台和企业应急平台信息。通过物联网等远程监测技术，可以实现对运行状态监测、困人检测、故障信息传输分析、远程语音安抚等功能，从人工报警发展到自动报警、从部分信息收集发展到数据统计分析，为监管的科学化、动态化提供有力支撑。目前该平台基本具备了统一指挥调度、快速及时响应、有效应急处置、数据统计分析等功能。

5.1.4　挑战和建议

本节根据对上海市建筑运营期安全事故及成因的分析，以及对管理现状的调研，分析了上海市建筑运营期安全问题面临的挑战，并以此为基础提出了提升建筑运营期安全状况的建议。

1. 上海市建筑运营期安全问题面临的挑战

目前，在建筑安全运营过程中，上海市法制建设、监控预警以及居民的安全意识等方面仍面临一定的挑战。

1）居民对房屋安全的认知整体有待提高

在《上海市居民房屋安全管理调查分析》中，采用调研和问卷方式，调研了上海市居民对于房屋安全的主观安全认知数据，主要包括居民对装修安全的态度、对房屋安全管理法律法规了解的程度，以及居民通过自己观察发现房屋安全问题的能力状况。调研发现，上海居民对房屋的安全意识整体有待提高，需要对居民进行房屋安全知识科普；居民对邻居破坏性装修影响房屋安全的担忧程度较高，有一定的社会负面影响，要加强管理，实现信息公开化；房龄的不同对房屋出现的安全问题有一定影响，但是对于居民的房屋安全认知没有太大影响；上海市居民对房屋安全管理的相关法律法规了解程度较低，但是了解需求程度较高，建议提高房屋安全法律法规知识的普及率。居民是房屋使用的主体，如果居民能在房屋出现安全问题的早期加以识别，进行必要的整改，则能大幅降低安全问题带来的风险。

此外，上海市城市人口集中、规模大、基数大，市民的安全意识参差不齐，虽然市民对日常生活的突发状况有所准备，但面对较严重的突发事件时，应急措施的普及程度还有待提高。

2）法律法规的覆盖范围和责任主体有待进一步完善

我国的城市建设总体上还处在高速发展期，重建设、轻运营管理的现象还比较突出，尚未按建筑全生命周期管理的理念建立一套城市房屋建设和运营管理法律法规体系。在城市的房屋建设管理体系中，在城乡建设、勘察设计、施工等阶段都已建立了比较全面的法律法规，然而在使用运营阶段，缺乏有效的法律支撑。

在房屋安全使用方面，在国家层面有 1989 年 11 月出台、2004 年 7 月修订颁布的《城市危险房屋管理规定》（建设部令 129 号修正）作为房屋使用安全管理方面的基础性依据，该规定的出台目标主要是“治危”，但难以适应源头上“防危”的新需求。其他相关的规定仅在《建设工程质量管理条例》《物业管理条例》等法律法规文件中略有提及，房屋安全使用管理的需求日益凸显。相比之下，在美国、新加坡、中国香港和中国台湾等地，在房屋建设和安全使用方面，均有一套以建筑全生命周期管理思想做指导的核心法，再辅以其他细化的规定，相关责任人的职责和义务明确，可以避免安全事故的发生，延长建筑使用寿命，促进城市的可持续发展。

2000 年 1 月出台的《建设工程质量管理条例》（国务院令第 279 号）和 2002 年 5 月出台的《住宅室内装饰装修管理办法》（建设部令第 110 号），对涉及房屋安全的改、扩建和装饰装修方面进行了原则性规定，但只强调了原设计单位或者具有相应资质等级设计单位的设计方案，没有对经过多年使用（有的已经过多次拆改主体结构，房屋的安全性能已明显降低）的房屋进行修缮改造前专门鉴定的规定。2007 年出台的《中华人民共和国物权法》，主要是从民事角度对建筑物区分所有权的权利义务角度进行概括性规定，并未涉及房屋使用安全行政管理。很多既有建筑经过多年使用及产权变更，责任主体难以界定。

从国家层面来看，在既有房屋使用安全方面我国已经出台了《城市危险房屋管理规定》《建设工程质量管理条例》《住宅室内装饰装修管理办法》等规定，物业管理方面的法律法规和政策文件规定有《物业管理条例》《物业服务收费管理办法》等，与更新改造相关的国家层面法律包括《中华人民共和国城乡规划法》和《中华人民共和国物权法》等，相关的行政法规主要有《民用建筑节能条例》。但是以上法律法规均是通过分散于不同规章中的零星规定对房屋安全使用行为进行规范。虽然这些规定对于规范既有房屋使用取得了一定的成效，但是由于缺乏针对"已建成并投入使用的房屋"出台系统性且有操作性的国家法律法规，目前已有的相关法律法规条文日益呈现出滞后性、局限性和系统性不足等问题。

3）对房屋安全的监控预警有待进一步加强

房屋使用阶段的危险源比较分散，目前针对某些代表性的安全隐患，如玻璃幕墙、电梯等，已经有成型的或在建的监控监管平台，但仍有部分隐患处于分散监管的状态，需将更多的安全隐患问题纳入监管平台，各个平台之间有效地进行数据沟通，对推测出的问题进行实时预警，有助于进一步降低房屋安全带来的人员伤害，减少财产损失。

2. 改进上海市建筑运营期安全状况的建议

提升上海市建筑运营期的安全现状，可以从加强结构健康监测、实时管理危险源、改善结构材料老化、加强结构附属物安全隐患整治等方面入手，同时完善相关法律法规建设，并通过相关教育培训提升居民对房屋安全的认知，增强民众的自救和互救能力。

1）重要建筑的健康监测和危险源管理

针对重要大型建筑的安全运营问题，可以开展对健康监测系统的研发工作。由于监测系统的成本较高，目前多在大跨度桥梁上安装使用，在大型公共建筑中的应用还比较有限，可以针对健康监测系统在各类重要结构上的应用技术进行研发，并开发适合常规建筑监测的低成本监测系统，同时结合我国和上海地区的实际情况，开展结构监测系统设计标准化工作，编制结构健康监测系统设计指南。

针对工程结构运营期的危险源，应开展系统的普查工作，从实际工程情况着手确定危险源，或从已有的工程事故中筛选确定危险源，并根据结构寿命期内的发展，对危险源进行新的扩充或删减，从而建立危险源动态数据库。通过研究分析，进行危险控制策略的优化组合，将多种手段有效组合起来使用，以较小的代价来达到降低损失和损失发生可能性的目的。考虑风险事件与危险因素的耦合关系，建立危险的动态控制的风险链网络，研发集监测、预警和应急响应一体化的危险管理系统或管理软件。

2）工程结构老化问题的改善

解决混凝土材料或结构老化的问题可从以下四方面进行：一是选用优质、适用和经济合理的高性能混凝土原材料，并且严格控制施工工艺和施工质量；二是采取混凝土附加防腐措施，例如在柔性防水的基础上考虑采用具有渗透性的涂层对早期裂缝进行渗透封闭，采用抗碳化的防水涂层等；三是加强混凝土结构工程的监测，包括混凝土材料性能的监测、杂散电流腐蚀的监测,以及结构裂缝和渗水状况的监测;四是采取合适的维修加固手段,延长结构的使用寿命。在这些相关方面的材料研发、监测检测技术以及加固技术等都有待进一步深入研究。

3）建筑围护结构及附属物的安全隐患整治

目前,在城市建筑围护结构及附属物的隐患整治及安全防治方面,普遍缺乏相应的专项技术、专项设备以及相关的技术标准等,建筑围护系统和附属物检测与整治仪器及装备有待开发。

现有幕墙检测方面的标准主要是对材料的现场检测、幕墙节点与连接检验以及安装检验作了一些规范要求,对既有玻璃幕墙不适用。目前我国只有玻璃幕墙实验室检验的相应标准,需要进一步研发针对既有玻璃幕墙整体安全状况的现场检测手段和检测标准。

针对既有建筑外墙饰面层存在的问题,应继续研发红外热像法在墙体饰面层剥离检测、渗漏检测以及墙体外保温工程质量的检测等方面的应用。由于房屋建筑红外检测的特点,自然热源被动加热是当前红外检测的主要方式,然而由于太阳辐射加热在加热时间、热流强度等方面皆不易控制,因而利用被动加热进行定量化红外检测研究是房屋建筑红外检测研究走向定量化的关键。在分析面板空鼓脱落原因和发展规律的基础上,建立饰面层空鼓脱落评估方法,对各类饰面层空鼓脱落整治方法的工艺流程、适用条件、整治效果等也应形成相应的成套技术或标准化指导。

建筑外墙外保温系统的安全性(承重、防火、抗风等)以及耐久性的评价,已成为建筑节能领域亟待解决的难题。现有的外墙外保温标准体系未考虑对保温层的承重与安全性、耐久性问题。在我国现行标准规范中,有关建筑外墙外保温系统材料性能指标的设定,还没有充足的理论和试验数据支撑。有必要深入研究系统材料的各种性能指标,建立建筑外墙外保温系统安全性、耐久性评价方法,对建筑外墙外保温系统安全性、耐久性等级进行划分。

4）相关法制建设

我国尚未有针对既有房屋安全管理的系统性法规,但各地区正陆续制定或修订房屋安全管理的地方性法规或办法。在 2019 年之前,上海市尚未有覆盖建筑全生命周期安全管理的相关法律法规,2019 年 2 月开始公开征求意见的《上海市房屋使用安全管理办法(草案)》将填补这一空缺。此外,可以适时推进有关建筑运营期安全管理的专项办法,针对高空坠物、建筑老化等影响重大的安全问题,制订具有针对性的监管措施,有效控制建筑运营期安全事故的发生。

5）安全教育培训

调查显示,上海居民对房屋的安全意识整体有待提高,需要对居民进行房屋安全知识科普,同时上海市居民对于房屋安全管理的法律法规了解程度较低,但了解需求程度较高。可以从法律法规、安全事故预防、安全隐患识别、灾害发生后的自救和互救等方面,加强针对普通群众的安全教育培训,组织针对各类突发事件的安全逃生演习,进一步加强民众对安全事件的认知,增强民众的自救和互救能力。

5.2 市政基础设施

5.2.1 概况

上海市主要年份市政设施基本情况如表 5-2 及图 5-13 所示。2010 年，上海市道路长度为 16 687 km，道路面积 25 607 万 m^2，城市桥梁 11 849 座，防洪堤长度为 1 009 km；到 2017 年，上海市道路长度为 18 546 km，道路面积 29 841 万 m^2，城市桥梁 14 019 座，防洪堤长度为 1 153 km，与 2010 年相比，增长率在 10%～15%。2010 年，城市排水管道长度为 11 483 km，到 2017 年城市排水管道长度为 24 886 km，在 2010 年的基础上增加了 117%。城市污水处理能力及城镇污水处理率逐年增长。

表 5-2 上海市主要年份市政基础设施情况

指标	2010 年	2015 年	2016 年	2017 年
道路长度/km	16 687	18 184	18 421	18 546
道路面积/万 m^2	25 607	28 567	29 250	29 841
城市桥梁/座	11 849	13 677	13 862	14 019
防洪堤长度/km	1 009	1 159	1 153	1 153
城市排水管道长度/km	11 483	23 339	24 293	24 886
污水处理厂污水处理能力/(万 $t \cdot d^{-1}$)	684	795	812	826
城镇污水处理率/%	81.9	92.8	94.3	94.5

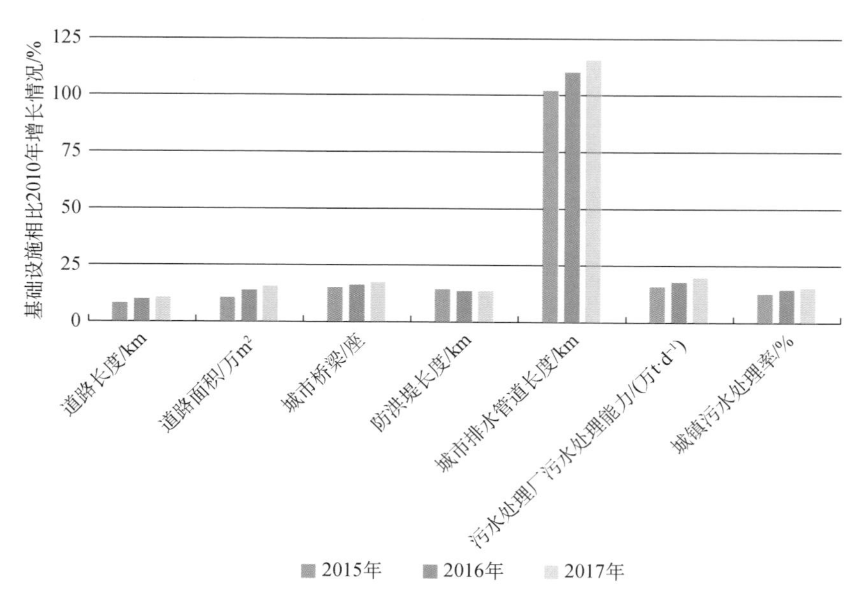

图 5-13 2015—2017 年上海市交通市政基础设施较 2010 年增长情况

数据来源：《2018 年上海统计年鉴》。

上海市主要年份市政设施水平情况如表5-3及图5-14所示。2010年,上海市每万人拥有的道路长度为7.25 km,每人拥有的道路面积11.12 m^2,每万人拥有的城市排水管道长度为4.99 km,每万人拥有的公共交通车辆为12.46辆,每万人拥有的出租汽车为21.72辆,每人拥有的绿地面积为13.00 m^2,每万人拥有的公共厕所为4.27座。到2017年,人均拥有的道路长度、道路面积、城市排水管道长度、公共交通车辆在逐年增长,而公共绿地面积在2015年比2010年有部分变化趋势但并不明显,在2015—2017年增长或减少趋势也不明显。2010—2017年,每万人拥有的公共厕所的数量几乎保持不变。

表5-3　上海市主要年份市政基础设施水平

指标	2010年	2015年	2016年	2017年
道路长度/[km·(万人)$^{-1}$]	7.25	7.53	7.61	7.67
道路面积/(m^2·人$^{-1}$)	11.12	11.83	12.09	12.34
城市排水管道长度/[km·(万人)$^{-1}$]	4.99	8.83	10.04	10.29
公共交通车辆/[辆·(万人)$^{-1}$]	12.46	12.36	12.70	13.94
出租汽车/[辆·(万人)$^{-1}$]	21.72	20.53	19.54	19.55
公园绿地面积/(m^2·人$^{-1}$)	13.00	7.60	7.80	8.10
公共厕所/[座·(万人)$^{-1}$)]	4.27	4.32	4.31	4.31

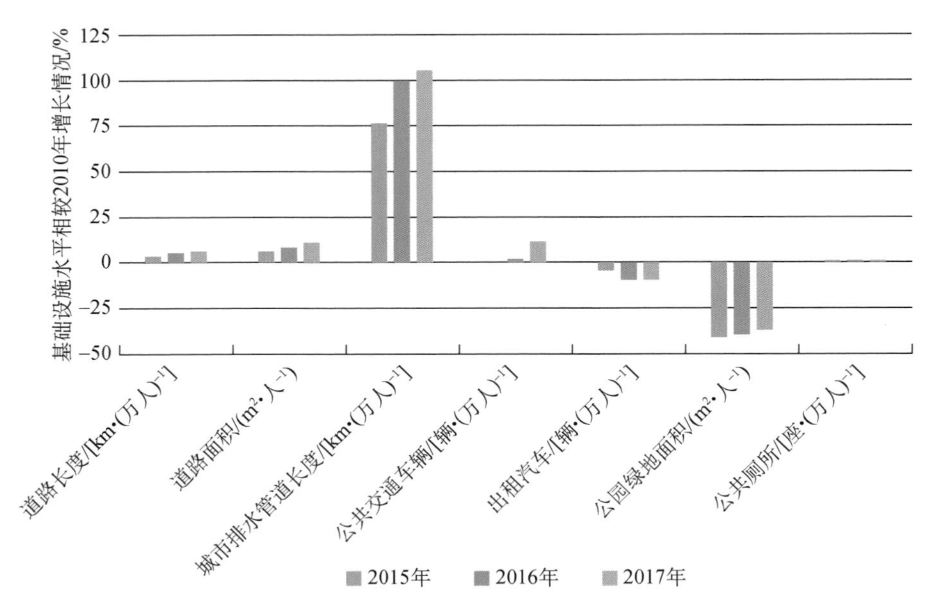

图5-14　2015—2017年上海市交通市政基础设施水平较2010年增长情况

数据来源:《2018年上海统计年鉴》。

1. 上海市公路运行安全技术状况分析

根据统计，截至2016年年底，上海市公路合计里程13 292.397 km，公路密度为209.64 km/100 km^2。其中国道715.310 km，省道1 022.581 km，县道2 933.997 km，上述三种公路(以下简称管养公路)合计4 671.888 km，管养公路里程密度为73.68 km/100 km^2，具体里程和等级分布如表5-4和图5-15所示。

表5-4　上海市管养公路技术等级

路线名称	总里程	技术等级/km				
		高速	一级	二级	三级	四级
市管高速	763.865	763.865				
市管普干	718.559	0.000	227.342	478.771	12.446	0.000
闵行署	267.862	0.000	225.873	41.989	0.000	0.000
宝山署	210.939	0.000	9.773	164.802	36.364	0.000
嘉定署	272.520	0.000	149.975	122.545	0.000	0.000
浦东署	940.034	61.600	233.936	482.936	161.562	0.000
金山署	226.011	0.000	6.934	116.595	102.482	0.000
松江署	216.831	0.000	0.000	162.951	53.880	0.000
青浦署	180.404	0.000	0.000	110.339	70.065	0.000
奉贤署	415.687	0.000	4.158	234.363	172.064	5.102
崇明署	459.176	0.000	1.303	165.200	292.673	0.000
合计	4 671.888	825.465	859.294	2 080.491	901.536	5.102

从图5-15可以看出，上海市管养公路等级比较高，二级及二级以上公路占总里程的80%以上。其中，高速公路占总里程的17.67%，一级公路占总里程的18.39%，二级公路占44.53%，三级公路占19.30%，仅有0.11%为四级公路，且无等外公路。

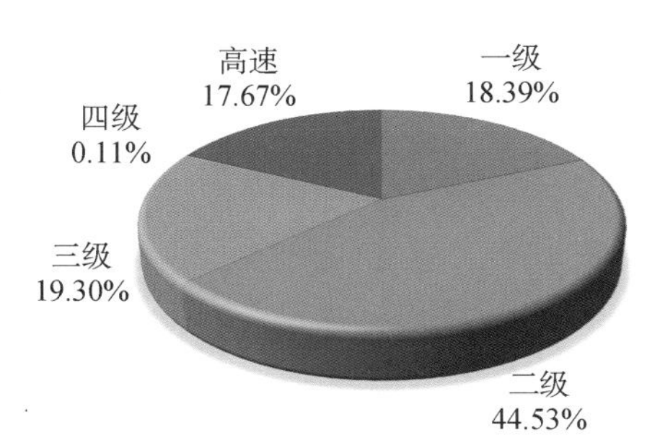

图5-15　上海市管养公路等级分布

目前，上海市管养公路路面总体等级较好，全部为高等级路面。其中，沥青混凝土路面4 333.761 km，占总里程的92.76%；水泥混凝土路面为338.127 km，占总里程的7.24%，具体如表5-5所示。

表 5-5　上海市管养公路路面类型统计表

路线名称	里程/km	高等级路面/km		
		合计	沥青混凝土	水泥路面
市管高速	763.865	763.865	763.865	
市管普干	718.559	718.559	673.998	44.561
闵行署	267.862	267.862	211.150	56.712
宝山署	210.939	210.939	207.806	3.133
嘉定署	272.520	272.520	239.670	32.850
浦东署	940.034	940.034	890.777	49.257
金山署	226.011	226.011	212.323	13.688
松江署	216.831	216.831	179.642	37.189
青浦署	180.404	180.404	164.980	15.424
奉贤署	415.687	415.687	387.662	28.025
崇明署	459.176	459.176	401.888	57.288
合计	4 671.888	4 671.888	4 333.761	338.127

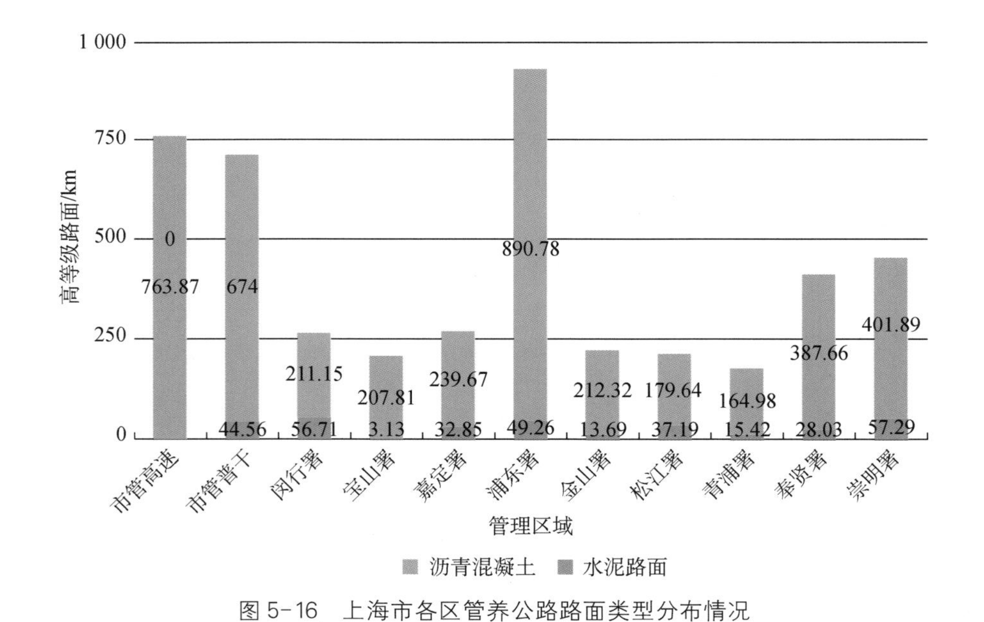

图 5-16　上海市各区管养公路路面类型分布情况

根据《公路技术状况评定规程》，公路技术状况采用公路技术状况指数（Maintenance Quality Indicator，MQI）和相应分项指标表示，MQI 和相应分项指标的取值范围为 0～

100。公路技术状况分为优、良、中、次、差五个等级：MQI≥90，优；90>MQI≥80，良；80>MQI≥70，中；70>MQI≥60，次；MQI<60，差。

公路技术状况评价包含路面、路基、桥隧构造物和沿线设施四部分内容，其中路面包括路面损坏、路面平整度、路面车辙、抗滑性能和路面结构强度五个子项目，具体如图 5-17 所示。

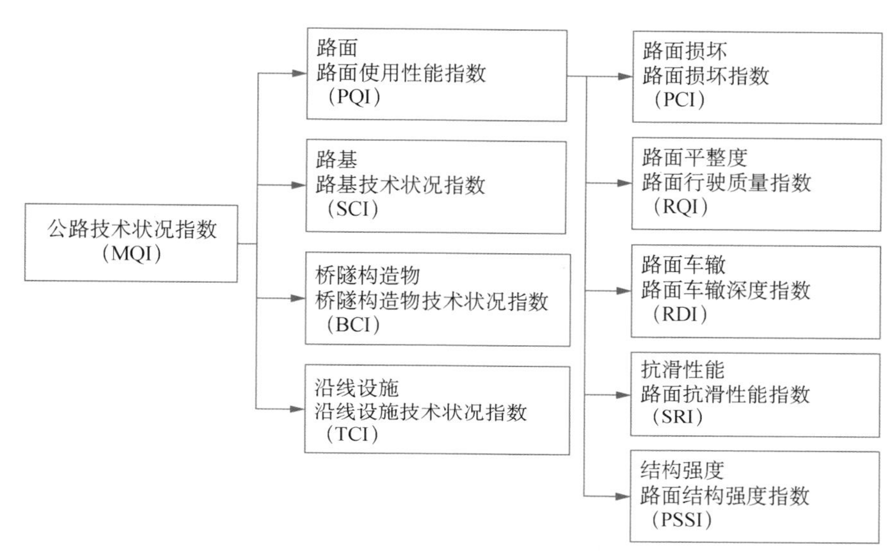

图 5-17　公路技术状况评价指数

表 5-6 及图 5-18 展示了上海市管养公路历年技术状况指标情况，可以看到，2008—2017 年，全市管养公路各项技术指标呈现逐步上升的趋势，但其中可以分成 3 个阶段。第一阶段：2008—2011 年，各项指标总体呈现逐步上升的趋势；第二阶段：2012—2015 年，各指标基本稳定，略有下降；第三阶段：2016 年以来，各项指标与 2015 年相比有明显的提升。

表 5-6　上海市管养公路历年指标汇总表

年度	2008	2009	2010	2011	2012	2013	2014	2015	2016	2017
PCI	87.28	87.63	89.67	89.78	90.30	90.22	89.89	90.14	91.13	91.78
RQI	86.93	87.73	88.63	89.05	88.37	88.35	88.67	88.13	89.75	89.66
RDI	87.52	90.83	90.44	89.81	89.50	87.47	87.20	88.43	90.44	89.85
SRI	94.19	93.84	93.70	93.67	93.30	93.23	91.76	92.01	91.66	91.49
PQI	87.82	88.09	89.26	89.42	89.45	89.40	89.34	89.23	90.37	90.75
SCI	95.17	95.84	95.30	96.98	85.92	89.50	91.12	92.64	93.80	95.63
BCI	97.68	97.98	98.98	98.59	98.37	98.04	96.82	96.71	97.73	96.84
TCI	97.67	97.60	97.46	98.02	95.92	97.31	97.43	97.98	98.11	98.60
MQI	89.88	90.26	91.38	91.78	90.85	91.02	90.95	91.07	92.12	92.48

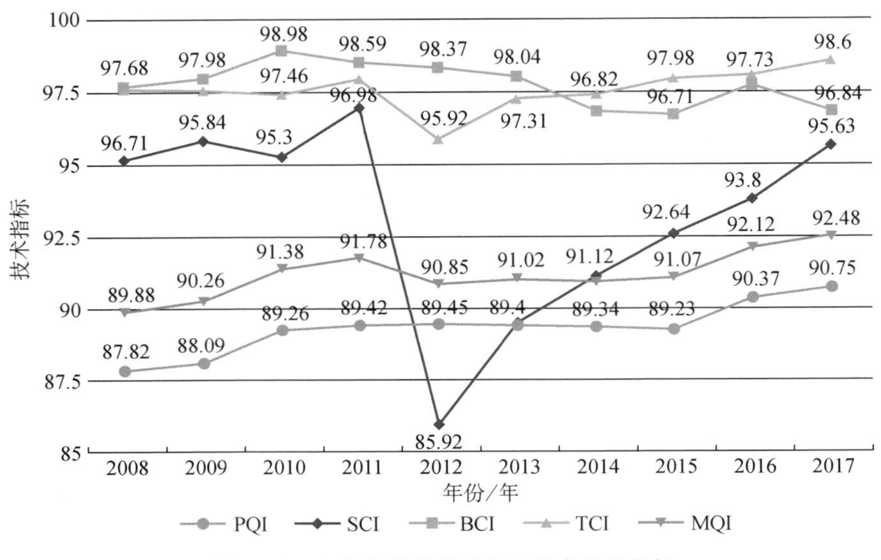

图 5-18 上海市管养公路历年技术状况指标

出现上述变化，主要原因如下：由于“迎世博 600 天整治”以及迎接 2011 年全国干线公路养护检查活动，2008—2011 年全市管养公路技术状况在不断进步，特别是 2011 年迎“国检”后，全市管养公路技术指标处于一个高点。然而 2011 年“国检”结束后，全市国省干线公路在养护维修方面投入较少，特别是高速公路，由于养护维修工程与实际需求之间缺口巨大，造成路况逐渐下降，但由于区管公路技术状况在不断进步，两种因素叠加后，使全市公路平均水平在 2012—2015 年基本稳定，略有下降。2015 年下半年，全市国省干线公路进行了新一轮迎“国检”活动，因此 2016 年以及 2017 年国省干线公路路面各项技术指标取得了明显的进步，特别是高速公路，路面技术指标出现了大幅提升，从而造成全市管养公路路面技术指标平均水平出现了显著提升。

2. 上海市公路桥梁运行安全技术状况分析

根据 2016 年度公路年报数据，上海市共有公路桥梁 11 266 座。为了全面掌握公路桥梁技术状况，确保结构安全受控，上海市路政局组织各区公路管理署及各高速公路管理公司对所辖范围内的公路桥梁进行定期检查及技术状况评定。截至 2017 年 11 月底，共完成 11 182 座桥梁的评定分析，另有 84 座桥梁因设施量调整未参与本次评定分析，评定分析率达 99.3%。

1）桥梁总体技术状况评定等级

根据《公路桥梁技术状况评定标准》(JTG/T H21—2011)，桥梁总体技术状况评定等级分为五类：

(1) 一类桥梁为全新状态，功能完善。

(2) 二类桥梁为有轻微缺损，对桥梁使用功能无影响。

(3) 三类桥梁为有中等缺损，尚能维持正常使用功能。

(4) 四类桥梁为主要构件有大的缺损，严重影响桥梁使用功能，或影响承载能力，不能保证正常使用。

(5) 五类桥梁为主要构件存在严重缺损，不能正常使用，危及桥梁安全，桥梁处于危险状态。

2) 2017年度桥梁评价分析总体结果

2017年度公路桥梁定期检查及评定工作依据《公路桥梁技术状况评定标准》(JTG/T H21—2011)，桥梁评价分析总体结果表明：

(1) 在11 182座公路桥梁中，一、二类桥梁共计10 516座，占总量的94.0%，一、二类桥梁的比例与2016年保持一致，表明全市公路桥梁结构安全状况整体受控。

(2) 2017年度共评定出四、五类桥梁17座，与2016年(41座四、五类桥)情况相比，全市公路四、五类桥梁的数量显著减少。针对这些桥梁，应尽快采取必要的改造或重建等工程措施，并采取相关的管理措施，如限载、限速通过、交通管制等，必要时关闭交通。

(3) 国、省、县道上桥梁的整体状况优于农村公路桥梁，四、五类桥梁主要为乡道及村道上的桥梁。

2015—2017年，全市公路桥梁技术状况等级总体比例基本保持一致，一、二类桥梁的比例保持在总量的93.0%以上；经过各单位的共同努力，四、五类桥梁的数量和比例均逐年下降。全市公路桥梁技术状况等级近三年来的变化情况如表5-7及图5-19所示，可以看到，一类、三类、四类及五类桥梁所占比例逐年降低，二类桥梁所占比例逐年增长，说明随着桥梁使用年限的增大，其逐渐从一类桥梁退化为二类桥梁。

表5-7　2015—2017年度全市公路桥梁技术状况等级对比

等级	2015年		2016年		2017年	
	数量/座	占比	数量/座	占比	数量/座	占比
一类	3 838	35.4%	3 879	34.8%	3 322	29.7%
二类	6 245	57.6%	6 605	59.1%	7 194	64.3%
三类	709	6.5%	627	5.7%	649	5.8%
四类	44	0.4%	36	0.3%	16	0.1%
五类	8	0.1%	5	0.1%	1	0.0%
合计	10 844	100%	11 152	100%	11 182	100%

对全市各桥梁的技术状况评分 *Dr* 进行计算，得出2017年度全市公路桥梁技术状况评分 *Dr* 值总平均值为90.51分，各区及各高速公路公司桥梁的 *Dr* 均值在79.69～100分。其中，有12家单位的桥梁 *Dr* 均值小于全市总平均值，分别为路政局(84.63分)、北环(89.15分)、沪嘉(88.59分)、沪昆(87.50分)、沪渝(89.75分)、嘉金(79.69分)、嘉浏(88.55分)、南环(88.23分)、宝山(87.21分)、嘉定(87.32分)、闵行(86.13分)、青浦(88.78分)。

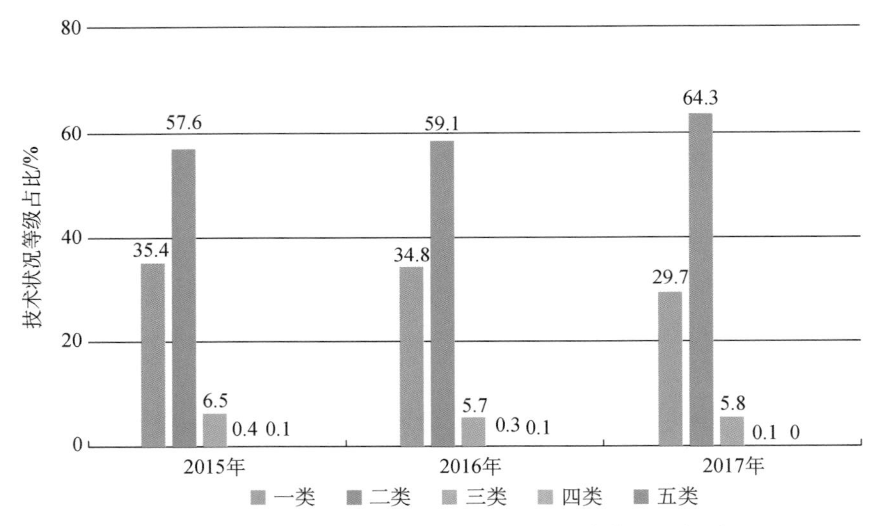

图 5-19 2015—2017 年度全市公路桥梁技术状况等级对比

本年度的四、五类桥梁主要为乡道及村道上的桥梁。从整体来看，国道、省道及县道桥梁的技术状况优于农村公路桥梁；数量上，国道桥梁 1 座，县道桥梁 1 座，乡道桥梁 13 座，村道桥梁 2 座。

本年度共评定出四、五类桥梁 17 座，其中四类桥梁 16 座，五类桥梁 1 座。16 座四类桥梁分布如下：路政局直管 1 座，嘉定区 5 座，金山区 2 座，闵行区 3 座，青浦区 3 座，松江区2 座。五类桥嘉定区 1 座。

本年度的 16 座四类桥梁中，国道桥梁 1 座，县道桥梁 1 座，乡道桥梁 12 座，村道桥梁2 座。按照桥梁规模划分，16 座四类桥梁中，特大桥梁 1 座，大桥梁 5 座，中桥梁 8 座，小桥梁 2 座。

本年度的 17 座四、五类桥梁，有 4 座为 20 世纪 70 年代建造，7 座为 80 年代建造，2 座为 90 年代建造，4 座为 2000 年以后建造。

3）上海市大型桥梁的典型隐患和损伤情况

结合现场调研和 2016—2018 年度桥梁检查检测报告，按照结构基本类型，分类分析和汇总上海市大型桥梁的典型隐患和损伤情况如下：

梁式桥典型隐患。梁式桥数量较多，且建造年代相对较早。调研结果表明，梁式桥在四类桥型中隐患较多且集中。主要结构隐患集中在桥墩盖梁，部分桥梁因为修建时间较早，混凝土结构出现破损。独立调查发现的结构损伤和隐患包括：①桥墩盖梁开裂、渗水；②主梁底部破损、开裂；③管道支撑构造物锈蚀；④构件变形变位严重。

拱桥典型隐患。主要隐患集中在混凝土拱肋的开裂、钢构件的锈蚀。发现的结构损伤和隐患具体包括：①拱脚裂缝；②系杆锚头锈蚀；③吊杆局部锈蚀；④主梁损伤。

斜拉桥典型隐患。斜拉桥结构实际隐患主要集中在拉索索梁锚固区和索塔锚固区，锚头和锚具出现锈蚀，部分斜拉索表面出现裂缝。独立调研发现的结构损伤和隐患具体包括：①索梁锚固区构造锈蚀；②索塔锚固区构造锈蚀；③斜拉索表面裂缝、渗水；④桥塔开裂、露筋；⑤混凝土桥墩开裂。

桥面系是保证车辆、行人通行安全舒适性的重要部件。调查发现的桥面系运营问题主要包括：①伸缩缝隐患普遍；②部分护栏锈蚀、破坏；③部分桥面铺装损伤。

3. 隧道运行安全技术状况分析

截至 2016 年年底，上海已投入运营的隧道共 18 条(图 5-20)，其中公路隧道 2 条：外环隧道和长江隧道。城市隧道 16 条，分别是：上中路隧道、翔殷路隧道、军工路隧道、大连路隧道、新建路隧道、延安东路隧道、人民路隧道、复兴东路隧道、西藏南路隧道、打浦路隧

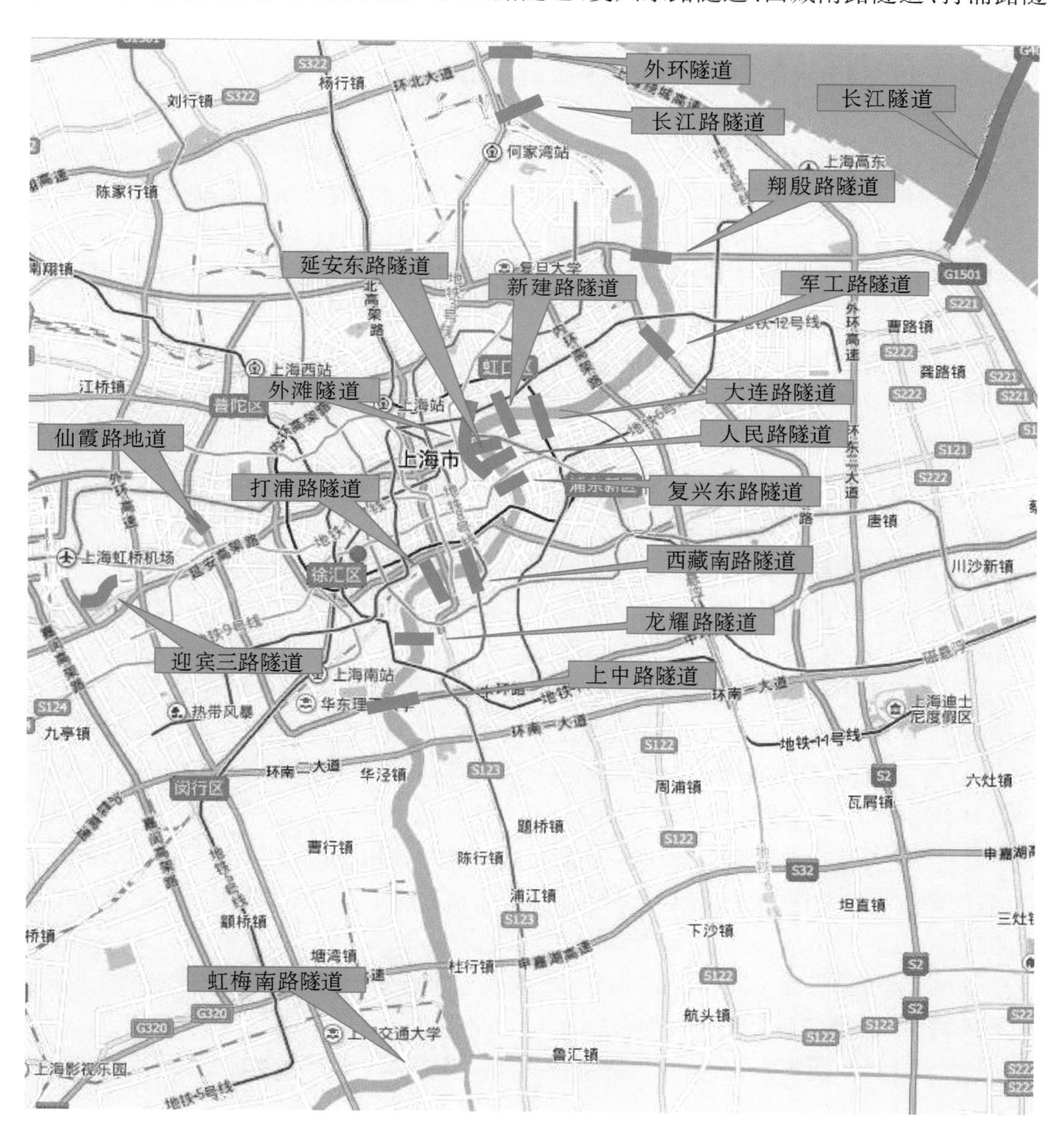

图 5-20 既有隧道的空间分布情况

道、龙耀路隧道、外滩隧道、迎宾三路地道、虹梅南路隧道、仙霞路地道、长江路隧道。

目前,上海市最老的隧道运营时间已经接近30年,隧道在长期运营过程中,由于周围环境的影响、材料的老化以及大量交通流量的负荷运行,使隧道结构出现不同程度的缺陷和损伤,导致隧道不同程度进入维修阶段。上海市隧道结构检测才刚刚起步,由于越江隧道的独特功能,交通繁忙,线路较长,日常维护检测的工作量大,而且白天无法对隧道进行相关养护、检测、维修,只能晚上进行相关工作。诸多因素导致目前对上海市隧道整体技术状况的了解不完整。

根据结构类型,这18条隧道中除了外环隧道为沉管隧道结构外,其余都是盾构隧道。目前已运行的18条隧道,在世博期间建成通车的共有7条,2009年之前建成的隧道共7条,2011年之后建成通车的隧道共有4条。

1) 隧道存在的主要隐患

经过对上海市既有隧道隐患的梳理,目前上海市已有隧道存在的主要隐患归总如下:

(1) 衬砌裂缝。衬砌(沉管管节和盾构管片)出现裂缝,对于沉管管节主要表现为环向裂缝,对于管片主要表现为纵向裂缝,同时部分管片纵缝出现纵缝张开情况,该类裂缝属于结构性裂缝,对衬砌受力性能造成影响,如外环隧道、人民路隧道、上中路隧道、大连路隧道等。

(2) 隧道渗漏水。渗漏部位包括矩形段和盾构段隧道侧墙、顶面和路面,主要集中在管片接缝位置。渗水程度不同,严重渗水位置出现明显涌水现象,如外滩隧道、翔殷路隧道、打浦路隧道、上中路隧道等。

(3) 隧道沉降和收敛数据整体趋于稳定状态,但不同路段变化趋势不同、局部路段有突变现象,需要进一步跟踪监测。

(4) 混凝土内衬开裂情况普遍,裂缝周围存在明显的已风干水渍,局部区域仍存在渗水现象,个别有明显的滴水情况;部分裂缝有修补痕迹;局部凿开之后开裂处多对应接缝位置或螺栓孔位置。

(5) 混凝土内衬和车行道板底部露筋锈蚀情况部分隧道表现较为普遍,部分钢筋严重锈蚀,往往成片出现,分布面积较大,如延安东路隧道和大连路隧道。

(6) 个别伸缩缝存在挤裂现象,伸缩缝两侧混凝土剪切开裂,甚至出现大面积脱落,如复兴东路隧道和外滩隧道。

(7) 路面普遍存在横向裂缝,同一位置往往伴随防撞墙开裂,且多数与路面裂缝连通贯穿,检测发现该裂缝为路面铺装层收缩裂缝,非结构受力裂缝,如复兴东路隧道和延安东路隧道。

(8) 各隧道均存在不同程度的路面坑槽或鼓包的情况,部分路面磨耗严重;防火板存在开裂、渗水;侧墙瓷砖存在开裂等隐患。

(9) 对于隧道机电系统,功能尚能基本满足使用需求,部分设备过于陈旧,某些隧道建设较早,部分机电系统设计已经无法满足现行规范的要求,亟须更新和升级,如大连路隧道、人民路隧道。

2）隧道状态分类

根据隧道隐患的出现特征和分布规律，可将隧道的状态分成五类：

ⅰ类：良好状态。无异常情况或异常情况轻微。

ⅱ类：轻微破损。存在轻微破损，需要重点关注。

ⅲ类：中等破损。存在破坏，发展缓慢，需要专项维修。

ⅳ类：严重破损。存在严重破坏，发展较快，需要大修。

ⅴ类：危险状态。存在严重破损，发展迅速，需要封闭交通。

迎宾三路地道和仙霞路地道的资料缺失，长江路隧道由于 2016 年 9 月才通车，缺少养护检测数据，故未在本报告中体现。其他 15 条隧道具体分析如下：

（1）在 15 条隧道中，整体处于良好状态的隧道有 8 条。

（2）外环隧道出现大面积的结构破损和接缝变形，发展较快，建议大修，属于ⅳ类。

（3）由于 204 号地块施工影响，导致人民路隧道部分区段出现大面积结构破损，上中路隧道存在管片开裂现象，虽然隧道整体结构安全处于可控状态，但是建议局部进行专项维修，属于ⅲ类。

（4）西藏南路隧道、龙耀路隧道、虹梅南路隧道保护区范围存在基坑施工，外滩隧道曾出现大面积接缝挤裂隐患，建议重点关注，属于ⅱ类。

（5）本次隧道检查未出现ⅴ类评级。

与 2015 年相比，ⅳ类隧道和ⅲ类隧道没有变化，整体隐患表现情况相似，其中人民路隧道 204 号地块施工影响区段隐患已经梳理清楚，建议联合各相关单位共同研讨确定后期维修加固方案并尽快实施。ⅱ类隧道从 2015 年的 2 条变成 4 条，主要是龙耀路隧道、虹梅南路隧道保护区范围存在基坑施工导致结构变形，需要重点关注。隧道具体分布情况如图 5-21 所示。

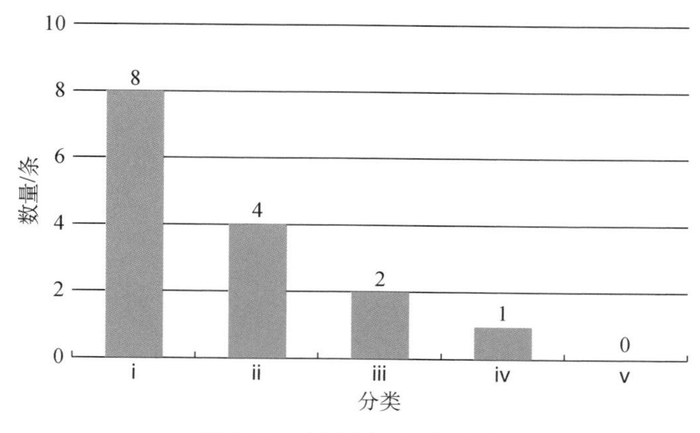

图 5-21　隧道状况评价分布

从结构形式上分析，15 条隧道中沉管隧道只有 1 条外环隧道，且评为ⅳ类；其余14 条盾构隧道中，评为ⅱ类及以上受不同程度破损的隧道共 6 条，如图 5-22 所示。

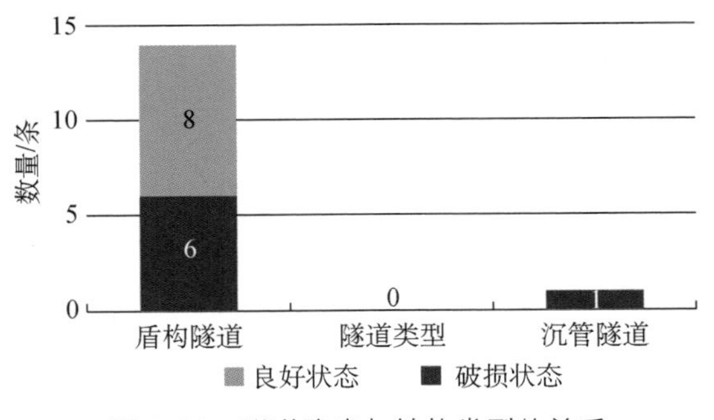

图 5-22　隧道隐患与结构类型的关系

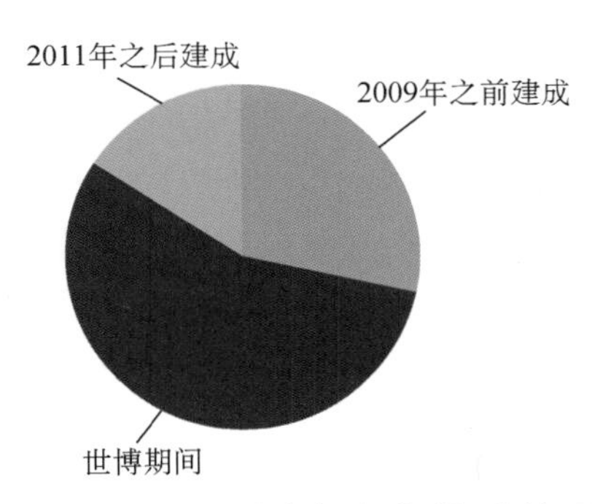

图 5-23　隧道隐患与建成时间的关系

3）隧道运营情况分析

根据建造年代和隐患发展，问题主要出现在世博期间建成通车的隧道，2011 年后建成的隧道由于运营时间较短，整体情况较好，如图 5-23 所示。

从周边环境的影响来看，人民路隧道、西藏南路隧道、龙耀路隧道、虹梅南路隧道都是因为周边地块的施工导致隧道结构出现局部损伤，由于隧道属于长距离的线状基础设施，对于不均匀沉降和差异沉降比较敏感，所以，如果在隧道保护区范围内出现其他施工项目，必须加强隧道的结构安全监测。

另外，从结构隐患的表现形式来看，目前存在明显隐患的 7 条隧道都存在明显的渗漏现象，其中出现衬砌裂缝的隐患有外环隧道、人民路隧道和上中路隧道，其中出现衬砌结构性裂缝是相对比较严重的隐患，出现概率为 43%。即衬砌裂缝始终是隧道结构检测的重点，一旦出现隧道衬砌结构性裂缝，通常意味着隐患发展比较严重，应该重点关注。

5.2.2　事故及成因分析

据上海市交通委数据统计，上海市未发生直接由市政基础设施运营期的事故而造成人员伤亡情况，而存在较多市政基础设施养护管理的安全事故。

2016 年设施养护施工事故于 G1501 高发，涉及养护施工人员事故发生路段情况如图 5-24 所示，G1501 维修性养护事故发生 4 起，S20 外环线维修性养护事故发生 1 起，日常性养护事故起数为 0。

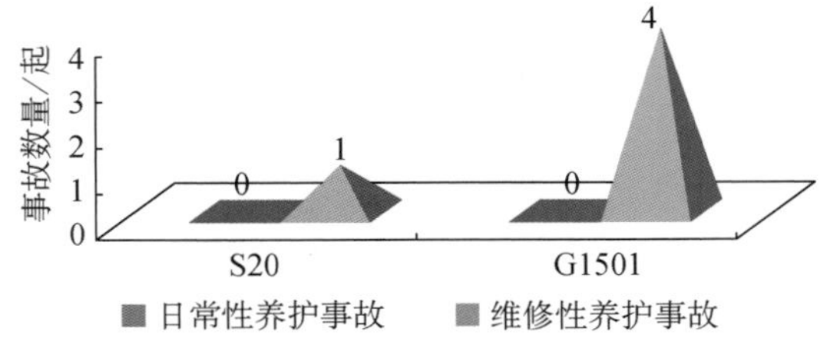

图 5-24　养护施工人员事故事发路段情况表

设施养护施工事故按时段分析，上午及深夜多发(6—12 时、18—24 时)，如图 5-25 所示；按设施养护施工事故的发生月份看，7 月多发，如图 5-26 所示。

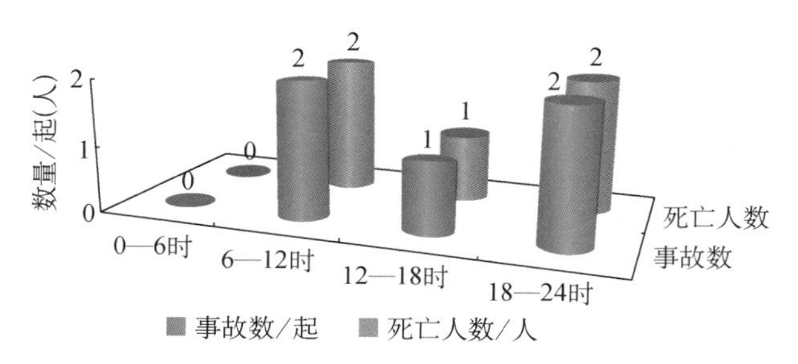

图 5-25 施工人员交通事故事发时间段情况表(按时段)

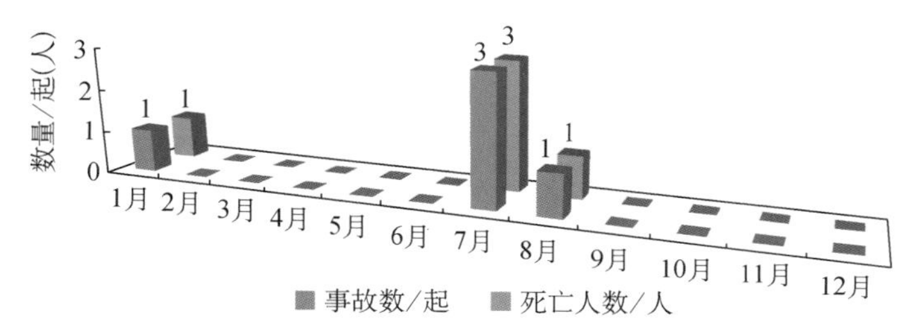

图 5-26 施工人员交通事故事发时间段情况表(按月度)

2016 年,上海市共发生运输车辆交通事故涉道路养护人员伤亡事故 11 起,造成 7 名养护工人死亡,同比上升 37.5%和 16.7%(2015 年 8 起,死亡 6 人)。其中,城市快速路养护(S20 外环线)5 起,高速公路养护 3 起,徐浦大桥养护 1 起,城市道路养护 2 起。城市快速路和高速公路的养护施工工人安全防护问题和隐患日益增大。

2017 年,上海市设施养护领域发生运行事故 8 起、死亡 4 人。

2018 年,设施养护发生运行事故 6 起、死亡 7 人,其中社会车辆闯入施工区域造成施工人员死亡事故 4 起、死亡 4 人,施工车辆被社会车辆追尾事故 1 起、死亡 2 人,施工人员施工过程中发生事故 1 起、死亡 1 人。

2015—2018 年市政基础设施养护运行事故数整体呈下降趋势,事故死亡人数没有表现出明显的下降趋势,如图 5-27 所示。

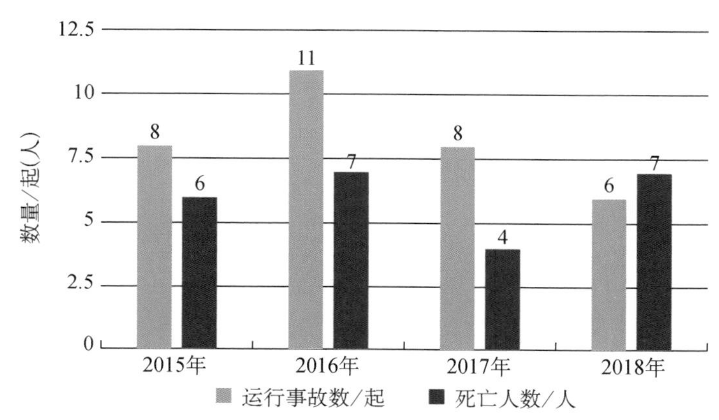

图 5-27 上海市 2015—2018 年市政基础设施养护运行事故情况

市政基础设施养护施工事故案例，如表 5-8 所示。

表 5-8　2016 年—2018 年市政基础设施养护施工事故案例

年份	时间地点	事故概况	死亡人数
2017	施工车辆撞人	4 月 11 日 13:45，沪松卫线(亭枫公路—金山大道)，G15 跨线桥西侧非机动车道处，1 名工人在安装非机动车道型钢伸缩缝止水带，1 辆沥青送料车从桥南侧擅自以倒车方式驶入非机动车道，将该人撞倒，紧急送医无效死亡	1
2017	桥梁被撞击	4 月 25 日 4:53，外白渡桥北苏州路，某建设工程有限公司一辆渣土车(重型自卸货车，空车)由南向北行驶至外白渡桥近北苏州路处发生交通事故，车辆撞上桥面隔离护栏，造成桥面钢梁变形，车辆严重受损，驾驶员受伤	0
2017	施工车辆撞人	11 月 11 日 13:10，G50 公路(上海段)西段路面专项维修工程 G50 公路(上海段)上行 54K＋700 m 处实施路面专项维修工程施工。大约在 13:10，施工单位的沥青送料车倒车时，将 1 名沥青摊铺工人撞倒，致其死亡	1
2018	车辆闯入撞击	4 月 3 日，崇明合五公路 3.7K 处，崇明公路养护公司正在该路段进行县道整治施工作业。1 辆混凝土搅拌车行驶至村办路合五公路路口时，为避让 1 辆小轿车，操作不当侧翻至养护作业施工区域内，导致养护工人 1 死 1 伤	1
2018	施工过程触电	4 月 23 日，宝安公路安晓路口东侧正在实施宝安公路中央隔离墩及部分路口渠化整治工程。吊车在吊装隔离墩过程中被高空高压电线吸引，造成 1 名工人触电死亡	1
2018	撞击施工车辆	7 月 25 日，崇明陈海公路上行 1 辆喷洒农药的洒水车被 1 辆菜篮子专用车追尾，事故造成洒水车 2 人死亡(1 名后部洒水工人，1 名驾驶员)。追尾车辆全责	2

从 2016—2018 年市政基础设施养护施工事故案例总结的特点看：一是社会车辆闯入施工区域事故较多发；二是现场作业人员安全意识不高，操作技能不强，安全防范措施未有效落实。

5.2.3　管理措施

1. 市政基础设施安全运行养护标准

中华人民共和国交通运输部 2015 年 3 月发布的《公路隧道养护技术规范》(JTG H12—2015)，全面代替《公路隧道养护技术规范》(JTG H12—2003)。结合最新的隧道管理养护经验对原规范进行了大幅度修改，重点引入了分级养护和技术状况评定的内容。新规范由总则、土建结构、机电设施、其他工程设施、安全管理组成，共计 5 章。对公路隧道结构检查的基本内容和采取的常规对策作出了明确规定，将结构检查分为日常检查、定期检查、特别检查和专项检查。该规范主要针对高速公路、一(二)级公路山岭隧道，特别是海上盾构隧道。

中华人民共和国住房和城乡建设部颁布的《城市桥梁养护技术规范》(CJJ 99—2003),主要针对城市桥梁及其附属设施的检测与评估做出了明确要求,其中第9章专门针对隧道养护,对隧道养护的内容和常规维护措施做了描述,相当于《公路隧道养护技术规范》(JTG H12—2003)的日常检查范畴,检测对象主要为山岭隧道。

针对上海隧道的特殊情况,上海市市政工程管理局于2005年专门颁布了《上海市隧道养护技术规程》(SZ-43—2005)。该规程适用于上海市域内车型隧道的养护和检查,重点在于盾构隧道。该规程对于隧道养护检测的内容和要求做出明确规定,主要包括隧道主体结构、附属设置、隧道环境测试。2015年,上海市城乡建设和管理委员会颁布了上海市工程建设规范《隧道养护技术规程》(DG/TJ 08-2175—2015),对隧道养护的相关条文进行了补充与规范。

对于机电系统,目前主要参照《公路工程质量检验评定标准(机电工程)》(JTG F80/2—2004)。该标准是开展公路工程机电项目检验评定的依据,主要内容包括:一般规定、监控设施、通信设施、收费设施、低压配电设施、照明设施、隧道机电设施等。其中第7章隧道机电设施部分专门就隧道机电系统检验评定的测试内容、检查方法和相应的技术指标做出明确规定。

在铁路隧道领域,中华人民共和国铁道部于2004年颁布了《铁路隧道衬砌质量无损检测规程》(TB 10223—2004),统一了铁路隧道衬砌质量无损检测的测试内容和技术要求,主要包括衬砌的厚度、强度、背后回填密实度和内部缺陷等。该规程主要适用于铁路隧道衬砌施工过程的质量控制和工程验收的质量无损检测。

中华人民共和国住房和城乡建设部2011年发布了《盾构隧道管片质量检测技术标准》(CJJ/T 164—2011),针对盾构管片的特点,对管片质量检测的具体内容、技术要求和检查方法做出规定,该标准主要适用于采用盾构法施工的盾构隧道混凝土管片和钢管片进场拼装施工前的检测和质量验收。

对于隧道结构技术状况评定,《铁路桥隧建筑物劣化评定标准隧道》(TB/T 2820.2—1997)将铁路隧道劣化等级划分为A、B、C、D四级,其中A级又细分为AA和A1两级;同时将隧道隐患分为隧道衬砌裂损、衬砌结构渗漏水、衬砌材料劣化三大类,并给出了不同类型隐患的劣化标准和评定方法。

针对上海市拥有大量盾构隧道的情况,上海市城乡建设和交通委员会于2013年发布了《盾构法隧道结构服役性能鉴定规范》(DG/TJ 08-2123—2013),该规范第一次系统地阐述了既有盾构隧道结构检查的内容和评定程序,尤其是隧道服役性能评定的工作程序和方法,这是隧道结构技术状况评估领域中的一大进步。

2. 市政基础设施安全运行管理举措

1) 市政基础设施防汛措施

上海市交通委员会根据市防汛办《关于开展汛前防汛安全大检查的通知》(沪汛办

〔2016〕16 号)、市安委办《关于开展汛期安全检查做好汛期安全生产工作的通知》(沪安委办〔2016〕10 号)的要求,在全行业开展了防汛安全大检查和隐患排查整改工作,梳理排查交通行业存在的隐患和风险点。主要工作总结如下:①预则立,提前部署交通行业防汛防台工作;②明责任,梳理明确各行业单位防汛工作职责;③重落实,积极开展行业防汛隐患排查工作;④再检查,开展多种形式的专项督查;⑤多演练,用实战提高一线部门的防汛能力;⑥备物资,充实基层单位防汛物资准备。

交通行业各管理单位在企业自查的基础上开展汛前检查工作。2017 年汛前及汛期中检查,市交通系统共排查隐患 1 729 项,完成整改 1 727 项,其余 2 处隐患(2 处雨水井水位过高,存在倒灌隐患)在年底前完成了整改。市路政局在入汛前重点检查了 6 个区的 12 条国省干线、11 座泵站、10 座下立交、3 座应急仓库、2 个道班,开展附属设施检查加固、绿化修剪加固、下立交警示系统检查等,完成嘉松中路沪宁立交一体式泵站项目建设。

据 2018 年防汛工作统计,市交通系统共排查隐患 1 375 项,在入汛前全部完成整改。市路政局在汛期前对市政交通设施的绿化、标志标牌、防噪声屏、照明等易产生安全隐患的附属设施进行检查、维修、加固,共检查 8 991 根标杆、13 221 块标志;对 62 座市管下立交泵站的泵机、视频监控、集水井等进行维修、保养和清淤;对市属设施沿线的窨井、明沟、边沟、排水管道等设施进行清理疏通。

2) 市政基础设施防火及应急救援措施

上海市交通委委员领导带队督导检查,组织专家现场检查,通过专项安全活动与日常检查相结合、明察与暗访相结合、会同横向管理部门联合检查等多种方式,对道路旅客运输、道路危险货物运输、城市公交和城市轨道交通运输、水路旅客运输、水路危险货物运输、港口危险货物储存作业、公路水运建设工程等行业开展综合安全(含消防)检查。督促企业落实主体消防责任,特别是轨道交通站点、客运车站候车室及客运码头候船厅等,严格按照消防标准配齐消防设施及人员,开展消防演练,对发现的消防隐患及时整改。

截至 2018 年 8 月,在高架、高速收费口和服务区等地的 650 多块情报板开展禁售禁放烟花爆竹的宣传工作。以东方明珠移动电视、公交站候车亭大屏幕、楼宇为载体,在 20 000 个公交车收视终端、1 085 幢楼宇分时段投放“禁售禁放烟花爆竹”公益宣传片,覆盖上海中心城区。发动搬场公司发放宣传单千余份,交通行业系统共发放宣传资料 15 万余份。

上海市交通委员会高度重视应急管理工作,健全各级应急管理机构,完善组织机制,层层落实工作责任。一是调整应急委组成人员。根据委系统各级领导的工作调整,及时调整应急管理工作领导小组,委主要领导担任领导小组主任;根据各区交通行政主管部门、委机关相关处室、委属相关单位的职务变动及时调整小组成员。二是进一步健全、完善应急指挥体系。加强与市预警中心、市防汛信息中心、机场集团、公安交警等相关联动单位的业务交流和工作对接,强化信息互通、行动联动,实现优势互补、资源共享。完成指挥大厅一体化管理,调整大厅各岗位工作职责,并梳理制定《运行指挥工作手册》《指挥大厅内部处置流程》《监控大厅和监控室外聘人员管理及考核办法(试行)》等规章制度。三是层层落实各级工作责任。市交通主管部门与所属行业管理机构、区交通主管部门签订行业安全监管责任书，与各行业管理机构、公共交通等重点行业企业签订安全责任书，进一步落实各方责任。

5.2.4 挑战与建议

1. 市政基础设施安全运行面临的挑战

市政基础设施安全运行所面临的挑战主要分为以下四个方面：

1）市政基础设施运营现状问题

市政基础设施结构可能存在的隐患复杂，对管养要求高；结构老化随时间加速，未来挑战严峻；基础管养设施尚不完善，亟待弥补短板；未来交通管控压力大，对应管养重点有所区别。

2）巡检养护

道路、桥梁及隧道巡检养护工作量巨大，管养模式面临挑战；巡检内容依照常规桥梁，对于特殊结构桥梁，养护重点不突出；养护工作部分滞后，工作效率有待提高；养护技术积累较少，技术力量有待加强；养护内容多，需要系统科学的养护决策方法；巡检养护档案管理有待加强；巡检养护工作量增加，相关资金须同步协调。修订的管养模式有待验证、磨合和优化；特大桥梁的养护工作内容需要进一步细化；特大桥梁养护技术、质量需要同步提升；养护模式需要总结，对其他桥梁的应用需要规划。

3）检查检测与健康监测

检查检测的基础工作有待完善；检查检测的质量有待提高，相应的监督体制需要完善；检查检测中特殊、专项检查需细化，地基基础状况需重视；未来市管道路、桥梁及隧道检查检测任务重，现有体制有待优化。

监测系统数据大、维护要求高，需对未来有预判；监测数据处理技术和报告形式有待优化；应急事件预警体系初步建立，尚需完善和落地；综合管理系统需要和现有养护体制进行磨合；先进监测技术的探索和引入机制有待建立。

4）隧道管理养护

隧道结构技术评定是隧道检查的最终目的，也是指导管养部门有效管理的关键，但目前仍处于起步和探索阶段。有必要结合既有城市隧道现场检测数据，对隧道典型隐患进行分类，通过数值模拟和隐患案例的统计分析，对典型隐患的成因进行挖掘，对隧道结构技术评定方法进一步深入研究和探讨。另外，既有隧道机电系统现场检查和评定规范尚为空白，机电系统的安全问题是隧道安全运行的巨大隐患。

2. 市政基础设施安全运行的建议

1）加强各类桥梁的管养管理

基于上海市桥梁安全运行所存在的问题，表5-9以梁式桥梁为例，给出桥梁管养工作中所需重点关注的问题。

表 5-9　梁式桥管养重点

构件	检查项目	检查内容
混凝土梁	裂缝观察	裂缝在哪些地方;裂缝三维图、腹板、顶板、底板
	渗水	箱梁节段间的接缝处与顶板的施工孔是否有渗水现象
钢主梁	锈蚀检查	底板、顶板、腹板等板件是否有锈蚀、变形现象
	连接节点和杆件、铆钉、销栓、焊缝的检查	有无锈蚀、变形或出现裂缝
	涂装	是否存在涂层损坏、剥落、老化等隐患
	渗水	钢箱梁节段间的接缝处是否有渗水现象
	疲劳裂缝	
下部结构	桥墩墩身裂缝检查	桥墩是否存在混凝土破损及露筋等现象
	滑动、倾斜检查	桥墩及基础是否滑动、倾斜、下沉等
	墩身表面清洁度检查	墩身表面是否保持清洁
	基础是否冲刷或掏空	
桥面系	桥面铺装	有无裂缝、局部坑槽、积水、沉陷、波浪、碎边
	排水设施	桥面排水管是否堵塞和破损
	人行道面层	是否存在网裂、开裂、塌陷或残缺等
	栏杆	有无撞坏、断裂、松动断裂或者残损
伸缩缝	伸缩缝堵塞、渗漏	有堵塞时应及时清除
	车通过是否有异常响声	有异响应及时维修
支座	固定螺栓松动、剪断	
	橡胶开裂、变硬、老化	
	垫石开裂、积水	
	脱空	
	限位装置卡死	
其他附属设施	挡墙、护坡	
	声屏障、灯光装饰	声屏障冲洗、老化
	避雷装置	避雷针接地线附近严禁堆放物品和修建任何设施;严禁挖掘地线的覆土,并应采取防冲刷措施
	桥头引道是否平顺	
	桥上交通信号、标志、标线、照明设施	是否损坏、老化、失效,是否需要更换
	结构物内供养护维修的照明系统	是否完好
	桥上的路用通信、供电线路及设备	是否完好
	机电系统、交通监控系统、结构健康监测系统	是否运行正常

除日常巡检外，桥梁养护工作周期应以周为单位，一方面与桥梁管养频率相对应，另一方面也方便养护工作的安排与开展。

建立多方协调工作机制。针对养护作业，管养单位应建立与交警、城管执法、环保部门形成四方联动；建立审批及监管机制，养护作业按年度进行报批备案，并作好社会告示；针对超载管理、应急处置等，管养单位应与交警、城管执法等多部门形成联动管理，建立信息共享机制。

2）决策方法科学化

目前各座大桥及隧道均有部分损伤，随着时间的推移，结构构件的材料和退化会使得未来养护工作量不断增加。各种不同程度、不同范围的养护工作需要计划安排，综合考虑结构运营安全、维修工作量、维修成本等问题，依据科学的决策办法来管理相关的养护工作。建议从以下三个方面进行优化：

（1）引入第三方评估咨询和专家库，对技术方案进行审查，提出优化建议。

（2）通过加强行业联系，搭建养护技术交流平台，组织养护技术学习培训，学习借鉴先进的桥梁养护管理的办法和经验，开拓工作思路。

（3）加强与高校等科研单位的联系，通过科研工作和专项解决方案等形式引入先进的养护决策方法。

3）加强大型跨江桥梁及隧道安全评估和科学决策体系研究

近年来，随着交通建设的快速发展，在复杂道路桥梁的施工及运营管理方面也取得了一定的成绩，相关部门陆续出台了相应的管理法规和政策，但是结合具体的项目特点，对关键施工过程中的技术风险及后期运营管理中的风险控制仍然是难点。这一过程中风险的特点包括：评估目标复杂，评估要求高；风险发生的不确定性高，影响风险管理的因素众多；风险等级随施工进展及后期运营动态变化且二者相关性高；风险管理环节多，受个人经验影响明显，具体管理过程困难等。其中，对关键技术风险的定量评估是难点，特别是如何全面考虑项目特点、环境变化、人员等因素综合后描述风险的演化过程。这需要结合结构分析、安全管理等方面的研究成果并进行系统研究。

5.3 轨道交通

5.3.1 概况

经过近30年的建设发展，目前全网共计17条线路，运营总里程达705 km，居全球第一；另有约128 km线路在建。网络单日最高客流超过1 329万人次，在全市公共交通客流中占比约63%。经过多年运营，不断发现和总结上海轨道交通安全问题，已逐渐探索并形成了一系列安全运营模式。

2015年，公共交通客运总量达66.4亿人次，日均客运量达1 820万人次，其中轨道交通客运量占46.2%。2016年，轨道交通实施增能提效工程，通过缩小发车间隔、车站扩容改造、部分线路周末延时服务等措施，服务能力明显提高，全年完成客运量 34 亿人次，日均客运达到 929 万人次，同比增长 10.8%，占公共交通的比例达到 50.7%。骨干作用进一步凸显，圆满完成迪士尼开园、G20 峰会、全球健康促进大会等重大活动、国家会展中心等重点地区，春节、黄金周等重大节日的交通保障工作。2017 年，上海全面推动实施既有轨道交通线路运能提升项目，实施人民广场、沈杜公路、张江车站扩容改造，稳步推进网络挖潜增能。7 条线路实施增能，提前完成增能 5%的年度目标。实现中心城 6 条线路在国庆、元旦等重大节假日以及周末延时运营。客流稳步增长。2018 年，上海推进轨道交通增能提效，积极实施补短板项目。通过增购列车、扩大编组、减少间隔、延时运营等，进一步增能提效。全面实现中心城区 12 条线路(除 5，16，17、浦江线、磁浮线)高峰时段最小运行间隔在 3 min 以内，力争 8 条线路(1，3，4，6，7，8，9，11)控制在 2.5 min 的水平。实现 2 号线东延伸“4 改 8”(4 节改为 8 节车辆编组)贯通运营、5 号线 6 节编组列车上线运行。围绕网络大客流、行车安全管控等重大风险源和风险环节，进一步巩固源头防控机制，推进专项治理与长效管理有机结合。台风“温比亚”经过期间，6 号线港城路站—巨峰路站、浦江线全线停运，16 号线全线、2 号线凌空路站—浦东国际机场站、6 号线博兴路站—港城路站限速 45 km/h 运行。

总体而言，“十三五”期间，轨道交通将增强供应能力，围绕车辆增购、车站疏散能力、线路通行能力实施扩容改造，有效提升既有运营线路的运能水平，逐步实现高峰期增能 2.7%的目标；积极推进 2 号线 8 节编组列车贯通运行、16 号线“3 改 6”等项目实施；继续提高运行效率，逐步实现中心城区行车间隔普遍缩短至 2.5 min 左右，部分骨干线路力争缩短至 2 min 左右。

5.3.2 事故及成因分析

上海市轨道交通未发生因轨道交通基础设施本身结构而导致的伤亡事故，但轨道交通运行安全仍不容忽视。轨道交通属于人员密集场所，在运营过程中，因自然灾害、人为因素、突发事件等造成轨道交通设施结构变形及失效，会引发非常严重的安全事故。对轨道交通在运营过程中的典型安全隐患和事故及其成因分析如下。

1. 轨道交通运营典型安全隐患和事故

1) 自然灾害导致的运营事故

2016 年，上海市交通委加大行业安全监管力度，轨道交通作业未发生安全上报事故。2017 年，轨道交通区域发生火灾 4 起渗漏水事故。

2016 年，汛期轨道交通的主要汛情为车站渗漏水，主要原因为建筑装饰漏水。汛期全路网 338 座车站及配属基地共发生 254 起渗漏水事故。

2017 年 6 月 30 日 17 时 8 分至 19 时 20 分，上海中心气象台发布大风黄色预警。预警期间，上海轨道交通高架线路发生两起外来异物侵限事件。18 时 5 分，上海轨道交通 11 号线昌吉东路站—上海汽车城站下行因一块广告布侵入，造成 1175 号车受电弓与触网发生缠绕迫停，导致晚高峰期间上海汽车城下行晚点 25 min。18 时 20 分，上海轨道交通3 号线殷高路至江湾镇下行因一条横幅侵入，造成该区段实施非正常运行通过方式。7 月 5 日上午，针对“6 • 30”轨道交通 11 号线触网事故，上海市交通委员会轨道交通处会同上海地铁第二运营有限公司、轨交公安虹桥枢纽派出所约谈相关负责人，落实相关单位、相关人员必须对市场内的各类高空广告牌、彩钢板等搭建物进行安全检查，在即将到来的夏季台风季节做好加固、清理等保障措施。

2）人为因素导致的运营事故

2010 年 11 月 7 日凌晨，某公司的锅炉发生爆炸，锅炉顶盖飞出，击中 9 号线泗泾站至九亭站区间高架桥 114 号墩柱，导致墩柱严重受损。由于事故冲击力较大，受冲击墩柱及以上整个柱顶支承系统构造已无法满足正常安全运行要求，建议采用外包钢板加固受损墩柱，并更换 114 号墩顶所有 8 个支座，采取有效技术措施整治垫石及支座锚固状态，如图 5-28 所示。

图 5-28　114 号墩柱损伤现场情况

3）结构的典型隐患

在运营过程中，轨道交通结构存在不同程度的安全隐患。

（1）如图 5-29 所示，某地铁区间，车站与隧道交界处存在明显不均匀的差异沉降，导致隧道出现不同程度的渗漏水。这是由于车站本体和隧道连接部位的纵向刚度差异较大，基础刚度不一致所致。

图 5-29　车站与隧道交界处存在差异沉降

（2）如图 5-30 所示，某地铁区间，在区间旁通道和泵站两侧一定范围内存在明显的不均匀沉降，导致隧道渗漏水较其他部位明显。主要原因是地质条件复杂、施工经验不足或施工方法不当，该部位累计沉降和不均匀沉降要比其他部位大。

图 5-30 旁通道不均匀沉降

(3) 隧道变形较大的部位通常为在隧道施工期间发生过事故或存在工程质量问题的地方,因施工对隧道周围土层扰动过大,致使工后发生了较大的固结和次固结沉降变形。

(4) 一般来讲,隧道环缝、十字缝及 T 形缝发生渗漏水相对较多,通缝渗漏水相对较少。隧道防水是一个系统工程,需要在建设期间加强对隧道渗漏水机理、防治的研究,为隧道运营维修创造条件。

(5) 如图 5-31 所示,某地铁区间,隧道两侧一定范围内存在大量各类加卸载及降水等工程活动,使隧道产生了新的附加变形。特别是大型复杂基坑工程,开挖深度深、影响范围大、施工时间长、降压降水时间长、变形控制难度大及工后影响时间长等,导致地层和隧道变形量大。目前,后建隧道要穿越已建隧道,尽管施工期间进行了严格的信息化施工控制,但因隧道接缝的长期渗漏水和振动影响,施工后还是发生了一定的不均匀沉降变形。

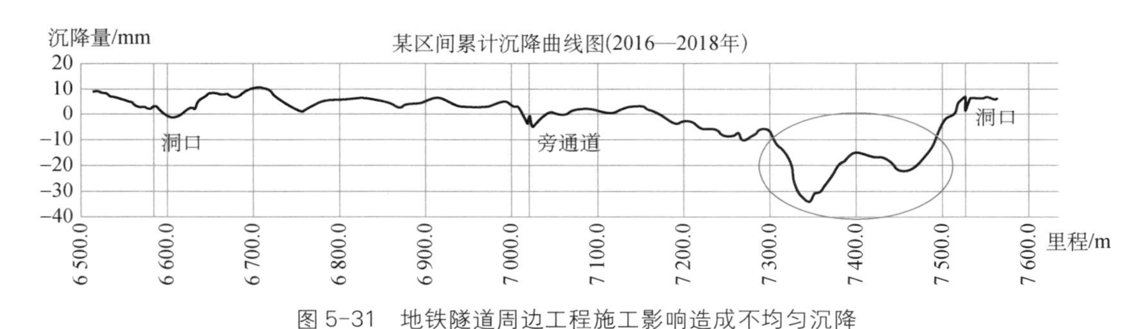

图 5-31 地铁隧道周边工程施工影响造成不均匀沉降

常见隧道隐患情况如图 5-32 所示。

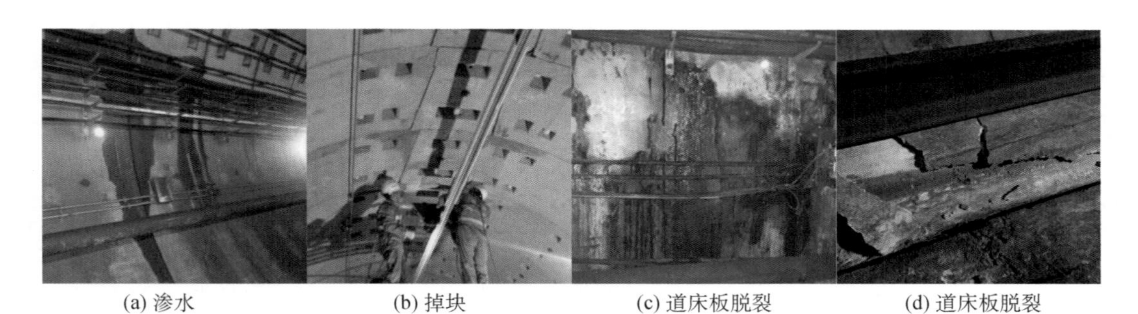

(a) 渗水　(b) 掉块　(c) 道床板脱裂　(d) 道床板脱裂

图 5-32 隧道常见隐患

2. 轨道交通运营典型安全隐患的成因

地铁隧道结构变形，主要与下列因素相关。

1）设计施工质量

凡在隧道施工期间发生过事故、产生过较大变形的部位，或存在施工质量问题的地段，在隧道投入运营后的变形也较大。建设施工质量和扰动过的环境对隧道变形影响最直接。

2）地面区域性沉降

影响地面沉降的因素比较复杂，既有历史原因，也有各类工程活动的影响，如地下水开采、建筑施工及各类降压降水作业等。通过对比发现，地铁隧道沉降与地面沉降之间存在一定的联系和规律，如果地面沉降量大，经过此区域的地铁隧道沉降量也比较大。

3）隧道差异沉降

地铁建成初期，沉降和差异沉降一般均较小，隧道在纵向的弯曲变形很小，横断面接缝开裂也很小。因此，环缝的渗漏从统计上来说是比较均匀的。随着隧道沉降的变大，部分区段出现了不均匀沉降，使隧道出现纵向弯曲变形，从而使横断面上侧和下侧接缝的开裂情况朝着不同方向发展，导致隧道产生渗漏水。

4）列车运营振动

隧道接缝部位的施工质量和防渗漏水可靠性，列车动荷载水平、行车密度、振动频，地质条件等都是影响土层振陷的重要因素。在隧道刚投入运营时，隧道周围土层的固结沉降尚未完全结束，随着列车行车密度增加，线路通过的荷载量增加，隧道沉降速率有迅速增加的趋势。在隧道投入运营几年后，隧道的沉降速率逐渐趋缓。实践证明，加强对运营隧道渗漏水部位的治理，加大防渗漏水方面的投入，对控制和减小隧道纵向变形至关重要。

5）隧道上方加载与卸载

地铁隧道上方若存在加载（如堆土、绿化、市政排管等）、卸载（如房屋拆除、卸土等），地铁保护区内若存在多个施工项目（如基坑工程、顶管工程等），会造成施工在时间和空间上相互交错，隧道周围工程与隧道呈现深、大、近、难、险的关系。一个深大基坑降压降水有时要抽排地下水数千立方米，多则达上万立方米，而且时间较长。这些工程的长时间施工给地铁隧道变形带来直接或间接的影响，而且这种的影响是巨大的、长期性的和不可逆转的。由于每一项工程规模、深浅、距地铁的远近、施工水平和工期不同，虽然施工时也进行了严格的施工控制和地铁监控，但每一项建筑活动都导致该处形成一个明显的沉降漏斗。

6）隧道之间的穿越施工

大量市政隧道（或通道）在地铁隧道附近或上下部穿越施工，这些工程的施工引起既有结构发生隆沉和渗漏水现象，运营后的长期相互影响还会造成明显程度的差异。对于隧道变形较大的区段，可通过适当调整扣件、道床局部改造和线路顺坡等措施来满足线路的运营安全。如隧道纵向变形进一步发展，就要通过实施大范围的隧道底部注浆、道床改造、调整线路坡度及更换扣件等综合性措施来保障线路安全正常运营。若在不中断运营的情况下消除结构缺陷,施工难度和施工风险都比较高。因此,后续换乘线路的车站及盾构线路施工势必会对既有地铁造成一定影响,因此需重点关注。

5.3.3 管理措施

1. 发展智能绿色交通

上海市交通委在"十三五"总体规划中,推进智能交通发展,启动本市智能交通发展顶层设计研究,形成本市智能交通发展框架体系。加快交通行业数据中心建设,形成覆盖全行业的综合数据库,建立数据交换共享枢纽,初步建成各项主题综合应用。促进中心城区、远郊区公交信息化,2016 年年底实现公交实时到站信息发布全覆盖。推进"智慧出行"App 的应用和建设,加强出行服务与信息服务的集成。

同时,推动轨道交通绿色发展战略,引入绿色能源、能馈系统,推进变频技术和列车轻量化技术的发展与应用,有序开展既有线路的节能改造,推进能耗的精细化管理。

2017 年,增强科技创新能力。把握交通行业科技发展的战略重点,推进重大科技专项和重点科技计划,争取在一些重点领域和关键环节取得突破。结合行业众创空间服务平台和物联网等新技术,加快构建以企业为主体、市场为导向的行业自主创新体系。

2018 年,加快综合交通业务平台建设。以流程再造为核心,以信息化建设为抓手,加快信息和业务的整合,推进综合业务平台的一期完善和二期建设。完善"智慧交通出行"App 服务,扩大信息覆盖面,提升市民感受度及体验度。扩展行业数据中心(二期)建设,进一步完善行业数据规范和数据交换标准,满足不同层面的业务协同和数据共享需求。发展"人工智能+交通"。申通地铁从 2018 年 1 月 20 日起全网试行刷码过闸机,大幅提高乘车便捷性。

2. 加强基础设施检测、维护和管理

《上海交通港航安全发展白皮书》指出,轨道交通未来要依托第三方机构,严格实施轨道交通新线开通运营条件和既有线路的定期安全评估。加强轨道交通安全保护区管理,完善安全保护区巡查制度,加大对违法违规行为的执法力度。

同时,加强轨道交通设施维护管理。建立轨道交通土建工程、车辆和运营等设施、设备检查和维修台账制度,对轨道交通关键部位和设备进行定期和长期监测。加强轨道交通防汛设施、管线、供电和信号系统检查维护,建立权属单位与运营单位共享管线基本信息制度和运行状态通报制度。

加强轨道交通安保设施建设。完善车站、地面、高架线路、站前广场、车厢、通风亭、冷却塔和变电站等视频监控系统,强化防护网、防护栏及屏蔽门等物理防护设施。

加强轨道交通大客流安全防控。科学合理利用轨道交通运能,通过优化行车组织、车站限流、闸机设置等措施,确保轨道交通安全运行。强化大客流应急联动,完善保障车站

大客流集散的公交联动运输计划。加强重大活动、节假日下轨道交通大客流安全风险防控。

针对设备故障情况，上海地铁积极开展智能监测及诊断识别技术，通过对运营关键设施设备的监测，保障设备安全，采用“用、产、学、研”的方式，形成接触网、轨道、隧道结构、供电系统等设施的检测、监测和维护系统。

3. 完善轨道交通指挥和安全管理体系

防范遏制交通运营重特大安全生产责任事故，持续降低交通事故率和死亡率。公共汽(电)车责任事故死亡率不高于0.035人/百万车公里，轨道交通责任事故死亡率保持0人/百万车公里。

落实“四长联动”应急机制。2017年，市交通委开展轨道交通车站应对大客流“四长联动”应急处置机制动员部署，完成大部分站区和普通站的“四长联动”机制建设工作，推进轨道交通车站应对大客流“四长联动”应急处置机制方案的编制工作，组织开展“四长联动”演练，鼓励乘客参与演练。公安、应急管理、交通以及轨道交通企业、街道、社区密切协同联动，提高了应急现场处置能力。

强化轨道交通运营监控。2018年，市交通委出台并实施《推进上海交通行业安全生产领域改革发展的实施意见》。开展“平安交通百日行动”，组织开展轨道交通跨部门联合督查。上海市安全生产监督管理局大力开展安全专项整治，组织开展轨道交通进口博览会安全督查百日行动，开展督查13次，检查车站15座、轨道交通基地1处，排查隐患45处，已全部完成整改。

完善轨道交通运营安全协调机制和安全管理组织体系。健全轨道交通运营安全管理对接会议制度。组建轨道交通运营安全管理技术专家队伍，推进标准规范建设、运营风险防范等工作。

加强轨道交通安全保障体系建设。修订轨道交通运营事故应急处置预案，规范轨道交通事故等级标准及应急处置规定。健全应急抢修体系，完善突发事件应急响应信息系统，优化抢修网络，加强专业应急抢修和救援。

强化高危行业安全准入标准。严控轨道交通安全保护区作业、道路旅客及危险货物运输、超限车辆运输等行政许可，强化事中及事后监管。

4. 完善轨道交通管理

自2000年起，上海地铁逐渐将轨道交通运营管理引向制度化、标准化和模式化。目前，已颁布实施的管理章程如下。

(1)《上海市轨道交通管理条例》(以下简称《条例》)。该《条例》经2002年5月21日上海市十一届人大常委会第39次会议通过；根据2006年6月22日上海市十二届人大常委会第28次会议《关于修改〈上海市轨道交通管理条例〉的决定》进行第1次修正；根据2010年9月17日上海市十三届人大常委会第21次会议《关于修改本市部分地方性法规的决定》进行第2次修正;2013年11月21日上海市十四届人大常委会第9次会议修订,2013年11月21日上海市人民代表大会常务委员会公告第5号公布。《条例》分总则、规划和建设、运营服务、安全管理、法律责任、附则6章56条,自2014年1月1日起施行。

(2)《上海市轨道交通运营安全管理办法》(以下简称《办法》)。该《办法》于2009年由上海市人民政府颁布,适用于本市轨道交通的运营安全保障及其相关管理活动。

(3)此外,还包括《上海市轨道交通运营服务规范》和《上海市轨道交通乘客守则》等。

5.3.4 挑战与建议

上海市轨道交通在精细化的管理与运营下,少有安全事故发生。然而,轨道交通为人员密集区域,其安全问题需要我们时刻关注。

1. 轨道交通运行安全面临的挑战

在"十三五"规划快要结束,"十四五"规划即将来临之际,上海市轨道交通安全运行面临的主要挑战包括外来及不可抗力因素导致的风险、网络化时代的安全意识与管理、新线接入后与既有线网协调发展、轨道交通安全运行智能化发展等方面。

1)外来因素及不可抗力因素威胁运营安全

一方面,城市轨道交通区域的违法施工、偷盗、人员侵限及异物侵限等外来因素始终威胁着轨道交通的安全运行;另一方面,上海市地处滨江地带,台风、暴雨、冰冻、积雪等自然灾害始终是不容忽视的风险隐患,容易造成大面积设施损坏,甚至造成轨道交通停运。

2)安全意识、自主维修和应急救援能力有待提高

网络化运营安全意识,特别是安全风险意识有待提高,关键设备还不能实现自主维修,应急救援能力还未得到全面有效的检验。轨道交通管理运营人员及广大市民应加强安全风险意识,发现问题及时上报。

3)新线接入后与既有线网协调发展

城市轨道交通新线接入问题已经引起国内规划和运营单位的广泛关注。由于轨道交通新线的线型、功能、接入方式的多元性及客流需求的多样化,以往传统单一的运输组织方式已渐渐无法适应当前乃至今后新线接入的需求,迫切需要研究与路网不断发展相适应的运输组织新方式。

4)城市轨道交通安全运行的智能化发展

智能化城市轨道交通系统是高新自动控制技术在城市轨道交通领域的综合体现,它充分利用信息传输和自动化处理技术,在提高现有交通设施利用率方面发挥着极为重要的作用。国外已运营的一些城市轨道交通线路中,采用GIS技术对运营信息进行数据采集、处理和反馈,实现了城市轨道交通运行、事故防范、疏散救援的自动化,对保证列车运行与乘客安全发挥着重要作用。目前,国内城市轨道交通机电设备系统技术标准较高,但整体集成水平不高。上海市应该开展城市轨道交通安全保障体系研究,综合研制具有高度智能化、集成化的事故防范预警系统和安全疏散、救援系统。

2. 轨道交通运行安全的建议

1) 完善运营重点区域、重大风险的管理体系

由于轨道交通与市民出行关系密切，社会关注度也明显比道路运输、内河运输、港口生产等其他领域高。轨道交通运营中，尤其是早晚高峰期间，由于设备故障造成的列车晚点、清客或救援事件仍然多发。因此，轨道交通运行安全仍不容忽视，应围绕网络大客流、行车安全管控等重大风险源和风险环节，进一步巩固源头防控机制，健全轨道交通应急指挥体系，推进专项治理与长效管理有机结合，保障全网络安全运行。

2) 建立地铁火灾场景的有效管控、应急预警与应急演练

上海“一高(高层)、一低(轨道交通、地下空间)、一大(大型综合体)、一化(石化企业)”的特征尤为明显，无论从规模体量、空间密度，还是从风险等级、防控难度来看，这些地方都是消防安全的高风险领域。同时，随着时间推移，这些场所的设施、设备和材料老化等问题有可能集中爆发，应建立地铁火灾场景的有效管控与应急预警机制，从而确保火灾隐患“防得住、灭得了、拿得下”，在建立应急预警的同时，推动市级牵头部门定期开展应急拉动演练。

3) 结构隐患的集中爆发与预防性养护

上海轨道交通经过数十年的发展，处于运营期的结构数量越来越多，对结构运营养护的需求越来越多、要求越来越高。特别是集中建设后类型相似的结构，同种隐患可能集中爆发，如梁式桥的下部结构开裂问题、隧道不均匀沉降问题、隧道管片渗水开裂问题等；对于特殊的结构构造，各类隐患可能先后出现。这对运营安全管理和预防性养护提出了极高的要求。

4) 轨道交通养护、评估规范的制订

相比于公路桥梁、城市桥梁、铁路设施明确而完善的养护评估体系，目前，轨道交通结构和设施的管理养护尚处于参照相近行业规范、结合企业经验和行业特点进行养护作业的阶段。养护、评估工作缺少系统、科学、统一和有公信力的标准，成为制约轨道交通设施管养的一大因素。上海地区宜结合自身实际经验开展运营期相关标准的编制，使今后的养护工作有统一遵循的标准。

第6章 火灾消防安全

随着城镇化进程不断加速，人口流动加剧，城市规模日益扩大，高层建筑林立、地下空间纵横交错、交通车辆密布、燃气管线密集等造成的问题日益突出，电器设备故障、生活用火不慎、违章操作、放火、玩火等多种因素以及其他事件引发的火灾事故频发，火灾已经成为我国城市中多发性、破坏性和影响性较强的灾种之一。同时，人们对生活水平的要求更高，内容更加丰富，致使传统性和非传统性火灾因素不断增加，给现代消防工作的开展带来了巨大挑战。

6.1 概况

上海市是常住人口超过 2 400 万的全国性超大城市，经济总量高、人口流量大、建筑种类丰富且建筑密度大，财产集中，火灾隐患也多，一旦发生火灾往往会造成巨大的经济损失、人员伤亡，甚至影响社会的和谐安定。

6.1.1 上海市消防安全概况

上海拥有 24 m 以上的高层建筑约 3.1 万幢，其中，100 m 以上的超高层建筑近 600 幢；拥有建筑面积 3 万 m^2 以上的大型商业综合体 200 余家；拥有 17 条线路、415 座车站、700 多 km 的轨道交通网络，还拥有黄浦江越江隧道 14 条，总长 42.9 km；此外，还有易燃易爆场所 1.7 万余处，危化品总储量 3 000 万 t，涉及品种 2 700 多种。随着长三角一体化发展进程不断加快，一批以大体量、大纵深、大跨度、大交通、大物流为特征的大型交通枢纽、会展场所、物流中心、金融数据库等公共场所相继落地，超规范建筑、世界级难题将给消防安全前端防范、过程监管和事后处置带来更大的挑战。

除了大型建筑外，上海有老旧小区 3 500 余个，该类小区耐火等级低，改造相对缓慢，生产、住宿、储存“三合一”场所往往成为火灾的高发场所。

此外，上海电动自行车保有量约 700 万辆，保有量大，质量参差不齐，且日常管理困难，一旦引发火灾，容易造成人员伤亡。

6.1.2 上海市消防救援队伍概况

上海市消防救援总队机关设司令部、政治部、后勤部、防火监督部 4 个部门，下辖 20 个消防支队，其中 16 个区支队，化工区、水上、轨道 3 个系统支队，1 个特勤支队；支队下设 9 个消防大队(仅浦东下设大队)、150 个消防中队。配备消防人员 7 000 余人,各类消防车 977 辆(其中灭火类消防车 554 辆,举高消防车 105 辆,专勤类消防车 133 辆,战勤保障类消防车 128 辆,消防摩托车 38 辆,排爆空勤等消防车 19 辆);共有装备器材 10.6 万件(套)(其中防护装备 9.3 万件,抢险救援器材 1.25 万件(套),消防船艇 39 艘,消防直升机1 架,无人飞行器 27 架)。

经过近年城市建设,上海市政府专职消防队、企事业单位专职消防队、志愿消防队、合同制消防队互为补充的消防力量体系初步形成。截至目前,上海市共有政府专职消防队 32 个,执勤消防车 43 辆,总人数 379 人,采用 24 h 驻勤准军事化管理;保留和巩固企事业单位专职消防队 114 个,执勤消防车 187 辆,总人数 2 883 人,主要分布在大型发电厂、民用机场、重要港口、易燃易爆危险物品装卸专用码头、大型修造船厂、城市轨交综合维修基地、生产与储存易燃易爆危险品的大型企业、储备可燃重要物资的仓库与基地等单位。

6.2 事故、隐患及成因分析

6.2.1 上海市近年来火灾事故现状分析

1. 火灾形势总体平稳

根据《上海统计年鉴》中火灾情况统计结果如图 6-1、图 6-2 所示,近 20 年来,上海市火灾数量和经济损失呈波动变化:2000—2010 年间,出现了火灾数量、经济损失以及人员伤亡较大幅度增长的现象;2011—2018 年,火灾发生情况总体平缓下降。

2016—2018 年,上海未发生重大及以上火灾事故,火灾发生次数以及直接经济损失连续 3 年持续下降。2017 年,已实现全市烟花爆竹引发火灾数为零、烟花爆竹致伤数为零的目标,连续两年实现外环线以内区域烟花爆竹“零燃放”、外环线以外区域燃放量明显减少的目标。

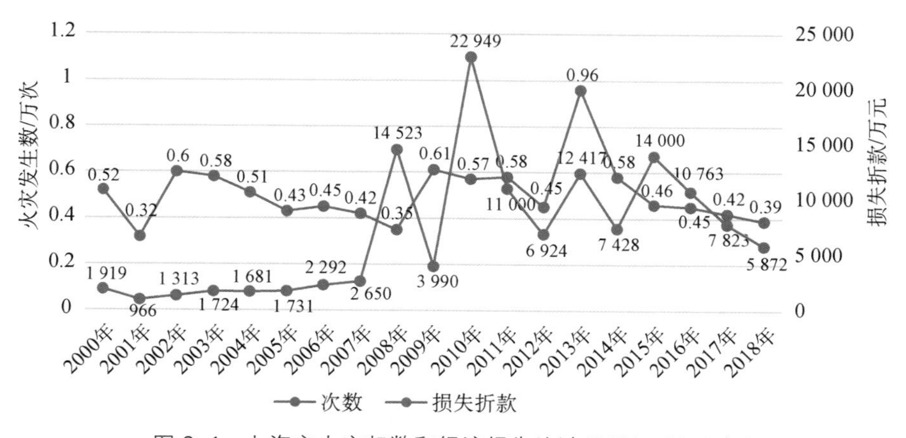

图 6-1 上海市火灾起数和经济损失统计(2000—2018 年)

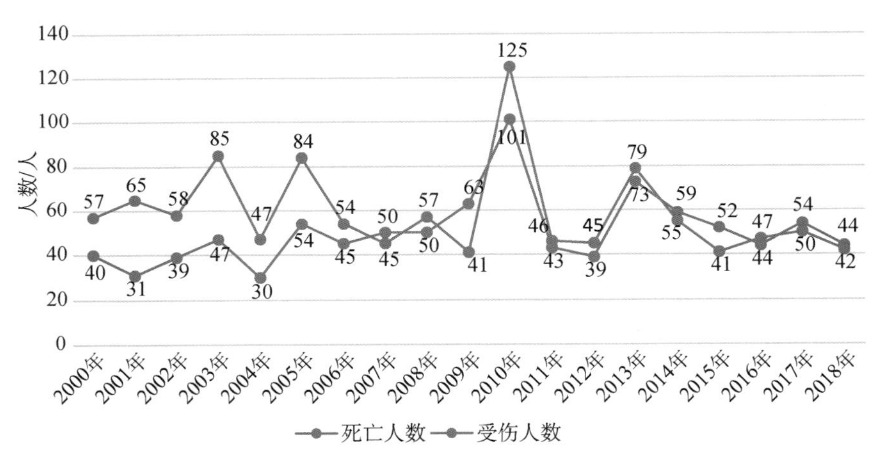

图 6-2　上海市火灾伤亡人数统计(2000—2018 年)

2. 火灾季节性特征突出,冬春季火灾多发

如图 6-3 所示,2016—2018 年,虽然上海市冬春季节(1 月至 4 月,11 月至 12 月)发生火灾起数占总数比未过半,但是火灾造成的死亡人数和直接财产损失占比均超 60%。

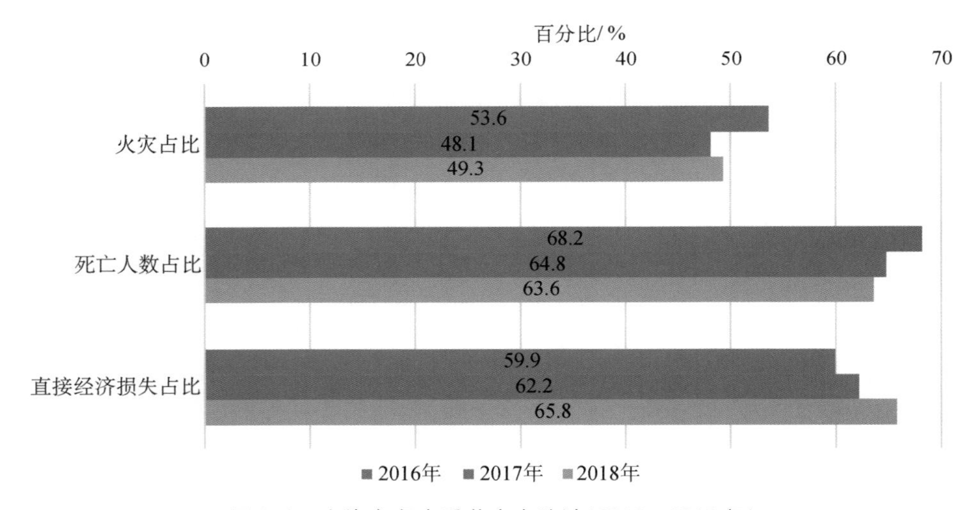

图 6-3　上海市冬春季节火灾统计(2016—2018 年)

3. 居民住宅火灾居首,伤亡比重大

根据中华人民共和国应急管理部消防救援局的火灾发生地统计情况,近八成致命火灾发生在住宅。2018 年全国城乡居民住宅共发生火灾 10.7 万起,造成 1 122 人死亡。虽然城乡居民住宅火灾起数只占总数的 45.3%,但死亡人数占总数的 79.7%(图 6-4)。

从图 6-5 可以看出,2016—2018 年,上海市火灾同样高发于居民住宅;其次为交通工具和垃圾废弃物场所;此外,厂房、餐饮场所、商业场所等人员密集场所的火灾也相对较多。

图6-4　全国分场所火灾亡人情况(2018年)

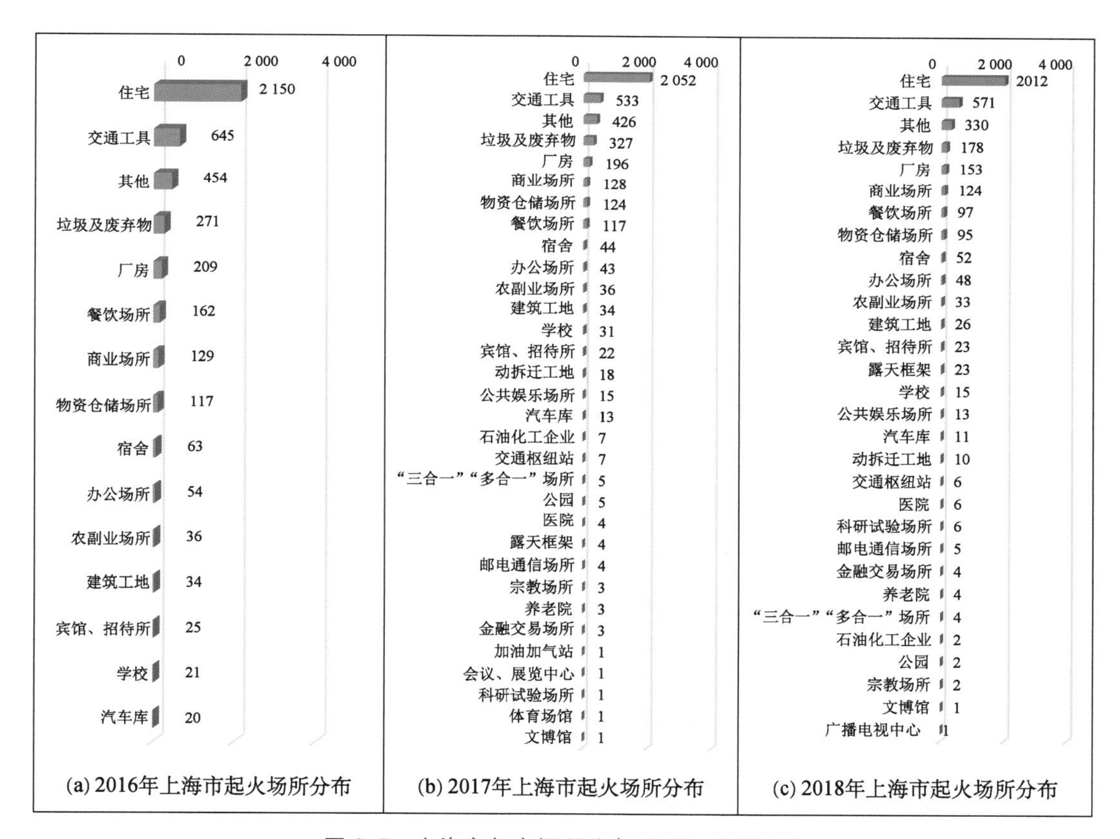

图6-5　上海市起火场所分布(2016—2018年)

如图6-6所示,2016—2018年上海市居民住宅火灾发生起数明显降低,占比总体波动不大,约50%。

如图6-7所示,2016—2018年上海市居民住宅火灾引发的亡人数占比较高,约80%。此外,居民住宅火灾伤亡人数以及占比先上升后下降。

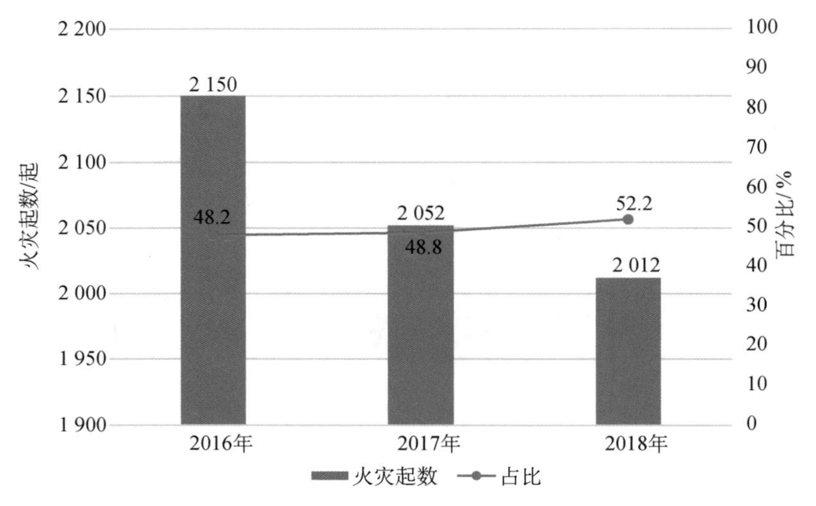

图 6-6　上海市住宅火灾起数统计(2016—2018 年)

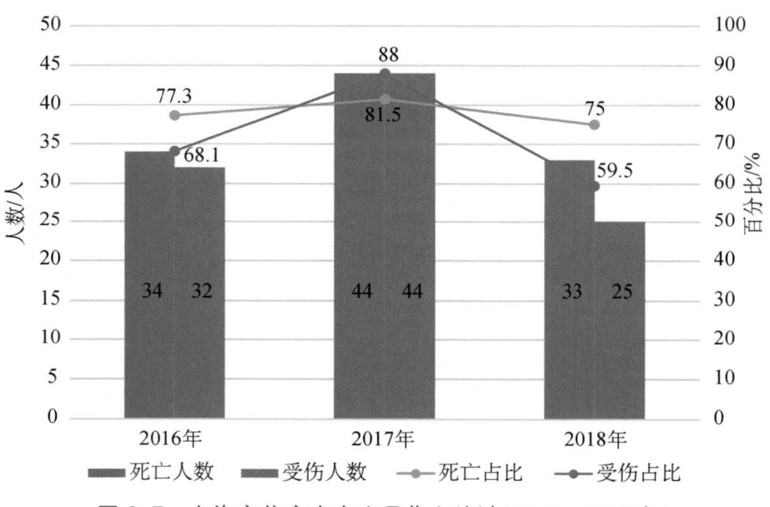

图 6-7　上海市住宅火灾人员伤亡统计(2016—2018 年)

4. “三合一”场所、电动车充电引发火灾危害大

根据事故调查统计,“三合一”场所及电动车充电引发的火灾,一般会造成较大的过火面积或较多的人员伤亡(表 6-1)。

表 6-1　部分“三合一”场所及电动车充电火灾危害一览表

事故时间	事故地点	事故原因	过火面积/m^2	死亡人数/人
2016 年 6 月 18 日	嘉定区曹安路某粮油交易市场	电动车电气故障	—	4
2017 年 10 月 4 日	奉贤区金汇镇梁典村某自建房(“三合一”场所)	人员违规加热熬制、灌装车蜡,操作失误	—	2

续表

事故时间	事故地点	事故原因	过火面积 /m²	死亡人数 /人
2018年8月2日	宝山区通南路某电动自行车门面商铺（“三合一”场所）	车用锂电池故障	20	5
2018年8月20日	宝山区罗太路某汽车美容装潢店（“三合一”场所）	电气故障	70	1

5. 人员密集场所火灾总体变化不大，厂房及仓库火灾有所下降

2016—2018年，上海市人员密集场所火灾起数总体变化不大，但火灾占比略有上升；厂房仓库火灾起数和占比呈持续下降趋势（图6-8）。根据图6-9，在人员密集场所中，火灾相对高发于商业场所和餐饮场所。

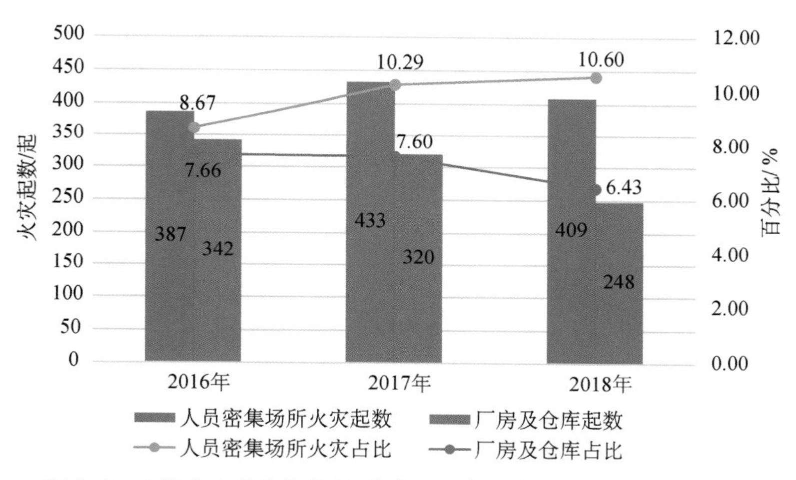

图6-8　上海市人员密集场所、仓库及厂房火灾统计（2016—2018年）

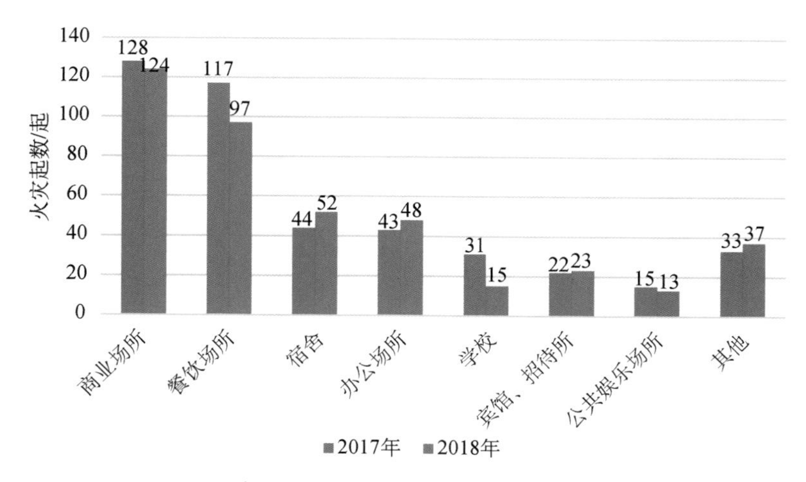

图6-9　上海市人员密集场所火灾分布（2017—2018年）

6. 用电、用火不慎是主要致灾原因

根据图 6-10,2015—2018 年上海市发生火灾的原因主要为电气火灾、生活用火不慎,二者引发的火灾约占总数的 60%。

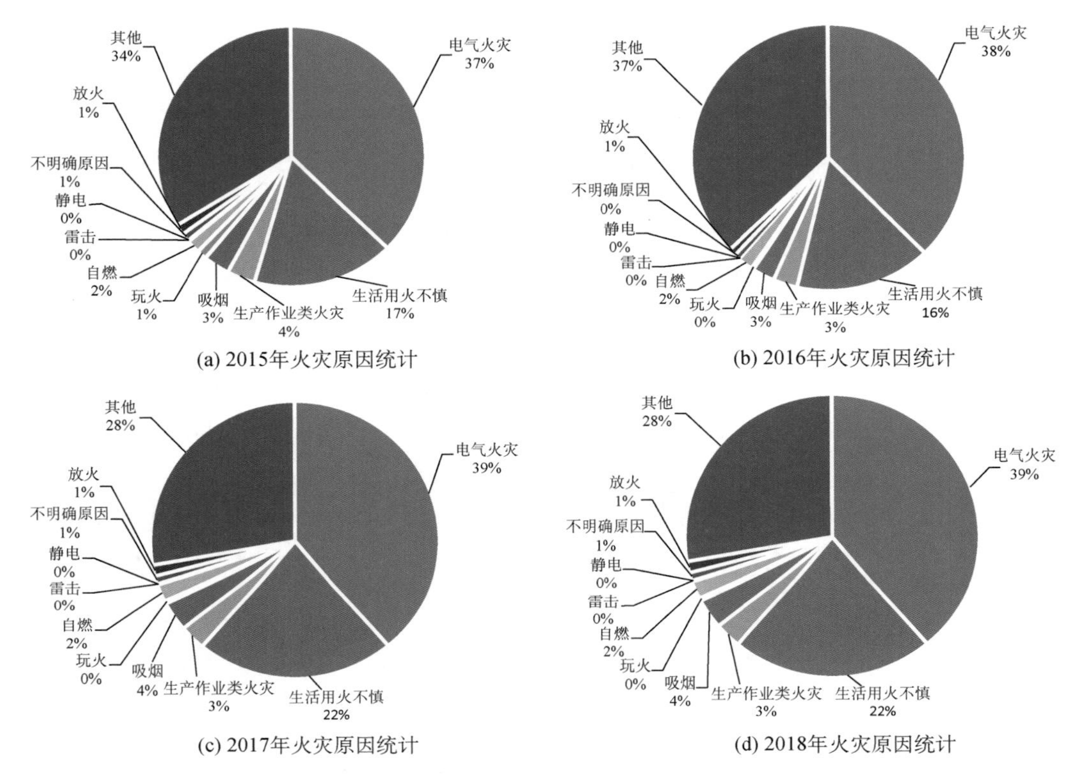

图 6-10 上海市火灾原因分布统计(2015—2018 年)

根据图 6-11,2015—2018 年上海市电气火灾的数量呈现逐年下降的趋势,而生活用火不慎引发的火灾数基本逐年增加。

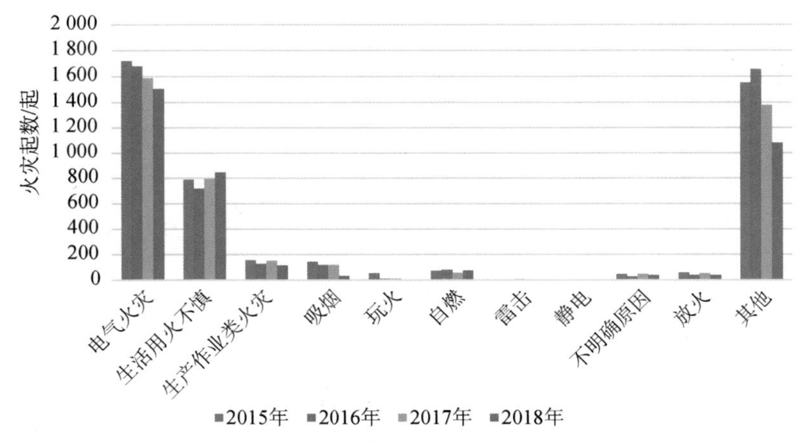

图 6-11 上海市各类火灾起数统计(2015—2018 年)

7. 电气火灾、生活用火不慎、吸烟是火灾致死的主要原因

根据图 6-12 可以看出,2016—2018 年上海市亡人火灾最多的是电气火灾,生活用火不慎和吸烟亦是引发亡人火灾的重要原因。同时,亡人火灾诱因中,放火占比亦相对较大。

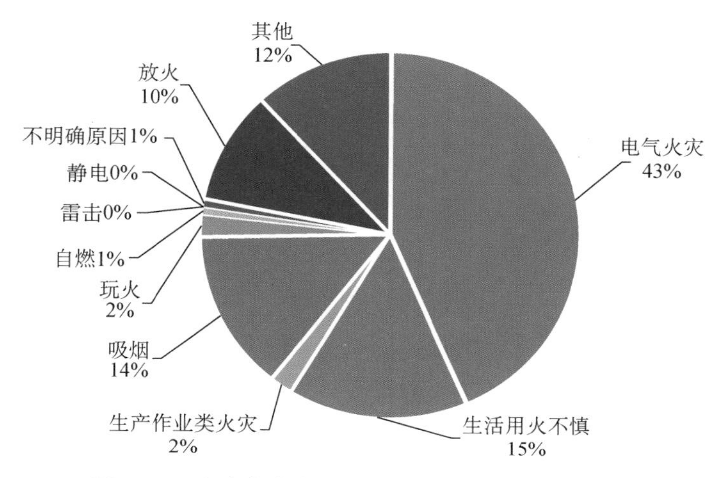

图 6-12　上海市火灾致死原因分布(2016—2018 年)

从图 6-13、图 6-14 可以看出,2016—2018 年上海市因电气火灾、生活用火不慎造成的死亡人数先降低后增长,因电气火灾受伤的人数逐年增加。

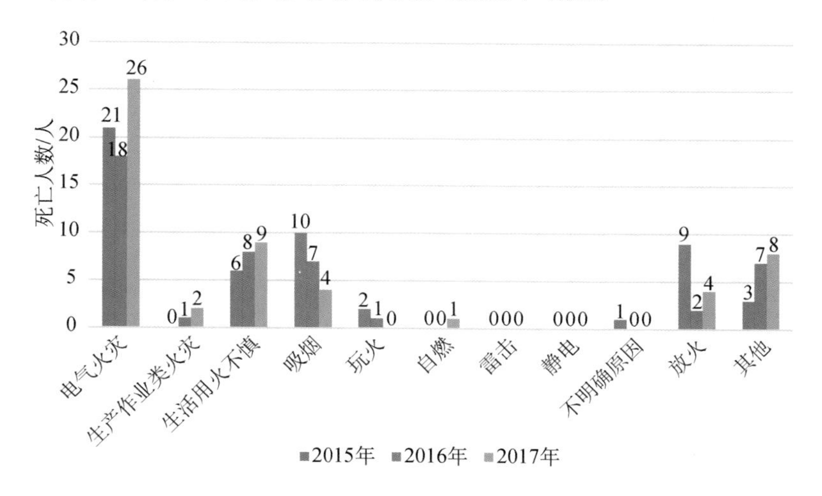

图 6-13　上海市各类火灾亡人情况统计(2015—2017 年)

6.2.2　上海市火灾防控水平分析

1. 万人火灾发生率

万人火灾发生率指年度内火灾起数与常住人口的比值,反应火灾防控水平与人口数

量的关系。如图 6-15 所示,上海市 2016—2018 年万人火灾发生率逐年下降。

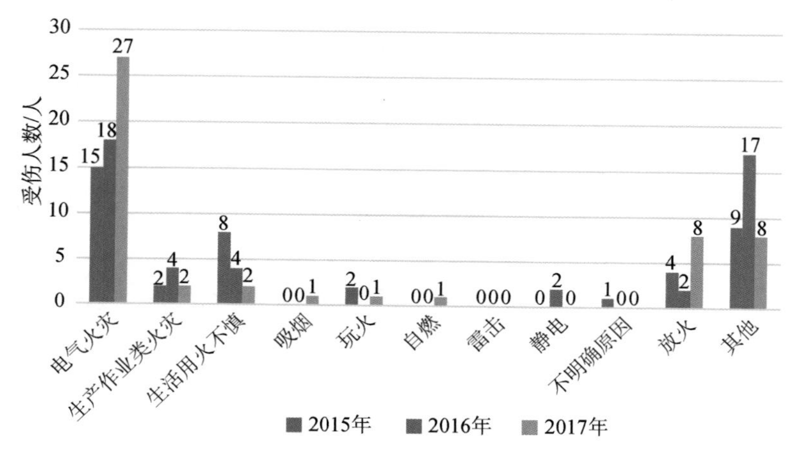

图 6-14 上海市各类火灾致伤人数统计(2015—2017 年)

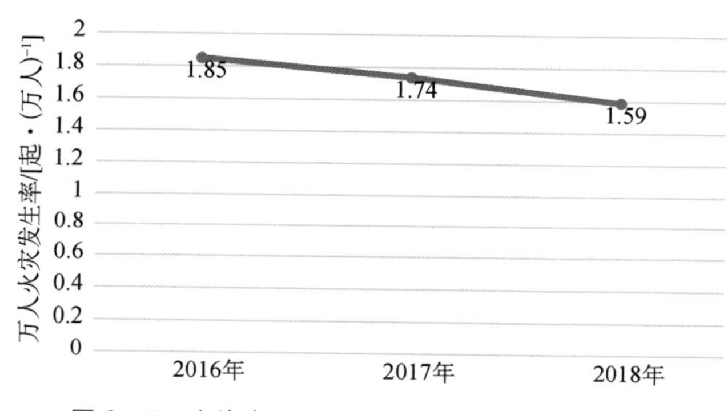

图 6-15 上海市万人火灾发生率(2016—2018 年)

2. 十万人火灾死亡率

十万人火灾死亡率指年度内火灾死亡人数与常住人口的比值,反应火灾防控水平与人口规模的关系。如图 6-16 所示,上海市 2016—2018 年十万人火灾死亡率波动变化不大。

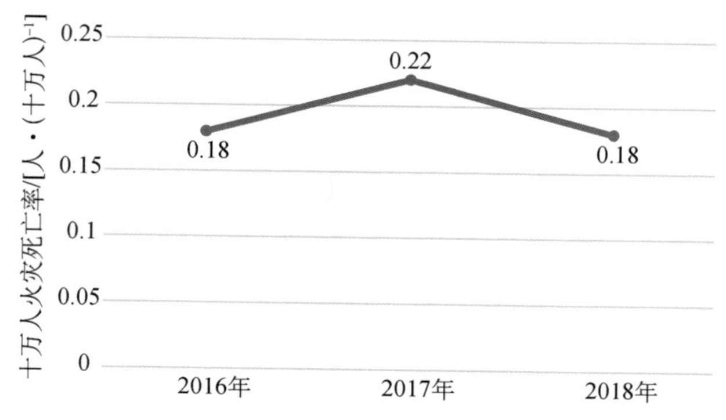

图 6-16 上海市十万人火灾死亡率折线图(2016—2018 年)

3. 亿元 GDP 火灾损失率

亿元 GDP 火灾损失率指年度内火灾造成的直接财产损失与 GDP 的比值，反应火灾防控水平与经济发展水平的关系。如图 6-17 所示，上海市 2016—2018 年亿元 GDP 火灾损失率逐年下降。

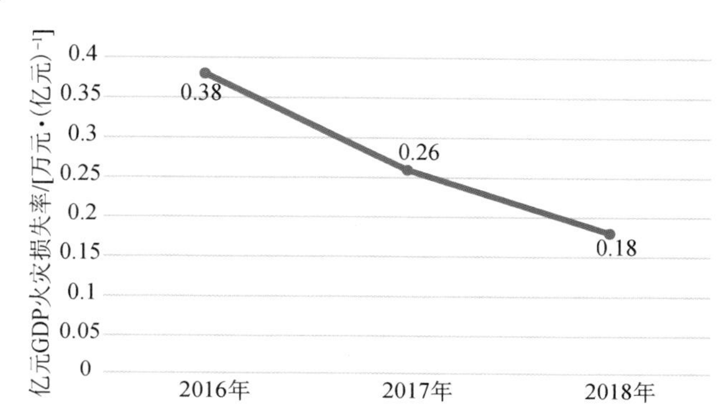

图 6-17 上海市亿元 GDP 火灾损失率折线图(2016—2018 年)

6.2.3 火灾高发场所隐患及致灾因素分析

根据对上海市火灾现状的分析可知，居民住宅、“三合一”场所以及人员密集场所是火灾高发场所。

1. 住宅火灾致灾因素分析

根据上海市历年来消防监督检查以及调研统计结果，本市居民小区致灾因素主要集中在以下五个方面。

1）电气故障和用电隐患风险居高不下

2000—2018 年，居民小区因电气线路故障引发的亡人火灾约占居民小区亡人火灾总数的 29%，其中，在老旧住宅、群租房、违法建筑等建筑中，电气线路老化、私拉乱接电线、使用大功率电器、旧电器超期服役等问题突出。同时，因电动自行车质量不达标、违规充电、楼道停放电瓶车等问题而引发火灾的情况也日益增多，对居民小区消防安全构成新的威胁。

2）消防设施缺损且维保不力

本市拥有大量老旧住宅、旧式里弄、城中村等老旧小区，部分老旧小区由于先天规划不足，耐火等级低，同时房屋结构差、连片集聚，加上内部消防设施缺失、消防水源缺乏等，消防安全度较低。部分老旧小区虽经消防实施项目改造，增配了相关消防设施，但因居民消防意识不强、运作不够规范以及物业消防管理不到位等原因，一些消防设施常常维保不力并处于故障状态，无法正常发挥作用。

3）疏散通道堆物现象严重

从“96119”热线市民群众举报火灾隐患情况看，“占用、堵塞、封闭疏散通道、安全出口”类隐患居全市 13 类火灾隐患问题之首。经整治后，如果后续管理不到位，此类动态隐患容易反弹。

4）居民业主消防安全意识淡薄

消防部门委托市统计局社情民意调查中心开展了上海市公众消防安全常识知晓率调查。结果显示，本市公众消防安全防范意识得分不高，尤其在“对家用电器线路、燃气管道、灶具等的检查习惯”“了解灭火器功能及使用方法”等方面得分较低。同时，从日常掌握情况看，群众主动参与日常疏散演练的积极性也不高。

5）消防法规滞后

由闲置厂房、商用楼改建的白领公寓、蓝领宿舍、民宿客栈、月子会所等住宿形态不断涌现，针对此类场所消防法规滞后、技术管理能力不足，加大了火灾防控难度。

2. “三合一”场所火灾致灾因素分析

因历史遗留问题带来的“三合一”场所等城市管理的短板，其隐患面广量大，且与群租房、违章搭建等隐患形成叠加效应，提高了火灾风险系数。与此同时，通道堵塞、电气线路私拉乱接、电瓶车违规停放与充电等动态隐患反复回潮，由此引发的“小火亡人”多发态势短期内难以扭转。

3. 人员密集场所火灾隐患分析

人员密集场所是另一个火灾隐患的多发地。以大型商业综合体为例，上海市商圈密集且数量众多，商业综合体具有建筑规模大、建筑结构复杂、营业时间长等特点，且多数大型商业建筑都是集电影院、餐饮、健身、娱乐于一体的综合性场所，这些场所都具有人员密集、装修豪华复杂、电器设施多的特点，一旦发生火灾，易迅速蔓延，造成恶劣的社会影响。根据监督检查结果显示，商业、餐饮场所等大型商业综合体消防安全隐患因素主要集中在以下两个方面：

1）占用、堵塞、封闭疏散通道和安全出口

商场亲子和儿童游戏日益受到广大消费者的欢迎，经常出现中庭被儿童游乐场或特卖场所占用的情况；部分商场通道摆放集市、卖场等现象时有发生，堵塞疏散通道；商家对商铺自行装修改造，为了美观和方便管理，常常封锁或减少安全出口；商业场所一般设有大型超市，货品种类繁多，不少大型超市出现货架堵塞多个安全出口的情况。这些“生命通道”被占用堵塞，一旦发生火灾，将给人员疏散带来很大的阻碍。

2）大客流诱发高风险

大型商业综合体客流量大，人员密集，特别是周末及节假日，各大商业综合体往往迎来大客流，火灾风险的不确定性增加。

相对于一些看得见摸得着的安全问题，不少在这些商业综合体内休闲消费的公众安全意识薄弱。多位市民坦言，在社区或者单位，他们多多少少曾参与过消防演练和相关知识培训，但针对大型商业综合体这类场所，几乎没有类似的知识培训和演练。

6.3 管理措施

6.3.1 加强消防事业发展规划

2017年5月，上海市人民政府办公厅印发《上海市消防事业发展"十三五"规划》，提出如下发展目标："十三五"期间，以消防责任、消防法制、重点管控、宣传教育、社会治理、综合保障、应急救援、工作考核为重点，加快构建与上海城市经济、社会发展水平相匹配、相适应的公共安全火灾防控体系，有效遏制"小火亡人"事故，明显减少较大火灾事故，全市年度火灾十万人口死亡率控制在0.25以内，坚决杜绝重特大火灾，尤其是群死群伤火灾事故发生，全力确保上海城市安全运行和市民群众安居乐业。

为了完成上述发展目标，该规划从以下六个方面提出主要任务。

一是消防法制方面，提出修订地方法规、完善规章标准，重点修订《上海市消防条例》，制定《上海市住宅物业消防安全管理办法》。

二是社会消防治理方面，健全完善消防治理责任、治理措施，加强基层消防管理，创新治理模式，重点制订政府、部门、街镇、行业、单位消防安全责任清单，将消防安全纳入城市网格化管理和社区综治中心等管理平台，推进智慧消防工程建设。

三是消防软实力方面，突出媒体宣传，落实消防基础教育，普及消防通识教育，完善社会消防培训工作模式，激发公众消防安全自觉性，提高城市消防安全文明程度，按照"一区一馆"的规划布局，建成消防宣传体验网络，制定出台人员密集场所消防安全"三提示"地方标准，实现消防通识教育全覆盖。

四是公共消防基础设施方面，加强消防站、消防装备、消防水源、消防通信、消防车通道的建设，重点新建30余个公共消防站(其中部分含战勤保障和训练基地功能)，扩建上海消防综合训练基地，完成市政府6.686亿元消防专项装备建设任务等。

五是消防信息化与科技化方面，拓展基础网络，完善硬件基础，优化系统架构，健全应急通信体系，强化新技术的研发应用，建设消防大数据应用平台。

六是消防力量方面，打造应急救援专业化攻坚力量，推动专职消防队伍职业化发展，加快基层志愿消防队伍建设，加强应急救援专业人才队伍建设，重点做强高层、地铁、化工、船舶、大跨度建筑、防化、排爆7类攻坚专业队伍。

6.3.2 完善消防安全法律法规标准体系

消防法律法规是指国家制定的一切有关消防管理的规范性文件的总称，包括法律、行政法规、地方性法规、部门规章、政府规章、规范性文件以及其他指导消防工作的技术标准等。

目前，我国已经形成一个以《中华人民共和国消防法》为基本法，其他消防法规、消防规章和技术规范为补充的较为完整的消防法规体系。

1. 消防法律

《中华人民共和国消防法》是我国消防工作的基本法,其他涉及消防安全管理的法律主要有:《中华人民共和国刑法》《中华人民共和国安全生产法》《中华人民共和国产品质量法》《中华人民共和国治安管理处罚法》《中华人民共和国城乡规划法》《中华人民共和国建筑法》《中华人民共和国石油天然气管道保护法》《中华人民共和国行政许可法》等。

2. 行政法规

消防行政法规是由国务院批准或颁布的有关消防工作的法规。与消防监督管理有关的行政法规主要有:《国务院关于特大安全事故行政责任追究的规定》《森林防火条例》《草原防火条例》《建设工程安全生产管理条例》《城镇燃气管理条例》《娱乐场所管理条例》《营业性演出管理条例》《物业管理条例》等。

3. 地方性法规

地方性消防法规不得与宪法、法律和行政法规相抵触,由省、自治区、直辖市、省会、自治区首府、国务院批准的地方人民代表大会及其常务委员会根据本地区实际情况制定的规范性文件。上海市地方性消防法规主要有:《上海市消防条例》《上海市燃气管理条例》《上海市拆除违法建筑若干规定》《上海市房屋租赁条例》《上海市公共场所控制吸烟条例》《上海市烟花爆竹安全管理条例》等。

4. 部门规章

消防规章可由公安部单独发布,也可由公安部会同别的部门联合下发。由公安部单独下发的规章主要有:《火灾事故调查规定》《消防监督检查规定》《建设工程消防监督管理规定》《仓库防火安全管理规则》《公共娱乐场所消防安全管理规定》《高层居民住宅楼防火管理规则》《机关、团体、企业、事业单位消防安全管理规定》等;联合发布的规章主要有:《消防产品监督管理规定》(中华人民共和国公安部、中华人民共和国国家工商行政管理总局、中华人民共和国国家质量监督检验检疫总局联合下发)、《烟草行业消防安全管理规定》(国家烟草专卖局、中华人民共和国公安部联合下发)等。

5. 政府规章

上海市消防政府规章主要有:《上海市消火栓管理办法》《上海市建筑消防设施管理规定》《上海市水上消防监督管理办法》《上海市居住房屋租赁管理办法》《上海市社会消防组织管理规定》《上海市住宅物业消防安全管理办法》等。

6. 规范性文件

消防行政管理规范性文件是未列入消防行政管理法规范畴内,由国家机关制定颁布的有关消防行政管理工作的通知、通告、决定、指示、命令等规范性文件的总称。消防行政管理规范性文件主要有:《文物建筑消防安全管理十项规定》《社会福利机构消防安全管理十项规定》《教育部、公安部关于加强中小学幼儿园消防安全管理工作的意见》《上海市重大火灾隐患政府挂牌督办工作办法》《上海市建筑消防设施管理规定实施细则》《上海市建筑工程施工现场消防安全管理规定》《上海市火灾高危单位消防安全管理规定》等。

7. 技术标准

消防技术标准按适应范围或效力等级的不同或指定部门的不同,可分为国家标准、行业标准和地方标准三个层次。在消防工作实践中,常用的技术标准有:《建筑设计防火规范》《建筑内部装修设计防火规范》《建筑内部装修防火施工及验收规范》《消防控制室通用技术要求》《重大火灾隐患判定方法》《建设工程施工现场消防安全技术规范》《上海市工程建设规范:建筑防排烟技术规程》等。

6.3.3 加强消防安全风险管控及隐患排查治理

为了更好地控制和排查火灾隐患,上海市出台并实施了《上海市人民政府关于进一步加强消防工作的意见》《上海市人民政府贯彻国务院关于加强和改进消防工作意见的实施意见》《上海市消防工作考核办法》和《上海市人民政府关于加强城市公共安全火灾防控体系建设工作的意见》,不断推动火灾隐患排查整治和城市公共安全火灾防控体系建设。

针对本市特点,上海市于2015年印发了《上海市重大火灾隐患政府挂牌督办工作办法》,实行重大火灾隐患挂牌督办制度,挂牌督办消防安全重大火灾隐患单位和重点区域,督促社会单位有效整改火灾隐患,有效降低城市火灾隐患存量和风险等级。

为了更好地防治居民火灾,上海市连续5年将居民小区消防安全纳入市政府实事工程,不断改善社区消防安全硬实力和软环境。此外,上海市2017年实施了《上海市住宅物业消防安全管理办法》,为规范住宅物业日常消防安全管理、加大执法力度提供了法制保障。

同时,上海市建立常态化火灾隐患排查整治机制,政府及消防部门积极组织实施重大火灾隐患和区域性火灾隐患整治工作,推进消防安全大排查、大整治、大宣传、大教育、大练兵、“清剿火患”战役,滚动开展季节性消防检查、电气火灾治理、重点区域和重大火灾隐患整治等消防专项行动,集中挂牌、曝光、督办重大隐患和区域性隐患,并强力整治易燃易爆危险品场所、高层建筑、人员密集场所、“三合一”场所、老旧住宅、农村自建出租房等火灾隐患场所和消防安全薄弱环节,协同治理群租、违章建筑、城中村等城市管理顽症,全面改善消防安全环境。

6.3.4 消防安全应急管理和救援能力

近年来,上海市消防应急救援能力得到稳步提升。实战化运行城市“3+X”综合应急救援平台,定期组织供水、电力、燃气、民防、安全监管、质量技监、环保等部门和驻沪防化部队等专业处置力量开展地下燃气管道、轨道交通、人员密集、危险化学品等不同类型、不同规模的应急联勤处置演练，包括易燃易爆危险品场所灭火实战演练、古镇灭火演练、住宿学校消防安全综合演练、加油站消防综合应急演练、高层建筑火灾实战演练、地下空间火灾综合应急演练、商场广场应急疏散演习等。不仅有效提升了消防救援队伍协同作战水平和快速应变能力，同时对加强社会各单位、企业、组织的消防应急救援水平，增强广大人民群众的火灾自救、安全疏散能力起到积极作用。

“十二五”期间，上海市积极推进消防站和综合训练基地的建设，全市消防设施建设取得突破，消防站总数达 151 个，积极推动规划区域消防分训练基地建设。全面实行两级财政消防经费保障机制和《上海市消防经费管理办法》，全市消防经费总量每年均保持较快增长，出台了《上海市区(县)消防装备基本保障标准》，开展装备建设评估，添置居高、抢险、防化、供水等消防车辆 249 辆、器材装备 9.2 万件(套)。公安消防部队共接处警 42.8 万起，抢救疏散被困人员 6.7 万人，保护财产价值 73.7 亿元，成功处置轨道交通 10 号线列车追尾、中石化上海高桥分公司炼油厂爆炸燃烧等事故，有效保障城市安全运行。

6.4 挑战和建议

6.4.1 消防安全工作面临的挑战

近年来，上海市消防安全事业取得了较大的发展，火灾发生率和伤亡率逐渐走低。随着城市创新发展，经济转型升级速度不断加快，上海作为超大城市，资源集中，但消防薄弱环节和隐患问题依然突出，消防安全新老问题交织，火灾风险不断叠加，城市消防安全依然面临着挑战。

1. 产业结构调整加快，资源加速集聚，增加火灾风险

随着上海建设“五个中心”、打响“三大品牌”战略不断推进，以及上海城市地位和国际影响力的提升，各种商贸会展、节日庆典、体育赛事活动不断增加，规格不断提高，使得餐饮、旅游、住宿、娱乐等人员密集场所人流“井喷”，“大客流、大车流、大物流”成为常态。同时，劳动密集型产业加快调整，大力量、大跨度、大物流行业在郊区密集布点，带动大量从业人员迁移到城乡结合地区，诱发火灾风险、不确定因素急剧增加。另外，随着经济转型升级加速，新能源、医药等先进制造业加快推进布局，增大了火灾防控难度。

2. 居住建筑隐患叠加，提高了火灾风险系数

传统老旧居住建筑以及农村自建房耐火等级低，与疏散通道堵塞、群租群居、私拉电线、电瓶车违规充电、“三合一”等隐患相互叠加，提高了火灾风险系数。

3. 城市规划更新加快，生产建设领域火灾风险不容忽视

随着上海全力推进新一轮建设发展，地上地下空间立体开发，城市更新速度快，力度大，轨道交通、文化公园等重大工程加快施工，违章施工、违章动火电焊、交叉作业等衍生的安全风险不断增多。

6.4.2 对策措施与建议

为进一步提升上海市消防安全管理水平，根据上海市消防安全事业发展规划以及风险管控、隐患排查治理等情况，结合对上海市近年来火灾现状以及防控水平分析的结果，从四个方面提出相应的措施与建议。

1. 政策引导方面

积极修订地方法规、完善规章标准，不断完善《上海市消防条例》，制订相应的政策措施保证其落实。积极引导、保障已发布的政策、标准（如《上海市重大火灾隐患政府挂牌督办工作办法》）、法规（如法规如《上海市住宅物业消防安全管理办法》）制度的落实。

2. 社会消防治理方面

加强消防安全管理，健全完善消防安全责任体系，完善应急预案，充分做好综合应急救援各项准备，做好重大活动消防安保工作，加强基层消防管理，创新治理模式，大力推进"智慧消防"建设，加大隐患排查力度，持续净化社会消防安全环境。

3. 监督管理方面

加强对消防安全重点单位的核查、调整，严格管理、严格监督，督促各类社会单位必须全面负责和落实消防安全主体责任和管理职责，做好本单位消防安全管理工作；不断推进落实重大火灾隐患挂牌督办制度，挂牌督办消防安全重大火灾隐患单位和重点区域，督促社会单位有效整改火灾隐患，减少城市火灾隐患存量，降低风险等级。

4. 消防安全宣传与教育方面

持续深入开展消防宣传教育培训。加强社会消防宣传力度，创新消防安全宣传与教育的形式，增强公众自防自救意识；普及和加大消防培训力度，动员督促全社会各行业、各部门、各单位以及社会成员积极接受消防安全教育并参加消防培训。不断增强全民消防安全意识，提高公民消防安全素质，提升全社会抗御火灾的能力。

第 7 章
危险化学品安全

截至 2018 年年底，上海市危化生产、经营(仓储)、经营(带有储存设施)、使用、零售(非加油站)及加油站企业 1 279 家，从业人员 8 万余人，占工业从业人数的 1.86%。2018 年，上海市石油化工及精细化工制造业产值 4 006.76 亿元，占全市工业总产值的 10.99%。石油化工及精细化工制造业产值是上海市工业领域六个重点行业之一。同时，因危化品具有易燃易爆、有毒有害等危险特性，在生产、经营、储存、运输各环节易爆发各类事故，造成人员伤亡与财产损失，被列为高危行业之一。

7.1 概况

7.1.1 相关单位

截至 2018 年一季度，上海市共有危险化学品生产企业 278 家，仓储经营企业 53 家，经营(带有储存设施)企业 117 家，使用企业 9 家，各区分布情况见表 7-1。危险化学品单位数量各区分布情况如图 7-1 所示。

表 7-1　2018 年上海市危化品相关单位分布情况　　单位：家

区县	生产	经营(仓储)	经营(带有储存设施)	使用	总计
黄浦区	0	0	0	0	0
徐汇区	1	0	1	0	2
长宁区	0	0	1	0	1
静安区	0	0	0	0	0
普陀区	0	0	1	0	1
虹口区	0	0	0	0	0
杨浦区	0	1	1	0	2
闵行区	22	6	6	0	34
浦东新区	37	18	15	0	70
青浦区	22	1	14	0	37

续表

区县	生产	经营(仓储)	经营(带有储存设施)	使用	总计
松江区	31	1	15	0	47
嘉定区	35	3	10	0	48
金山区	61	7	13	9	90
奉贤区	30	4	11	0	45
宝山区	8	7	19	0	34
崇明区	3	2	7	0	12
化学工业园区	28	3	3	0	34
合计	278	53	117	9	457

注:化学工业园区为市级化学工业园区,行政区划上与奉贤区和金山区一样,单独计数。

除表7-1所列的危险化学品单位外,上海市还设有零售(加油站)808家,零售(非加油站)14家,零售点具有化学品量小、品种多、分布广的特点。

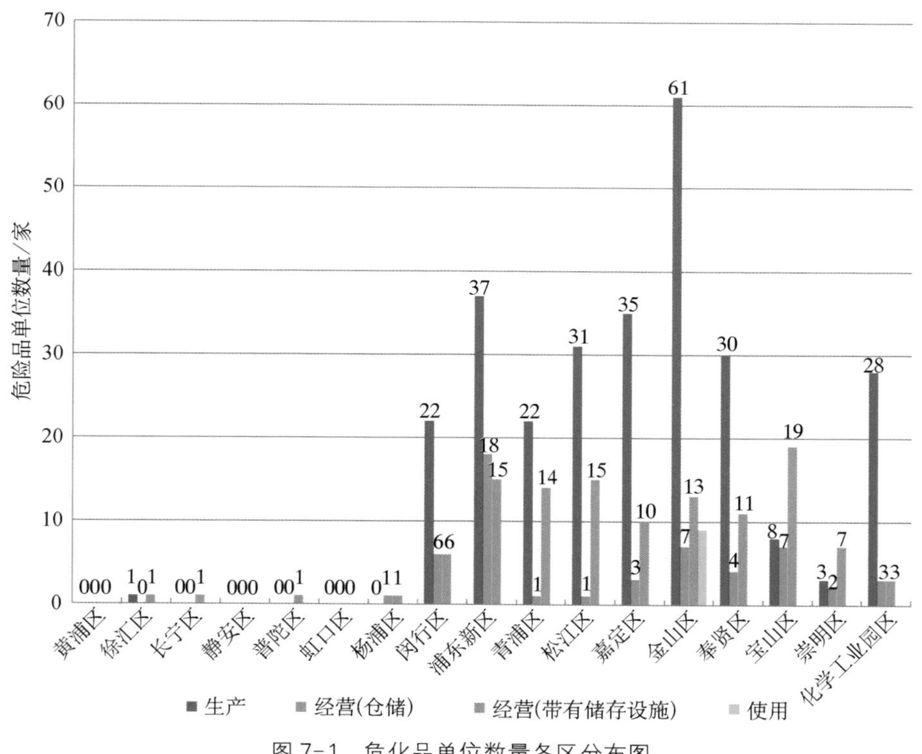

图7-1 危化品单位数量各区分布图

由图7-1可见,上海市危化企业主要分布在闵行区、浦东新区、青浦区、松江区、嘉定区、金山区、奉贤区、宝山区、崇明区、化学工业园区这10个区,市中心黄浦区、徐汇区、长宁区、静安区、普陀区、虹口区、杨浦区占比较小,这主要是与规划布局危化企业集中入园有关。

7.1.2 重大危险源数量及级别

上海市 278 家危险化学品生产企业中,共有 64 家企业涉及危险化学品重大危险源,其中有 17 家构成一级重大危险源,4 家构成二级重大危险源,19 家构成三级重大危险源,24 家构成四级重大危险源。

上海市 53 家危险化学品仓储经营企业中,共有 44 家企业涉及危险化学品重大危险源,其中有 13 家构成一级重大危险源,2 家构成二级重大危险源,18 家构成三级重大危险源,11 家构成四级重大危险源。

上海市 117 家危险化学品批发经营(带有储存设施)企业中,共有 19 家企业涉及危险化学品重大危险源,其中有 5 家构成一级重大危险源,1 家构成二级重大危险源,9 家构成三级重大危险源,4 家构成四级重大危险源。

上海市 9 家危险化学品使用企业中,共有 8 家企业涉及危险化学品重大危险源,其中有 2 家构成一级重大危险源,4 家构成二级重大危险源,2 家构成三级重大危险源。

由表 7-2 可见,上海市危险化学品一级、二级重大危险源数量共计 48 家,占重大危险源单位总数 35.6%,三级、四级重大危险源数量共计 87 家,占重大危险源单位总数 64.4%。各级重大危险源数量分布如图 7-2 所示。

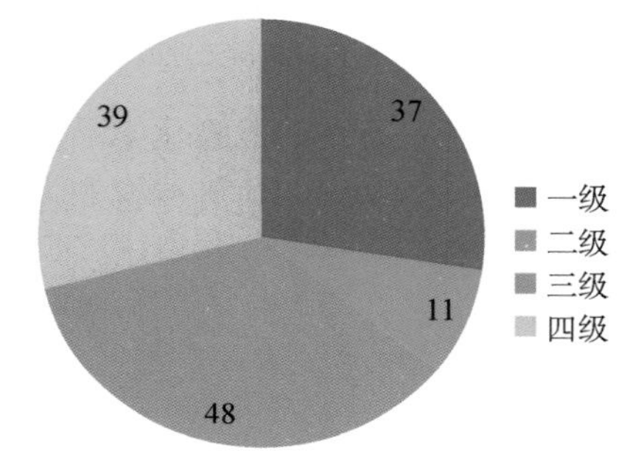

图 7-2 各级重大危险源数量分布图(单位:家)

表 7-2 上海市危险化学品重大危险源分布情况(截至 2018 年年底) 单位:家

企业类型	一级	二级	三级	四级	总计
生产	17	4	19	24	64
仓储经营	13	2	18	11	44
批发经营(带有储存设施)	5	1	9	4	19
使用	2	4	2	0	8
合计	37	11	48	39	135

说明:表中一级到四级严重程度依次降低,即"一级"最严重。

不同类型危化企业重大危险源数量分布如图 7-3 所示,其中生产单位重大危险源数量最多,其次是仓储经营单位,这两类单位的数量占据危险化学品重大危险源数量的 80%。

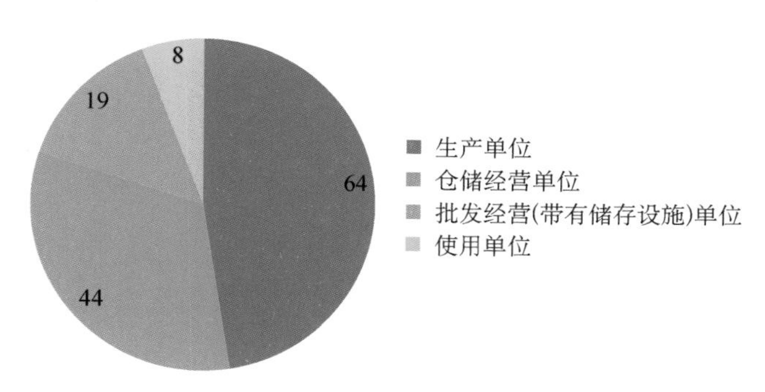

图 7-3　重大危险源单位类型数量分布图(单位:家)

7.1.3　相关行业产值变化

规模以上工业总产值年度变化如表 7-3 和图 7-4 所示。

表 7-3　规模以上工业总产值年度变化　　单位:亿元

序号	分类	规模以上工业总产值		
		2016 年	2017 年	2018 年
1	化学原料和化学制品制造业	2 493.56	2 897.95	3 017.19
2	石油加工、炼焦和核燃料加工业	1 035.87	1 210.32	1 369.41
合计		3 529.43	4 108.27	4 386.6

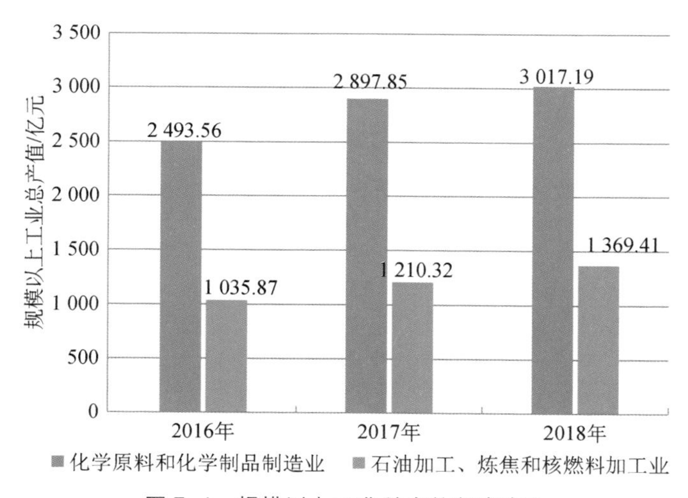

图 7-4　规模以上工业总产值年度变化

由图 7-4 可见,2016—2018 年度上海市危化相关行业化学原料和化学制品制造业及石油加工、炼焦和核燃料加工业总产值呈现稳步增长态势。

7.2 事故及隐患成因分析

7.2.1 事故损失情况

根据上海市应急局调查结果分析，2016—2018 年，上海市危化品事故数量均在 3 起以下，死亡人数和重伤人数均在 10 人以下，直接经济损失均在 2 000 万元以下，可见本市危化品事故发生情况总体得到较好控制。

2016—2018 年危化品事故发生情况统计如表 7-4 所列，危化品事故死亡趋势图如图 7-5 所示。

表 7-4　2016—2018 年危化品事故统计情况

类别	2016 年	2017 年	2018 年
事故/起	0	1	2
死亡/人	0	3	8
重伤/人	0	3	0
直接经济损失/万元	0	419	1 526
化工行业亿元 GDP 直接财产损失率/(万元·亿元$^{-1}$)*	—	0.101 989	0.347 878

注：* 表中化工行业亿元 GDP 数据来源于表 7-3 规模以上工业总产值年度变化。

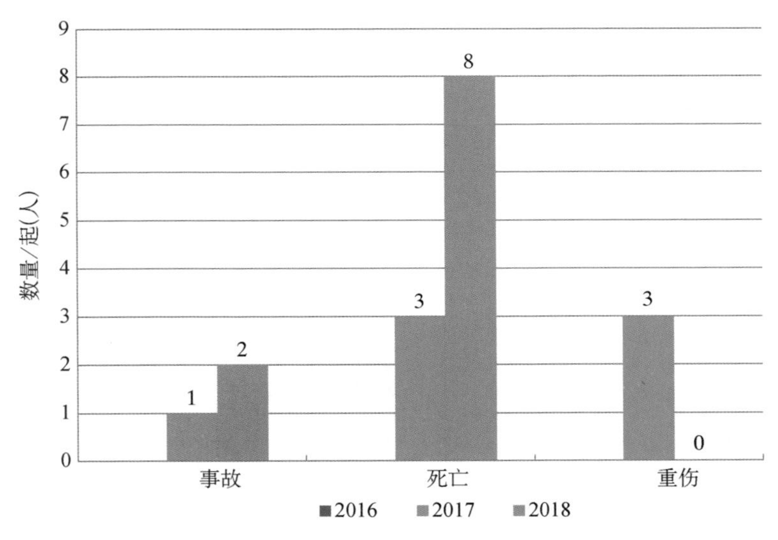

图 7-5　2016—2018 年危化品事故趋势图

2018年本市危化品事故直接经济损失和亿元GDP财产损失率出现上升现象。

7.2.2 事故原因分析

2016—2018年本市共发生3起危化品事故，即2017年上海某精细化工厂“5·3”其他爆炸较大事故、2018年上海某石油化工有限责任公司的“5·12”其他爆炸较大事故和“11·26”中毒和窒息死亡事故。事故造成的死亡及重伤人数、直接及事故原因经济损失及事故原因分析如表7-5所列。

表7-5 2016—2018年上海市危化事故原因统计

序号	事故发生年份	事故	事故类型	作业过程	死伤人员与建设单位劳动关系
1	2017年	上海某精细化工厂“5·3”其他爆炸较大事故	其他爆炸	设备安装过程	死亡3人、重伤2人均为供应商(设备安装单位)作业人员，1人是建设单位监护人员
2	2018年	上海某石油化工有限责任公司的“5·12”其他爆炸较大事故	其他爆炸	检维修	6人均为承包商(检维修单位)操作人员
3	2018年	上海某石油化工有限责任公司“11·26”中毒和窒息死亡事故	中毒和窒息	检维修	1人为承包商(检维修单位)操作人员，1人为建设单位监护人员

事故调查报告表明，2016—2018年上海市发生的3起事故均为责任事故，且事故均发生在非正常操作(更换设备或检维修)作业过程中，死亡人员大多为承包商或供应商操作人员，这些事故带给我们的教训是，危化行业必须加强对检维修及变更作业过程的安全监管，加强对承包商及供应商人员的安全教育与培训，提高他们的安全知识水平和安全意识，对建设单位在委托承包商或供应商进厂作业时，一定要如实告知作业过程存在的风险点并做好各项作业审批，在未落实安全措施的条件下，严禁作业。对承包商或供应商负责安全的领导务必要引以为戒，且不可盲目、大意或按经验判断；作业前仔细询问，了解作业场地及其周边相邻作业、设施的危险有害特性，严防发生事故。

分析近年来上海市及其他省市危险化学品事故案例，发现危险化学品行业隐患成因主要包括：

1. 企业生产工艺设备落后，安全设施配备不足或老化严重

目前，许多化工企业生产工艺技术比较落后，设备老化陈旧，由于资金紧张无力更新改造。企业安全生产设施设备配备不齐或质量差、防护效能低，一些设施存在严重事故隐患、带病运转，导致安全本体水平较差。

2. 安全生产执法不严，企业管理松懈

有些企业安全管理法规制度不健全，或有章不循，或流于形式。加上政府机构改革使

安全监管队伍发生较大变化,安全监督力量不足,导致安全生产监管存在执法不严、监督不力以及对违法行为处罚不严等现象。

3. 隐患排查与治理存在避重就轻现象

在目前安全生产形势高压态势下,政府推行隐患排查与治理、指标化管理、闭环整改等强制要求下,一些企业为规避出现重大隐患,存在瞒报或不报现象,对于需要动用较多人力、物力整改的隐患,一拖再拖,最终酿成恶果。

4. 安全管理制度适用性不强

企业对政府出台的新标准、新要求接收能力不足,执行不到位或浮于表面应付,造成应付政府检查行为和心理严重,规章制度数量多,实际执行起来缺乏针对性和有效性。对真实存在的风险辨识能力不足,变更不能及时进行处理,安全控制措施落实不到位,致使规章制度记录表格很完善,但实际作业时,却处于安全失控状态。

5. 安全教育培训亟待加强

企业经营管理者和操作人员缺乏化学品安全知识培训,安全意识差,致使违章指挥、违章作业和违反劳动纪律的现象时有发生。一些企业未严格按照国家有关规定对在易燃易爆、有毒有害作业岗位工作的人员进行专业培训,操作人员缺乏自我保护意识和能力。许多企业存在聘用承包商和供应商进行作业的新型劳务用工方式,劳务用工单位聘用的劳务工大多为农民工,他们普遍文化素质水平差,接受安全教育的能力弱,短期作业对作业环境存在不适应性,对作业环境的风险意识不足,未经系统培训等问题突出,这些都是目前上海市用工安全方面较为突出的问题。

7.3 管理措施

7.3.1 制定危化品安全生产规划

2017年1月24日,上海市安全生产委员会办公室制定了《上海市安全生产"十三五"规划》,该规划对"十二五"工作进行了回顾和总结,并提出了"十三五"规划的主要目标和任务。"十二五"期间,上海市牢固树立安全发展观念,进一步健全预防控制体系。坚持生产经营单位负责、职工参与、政府监管、行业自律和社会监督的安全生产工作机制。为加大安全生产责任落实力度,相继出台了《上海市建立党政同责一岗双责齐抓共管安全生产责任体系的暂行规定》《关于进一步强化地区安全生产工作责任的意见》,严格落实专项监管部门和行业主管部门直接监管、安全监管部门综合监管、其他部门和单位协同监管、地方政府属地监管责任,严格落实企业安全生产主体责任,加强安全生产目标管理,最终取得了新的成效。

全市安全生产形势总体平稳、基本受控、持续好转。安全生产"十二五"规划主要目标、重点任务全面完成,各类生产安全事故总量和死亡人数持续下降。截至"十二五"期末,亿元国内生产总值生产安全事故死亡率下降42.5%("十二五"规划值为预计到2015年下降36%以上),工矿商贸就业人员十万人生产安全事故死亡率下降38.7%("十二五"规划值为预计到2015年下降26%以上),道路交通死亡率下降35.1%("十二五"规划值为预计到2015年下降25%以上)。

在此基础上,"十三五"规划提出了危险化学品监管方面的工作要求:①梳理中心城区工商贸企业和教学、科研、检测等单位危险化学品涉及情况,梳理郊区危险化学品生产、储存和使用情况。②完善本市危险化学品区域化目录清单管理制度,根据实际情况,适时调整《上海市禁止、限制和控制危险化学品目录》。③推进危险化学品企业的多证合一。④加强危险化学品监管信息属地报告、过程记录、可追溯管理。⑤重点行业危险化学品严格实施危险化学品企业调整升级和总量控制。结合本市产业布局调整,推动工业园区外危险化学品使用企业"进区入园"。加强杭州湾北岸化工产业带发展规划建设,强化生产安全型、环境友好型、资源集约型的化工企业总体布局,提升上海市化工产业本质安全度。⑥建立危险化学品行业区域风险评估和预警常态化机制,制定危险化学品行业区域风险评估和预警导则,健全上海化学工业区、金山区、奉贤区危险化学品行业风险联动联控机制。⑦加大危险化学品行业电子标签、物联网等新技术应用力度,推广危险化学品流动流向信息监控系统运用。

7.3.2 出台一系列危化品安全生产标准

2016—2018年,国家安监总局出台了一系列危险化学品相关的法规、条例、文件,为响应国家应急管理局号召,落实"十二五"规划要求,保障危化品从业人员的生命财产安全,遏制重特大事故发生,提升危化行业管理水平,上海市应急管理局结合上海市应急管理工作的特点制定了一系列相关条例、规范与文件,详见表7-6。

表7-6 2016—2018年政府出台的有关危化品安全相关标准与规范

序号	发布时间	政策文件名称	发布文号	政策要点
1	2016年9月23日	《上海市危险化学品安全管理办法》	上海市人民政府令第44号	明确了上海市各级政府、各部门在危险化学品的流通管理方面的职责与义务。提出本市危险化学品管控的原则
2	2016年6月20日	《上海市禁止、限制和控制危险化学品目录(第三批第一版)》(简称《目录》)	沪府办发〔2016〕25号	推进实施"区域化目录清单"管理。《目录》分为全市禁止部分、工业区禁止部分、中心城限制和控制部分。中心城区,清单把关;工业园区,封闭式管理;仓储环节,实施动态定置管理;使用环节,登记报备全过程管控

续表

序号	发布时间	政策文件名称	发布文号	政策要点
3	2017年4月28日	《危险化学品经营许可工作实施细则》	沪安监行规〔2017〕2号	明确了许可的实施机关、申请类别和需要提交的材料、受理和审查要求、审批时限、发证范围等事项
4	2019年5月24日	《上海市应急管理局关于印发上海市企业安全风险分级管控实施指南的通知》	沪应急行规〔2019〕2号	提出上海市建立风险管控信息化建设,整合建立风险隐患双重预防管理系统,在“一张图”上实现企业隐患排查、风险管控等信息的动态更新、互联互通和综合应用的具体要求
5	2017版	《上海市石油天然气管道事故专项应急预案》	—	为及时、有效处置本市石油天然气管道突发事件,控制和消除突发事件的危害,最大程度地减少突发事件造成的人员伤亡和财产损失提供指导性文件
6	2017年4月19日	《上海市危险化学品安全综合治理实施方案》、《上海市危险化学品安全综合治理工作措施分解表》	沪府办发〔2017〕25号	通过综合治理,推动危险化学品企业安全生产主体责任有效落实,危险化学品安全监管体制、机制、法制日趋完善,危险化学品安全生产基础保障能力进一步提升,危险化学品重特大事故得到有效遏制;进一步明确了本市危险化学品安全综合治理31条具体措施的牵头和负责部门以及时限要求。全面推进化工企业仓储定置管理
7	2018年6月7日	《关于切实加强企业安全环保联动管控工作的通知》	上海市安全监管局、上海市环保局联合印发	企业在开展环保治理时,要注重安全管控能力,坚决防范遏制重特大事故发生。加强变更管理。鼓励相关企业在环保治理过程中,请安全环保专家或第三方技术服务机构,参与安全论证与现场管理
8	2017年5月11日	《易制爆危险化学品名录》(2017年版)	公安部公告	下发《易制爆危险化学品名录》(2017年版)
9	2018年5月15日	《应急管理部关于印发危险化学品生产储存企业安全风险评估诊断分级指南(试行)的通知》	应急〔2018〕19号	下发《危险化学品生产储存企业安全风险评估诊断分级指南(试行)》,要求各地遵照执行
10	2018年5月23日	《应急管理部办公厅关于召开化工和危险化学品安全生产视频会议的通知》	应急厅函〔2018〕13号	通报并剖析2018年以来较大事故、高温雷雨季节发生的化工和危险化学品重特大事故案例,部署安排高温雷雨季节及汛期化工和危险化学品安全生产工作

续表

序号	发布时间	政策文件名称	发布文号	政策要点
11	2018年7月2日	《〈中华人民共和国监控化学品管理条例〉实施细则》	工业和信息化部令第48号	
12	2018年9月18日	《易制毒化学品管理条例》	国务院令第703号(2018年修订)	第六条进行了修订
13	2018年7月31日	船舶载运危险货物安全监督管理规定	交通运输部令2018年第11号	
14	2018年11月19日	《危险化学品重大危险源辨识》	GB 18218—2018	代替GB 18218—2009进行了修订,明确厂外运输不包括在辨识范围内,修改了定义、单元、分类方法
15	2018年12月1日	《危险货物道路运输规则》	JT/T 617—2018	较之2004年发布的《汽车运输危险货物规则》(JT 617—2004),内容更完整,操作性更强,内容衔接更顺畅合理,与国际相关法规更接轨。对于有限数量、例外数量等重点措施的落地还需要进一步配套法规/管理条例以及指南发布实施
16	2018年7月20日	《国务院安委会办公室关于进一步加快推进危险化学品安全综合治理工作的通知》	安委办函〔2018〕59号	进一步推进《危险化学品安全综合治理方案》(国办发〔2016〕88号)并提出具体要求
17	2018年9月7日	《应急管理部办公厅关于认真整改危险化学品事故隐患和问题的函》	应急厅函〔2018〕388号	重大事故隐患整改挂牌督办,对相关违法违规行为依法查处
18	2018年9月13日	《应急管理部关于全面实施危险化学品企业安全风险研判与承诺公告制度的通知》	应急〔2018〕74号	将有关工作开展情况向全体员工做出公开承诺,并在工厂主门外公告,接受公众监督
19	2018年12月5日	《应急管理部关于贯彻落实国务院"证照分离"改革精神做好危险化学品和烟花爆竹安全许可审批工作的通知》	应急函〔2018〕265号	将危险化学品建设项目安全条件审查时限同安全设施设计审查时限一致,由45个工作日改为20个工作日

此外，上海市还针对危险化学品建设项目的安全及职业病危害评价规范建立了地方标准，如：《危险化学品建设项目职业病危害与安全预评价导则》(DB31/T 994—2016)；《危险化学品建设项目职业病防护与安全设施设计专篇编制导则》(DB31/T 1015—2016)；《危险化学品建设项目职业病危害与安全验收评价导则》(DB31/T 995—2016)等。

7.3.3 开展安全风险分级管控与隐患排查

1. 安全风险分级管控系统

原上海市安监局发布《上海市企业安全风险分级管控实施指南(试行)》《危险化学品生产储存企业安全风险评估诊断分级指南(试行)》等文件，要求企业全面开展风险辨识、评估和控制，成立由企业主要负责人任组长、技术负责人和安全管理人员参加的工作组，进行企业安全风险分级，推动10 734家危险化学品和工贸企业按照安全生产标准化体系实现自主管理。为推进分级分类监管，2018年底，全市已有5 766家企业完成安全风险辨识、评估、分级和管控工作。其中经评估分级，危化和工贸领域共确定143家企业整体风险等级为最高级(A级)。根据执法处统计，在全市完成企业安全风险分级管控工作的生产经营单位中，化工行业共有629家(除加油站)，其中A级55家、B级164家、C级251家、D级159家，如表7-7和图7-6所示。

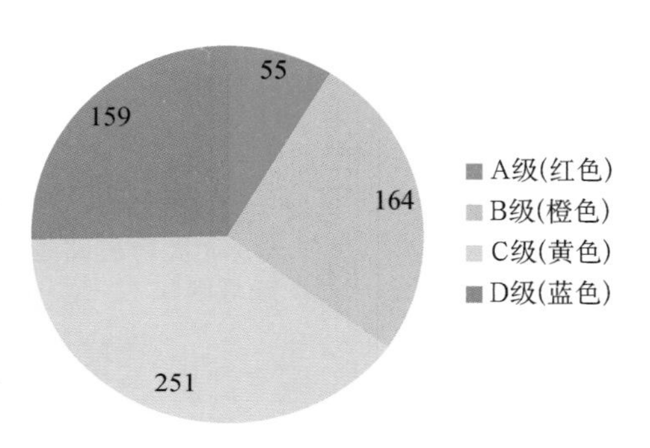

图7-6　上海市危化单位风险分级评估结果分布(单位：家)

表7-7　上海市各区县危化领域风险分级管控评估结果

类别	A级(红色)	B级(橙色)	C级(黄色)	D级(蓝色)	总计
风险等级单位数量/家	55	164	251	159	629
风险等级说明	不可容许的危险	高度危险	中度危险	轻度危险和可容许的危险	—
采取措施	应当立即暂停作业，明确不可容许的危险有害内容及可能触发事故的危险有害因素，采取针对性安全措施，并制订应急措施	应当明确高度危险的有害内容及可能触发事故的危险有害因素，采取针对性安全措施，并制订应急措施	应当对现有控制措施的充分性进行评估，检查并确认控制程序和措施已经落实，需要时可增加控制措施	可以维持现有管控措施，但应当对执行情况进行审核	—

由表7-7可见，A级单位占比8.7%，B级单位占比26.1%，C级单位占比39.9%，D级单位占比25.3%。可见风险等级总体呈现不可容许风险比例控制在10%以下，本市危

化企业总体风险等级以中、低度风险为主。

图 7-7 为上海市某企业厂区内根据风险分级结果绘制的“四色图”。

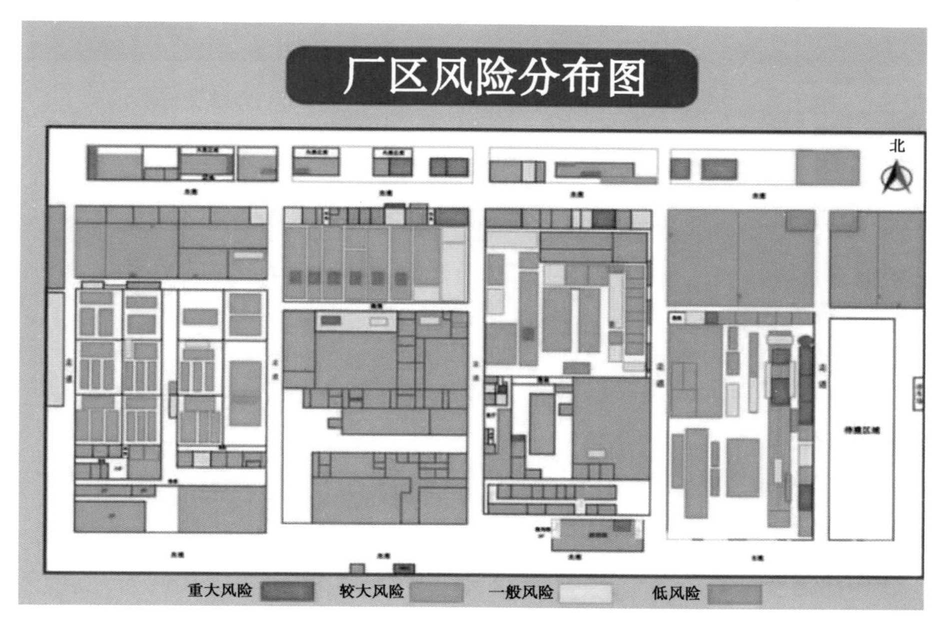

图 7-7　上海市某企业安全风险分布四色图样例展示

2. 隐患动态监测预警系统

上海市着力构建风险隐患动态监测预警体系。加强安全生产、自然灾害风险监测预警机制研究，推动建立监测预警体系，压实风险监测责任。推进市预警发布中心建设，充分发挥应急广播的作用，确定特约通讯员单位，进一步理顺应急预警工作机制，加强事故和自然灾害监测预警。会同有关部门强化企业安全风险分级管控和事故隐患排查治理“双重预防机制”，督促相关部门、单位和企业建立健全风险评估、隐患排查、整改治理等工作机制，深化安全风险“一张图、一张表”应用，运用目标管理的方式实施重大风险隐患治理的全过程跟踪督查。图 7-8 为上海市应急管理局统一办事平台界面，可实现风险隐患双重信息录入、行政审批项目申报与审批、重大危险源申报与备案、应急预案申报与备案等操作。

图 7-9 为上海市某企业安全生产隐患排查信息系统录入界面。

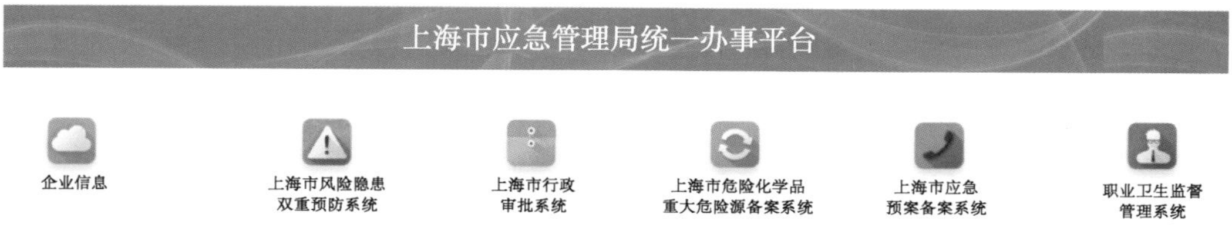

图 7-8　上海市应急管理局统一办事平台

图 7-9　上海市某企业安全生产隐患排查信息系统

图 7-10 为上海市某企业年度隐患排查统计分析界面。

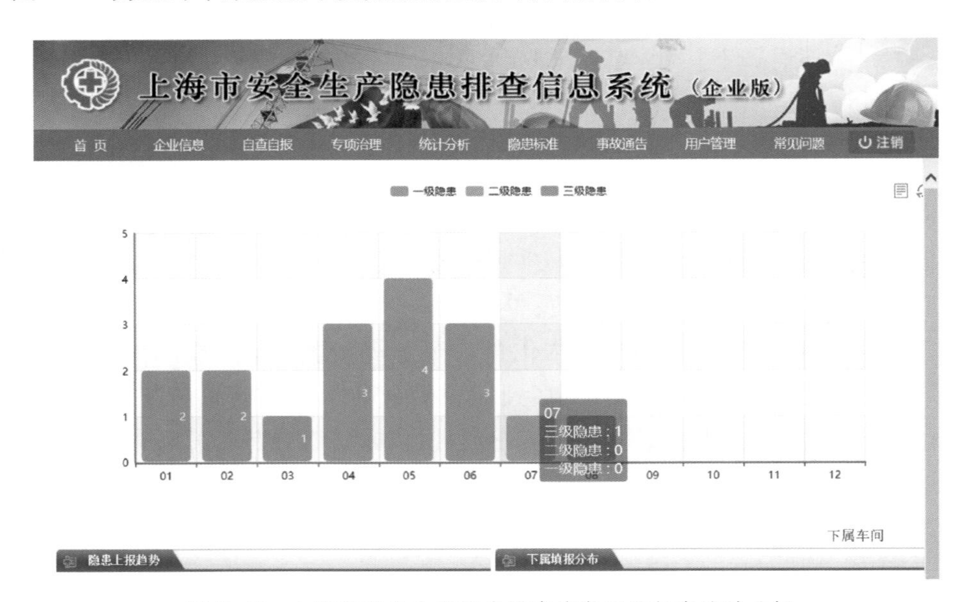

图 7-10　上海市安全生产隐患排查信息系统年度统计分析

通过安全生产隐患排查系统信息的录入与统计，方便企业及时追踪隐患，发现规律，且便于政府部门掌握区域隐患发展态势，确定整改进度，掌握重大隐患的分布情况等。

7.3.4　推进危化行业相关安全责任体系及社会化服务

上海市着力推进危化行业安全责任体系建设，主要举措如表 7-8 所示。

表7-8 安全责任体系方面的举措

序号	主要举措	出台文件名称	主要内容
1	制定实施细则	《上海市党政领导干部安全生产责任制实施细则》	强化了安全生产综合监管、负有安全监管职责、行业管理部门和开发园区管理机构党政领导干部安全生产职责
2	落实配套制度	《上海市安全生产巡查办法》《上海市安全生产约谈警示办法》	按照“管行业必须管安全、管业务必须管安全、管生产经营必须管安全”的要求，制定了45个部门安全生产责任清单、权力清单、监管清单和任务清单
3	强化责任制考核	《市安委会关于印发市安委会成员单位安全生产绩效考核办法》，制定《2018年度安全生产绩效考核评分细则》	着力发挥考核对推动责任落实的指挥棒、风向标作用，对16个区和45个部门开展年度考核

在社会化服务体系方面，在危险化学品建设项目“三同时”和危险化学品安全生产许可证新申请、延期等行政审批工作中，探索引入社会第三方专业服务机构，委托实施技术审查。健全安全生产社会化服务体系，推动市安全生产协会组建安全生产专业服务机构委员会，制定《工作规则》《自律公约》，加强对市安全生产专家库的管理，积极发挥专家的技术支撑保障作用。鼓励有关行业协会、学会组织为企业提供信息、培训等服务，开展相关领域安全风险监测和评估等工作。发挥协会、学会行业自律、社会自治作用，采取定期盲审、结果公开、警示约谈等多种措施，督促相关机构完善质量控制体系，营造优胜劣汰的市场竞争环境。

7.3.5 进一步加强危化品安全教育与培训

上海市开展危化特种作业培训考试点建设研究，加强特种作业考试点管理，全年共培训考核特种作业（电工、焊工）操作证165 606人次，危险化学品及金属冶炼生产经营单位主要负责人、安全生产管理人员培训合格证12 849人次；颁发一般生产经营单位主要负责人及安全生产人员培训合格证书75 084人次，危险化学品其他从业人员培训合格证34 458人次，有毒有害受限空间作业人员培训合格证22 629人次。

7.3.6 提升危化品应急管理及救援能力建设

上海市危化品事故应急管理工作由市委、市政府统一领导；市政府是突发公共事件应急管理工作的行政领导机构；上海市应急管理局决定和部署突发公共事件应急管理工作，其日常事务由上海市应急管理办公室（以下简称“市应急办”）负责。

上海市应急联动中心设在上海市公安局，作为本市突发公共事件应急联动先期处置的职能机构和指挥平台，履行应急联动处置较大和一般突发公共事件、组织联动单位对特大或重大突发公共事件进行先期处置等职责。各联动单位在各自职责范围内，负责突发公共事件应急联动先期处置。

上海市安全生产应急救援指挥部(以下简称“市指挥部”)是本市生产安全事故灾难应急处置工作的指挥机构,指挥长由分管副市长担任,常务副指挥长由市政府分管副秘书长担任,副指挥长由市安全监管局局长、市公安局副局长担任,指挥部成员由有关单位和部门的相关负责人担任。

其他相关单位在其职责范围内进行协调配合。上海市应急救援职能架构框图如图7-11所示。

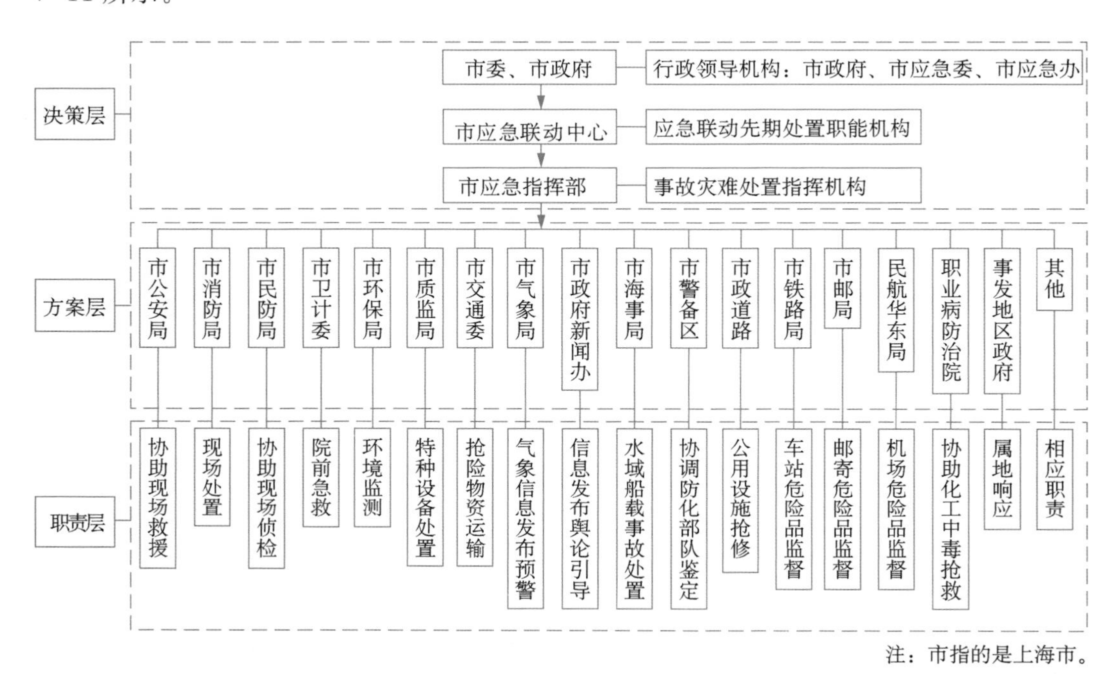

图7-11 上海市应急救援职能架构框图

7.4 挑战和建议

7.4.1 面临的挑战

上海市危化品安全生产存在不少的困难和问题,安全生产长期性、复杂性、反复性、突发性特征仍然突出。未来本市既要解决长期以来积累的安全生产工作瓶颈问题,又要积极应对经济社会的创新发展以及危化品行业建设管理过程中出现的新问题、新任务、新挑战。随着上海市危化品行业的发展,化工区企业高度密集,各类要素流动性和集聚度进一步增加,各类生产装置、储存设施、运输管线等基础设施体量庞大,客观存在安全事故(事件)的诱因,危化品生产安全和运行安全保障能力依然相对薄弱。

1. 危化品行业的高风险性固有存在，安全工作需要长期坚持

由于危化品固有的危险特性，加之在经营、运输、生产过程中存在的各种作业风险，尽管目前已经引进了国内外各项先进的安全设施并借鉴了安全管理实践经验，但其高风险性仍然是固有存在的，危化品安全工作仍需长期坚持并持续做好，丝毫不能懈怠。

2. 新材料、新工艺、新技术、新业态带来新的安全风险，安全工作需要与时俱进

随着经济社会的发展，不断涌现出新材料、新工艺、新技术及新业态，未来还将快速更迭，危化品行业安全管理必须与时俱进，从"新"辨识，不盲从、不守旧，一点一滴，抓好"新"风险的管理，真正做到安全风险可控。

3. 企业安全装备与管理水平参差不齐，安全工作需要因地制宜

上海作为国际化大都市，既有世界500强的行业巨头，又有三人成行的微小企业，行业技术装备水平有些可达国际先进水平，有些尚处在20世纪八九十年代的人工作业水平，这一方面体现了上海包容开放的精神，另一方面，也为安全工作提出了严峻考验。在可预期的未来，这种形式仍将长期存在，因此安全工作必须"因地制宜、对症下药"，有针对性地提高其安全水平，必要时应抓大放小，遏制重特大事故发生。

7.4.2 建议

随着上海市创新驱动发展、经济转型升级的推进，企业组织形式和生产经营方式产生新的变化，必须更多地采取市场化、法治化、信息化手段，强化企业安全生产自主意识和社会责任担当。监管方式要实现由过去偏重许可等事前准入管理的传统安全生产监管向更加注重事中、事后综合监管转变。要更好地回应全社会关爱生命、关注安全的呼声和期望，全方位提升安全生产监管效能和事故灾难应对处置能力。

（1）提升风险评估与重大突发事件研判能力，全面细致地开展风险评估，预测可能出现的重大事故。

（2）提升设备设施与工艺的本质安全水平与安全控制水平，选择成熟、可靠的工艺，项目建设前严格准入与审批，充分论证，确保落地项目的安全风险可接受。

（3）提升应急救援综合救援能力，加强应急实战演练，协调社会力量参与应急救援。加大危险化学品应急救援宣传与专业装备配备。

（4）进一步推进信息化在危化品安全管理领域的应用。随着大数据时代的来临，5G、人工智能、信息预测与预警等领域的大力开发，应尽快与安全生产相关领域的要求与实践相结合，尽快使新技术服务于危化品安全行业的现状监测、事故预警与应急指挥等各方面。

第8章 特种设备安全

特种设备是指涉及生命安全、危险性较大的锅炉、压力容器、压力管道、电梯、起重机械、客运索道、大型游乐设施和场(厂)内专用机动车辆。特种设备作为城市发展的基础设施,在经济和社会发展以及人民生活中发挥着巨大作用,近几年在数量上迅猛增长,使用范围也日益广泛,但与此同时,也带来了安全风险的增加,其特有的危险性决定了一旦发生事故,往往造成群死群伤的严重后果,为城市发展带来不可忽略的负面影响。

8.1 概况

2016—2018年,上海市办理使用登记的特种设备总量由543 140台(套)增加至614 758台(套),其中在用特种设备数量由481 316台(套)增加至524 622台(套),增长近9%,特种设备使用单位数量由64 180家增加至116 837家,增长82%。图8-1为2016—2018年特种设备拥有量,图8-2为2016—2018在用特种设备种类数量。

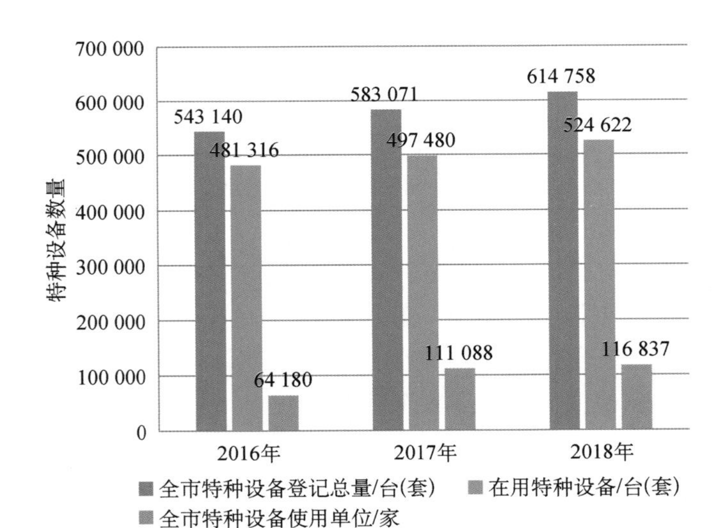

图8-1 2016—2018年特种设备拥有量

数据来源:上海市市场监督管理局网站。

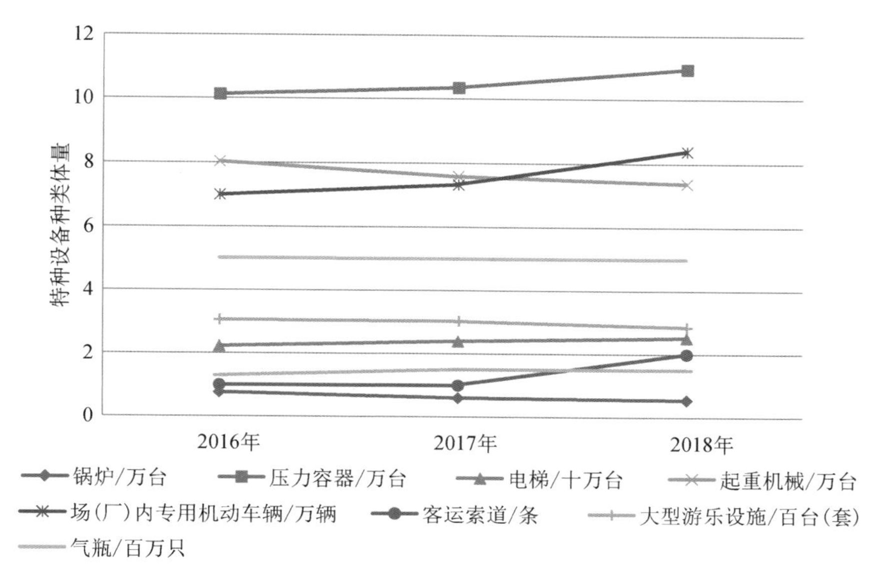

图8-2 2016—2018年在用特种设备种类体量

我国对特种设备的生产、经营、使用,实施分类的、全过程的安全监督管理。上海市质量技术监督局作为本市的特种设备安全监督管理部门,负责上海市特种设备的安全监察及综合协调工作,对特种设备生产单位、充装单位及检验、检测机构进行资质许可,组织对特种设备生产(含设计、制造、安装、改造、修理)、经营、使用单位和检验、检测机构实施监督检查,组织制定特种设备事故应急预案,实施,组织、参与开展特种设备事故的应急处置和调查处理工作,并定期向社会公布本市特种设备安全总体状况;开发有特种设备审批和查询系统,为公众提供特种设备生产单位(设计、安装维修改造、制造、气瓶充装)、特种设备施工告知、特种设备使用登记、特种设备检验检测机构、特种设备作业人员等申请审批和查询服务,对本市特种设备在生产、使用、安装、维修、检验检测等各环节进行系统监管。

8.2 事故及隐患成因分析

8.2.1 事故总体情况

2016—2018年全市特种设备安全事故:特种设备在生产(包括设计、制造、安装、改造、修理)、经营、使用、检验、检测等全生命周期过程中发生的安全事故发生起数分别为10起、19起、13起(图8-3),事故死亡人数分别为10人、16人、12人,受伤人数分别为2人、2人、1人(图8-4),万台特种设备死亡率分别为0.18,0.32,0.2(图8-5),均保持在较低水平,事故造成的直接经济损失分别为1 183万元、1 777万元、1 480万元(图8-6),事故类型分布见表8-1。三年均未发生特种设备较大以上事故,各类特种设备事故数据见图 8-7,安全形势状况总体平稳可控。

表 8-1　2016—2018 年特种设备事故类型分布情况

特种设备事故类别	2016 年	2017 年	2018 年
电梯事故/起	3	4	1
起重机械事故/起	1	8	4
场(厂)内专用机动车辆事故/起	4	6	8
压力容器事故/起	1	1	0
锅炉事故/起	1	0	0
总计	10	19	13

数据来源:上海市市场监督管理局。

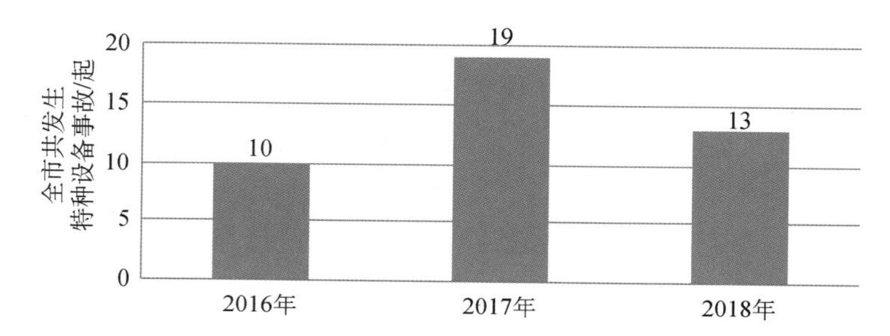

图 8-3　2016—2018 年特种设备事故起数

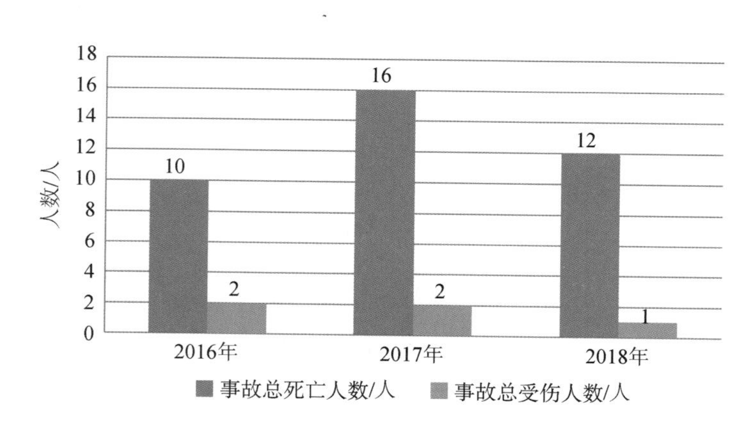

图 8-4　2016—2018 年特种设备伤亡人数

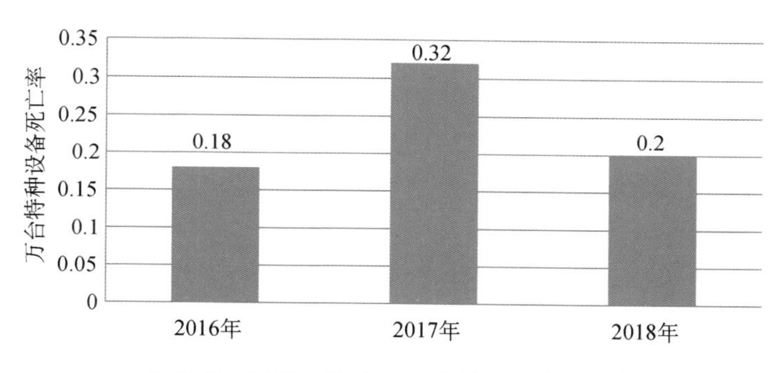

图8-5 2016—2018年万台特种设备死亡率

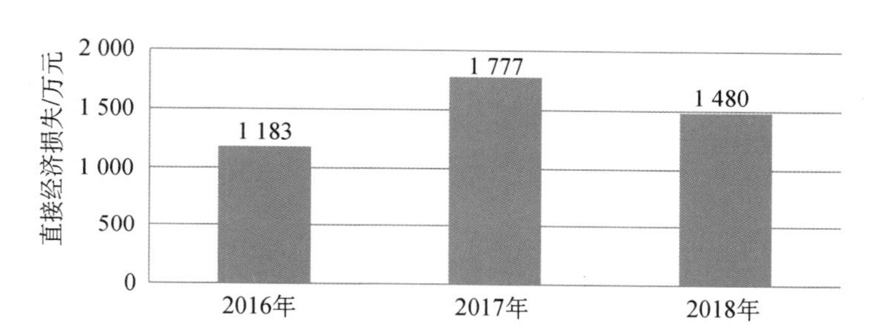

图8-6 2016—2018年特种设备事故经济损失

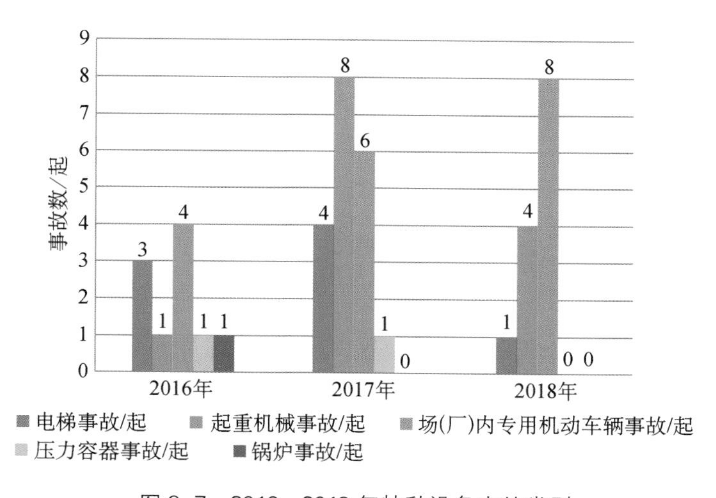

图8-7 2016—2018年特种设备事故类别

8.2.2 事故主要特点

(1) 从事故发生的设备类别来看，2016—2018年均以电梯、起重机械、场(厂)内专用机动车辆等机电类设备为主，占到总体事故的93%，压力容器、锅炉设备引发的事故为少数，占总体事故的 7%,其他类型设备未发生事故。

(2) 从事故发生的环节来看,大多发生在使用环节。2016—2018 年共 42 起特种设备事故中,有 34 起发生在使用环节,4 起发生在安装环节,3 起发生在维修环节、1 起发生在改造环节,各环节事故占比分别为 81%, 10%, 7%, 2%(图 8-8)。

(3) 从事故发生区域看,以郊区为多发,且中心城区主要以电梯事故为主,郊区则以起重机械、场(厂)内专用机动车辆为主。

2016—2018 年上海市各辖区特种设备事故发生情况见表 8-2,特种设备事故区域分布情况如图 8-9、图 8-10 所示。

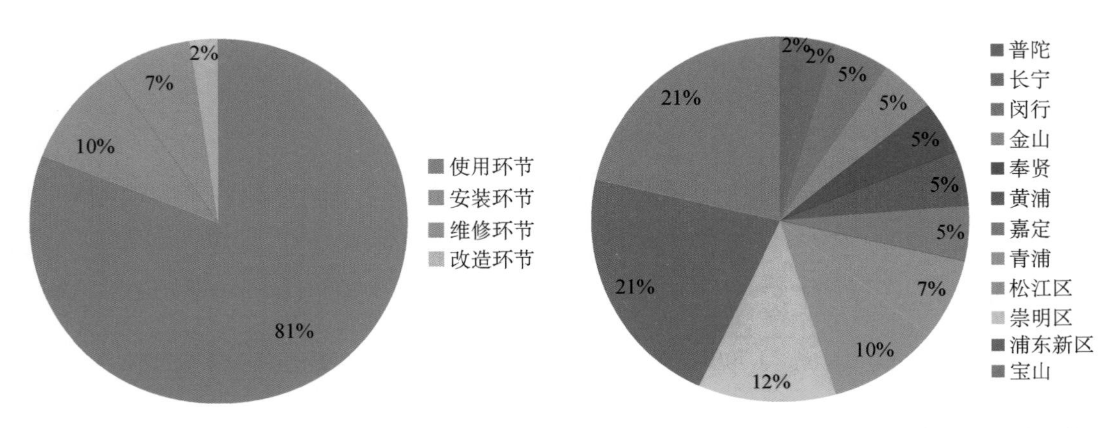

图 8-8　2016—2018 年特种设备事故发生环节占比

图 8-9　2016—2018 年特种设备事故区域分布

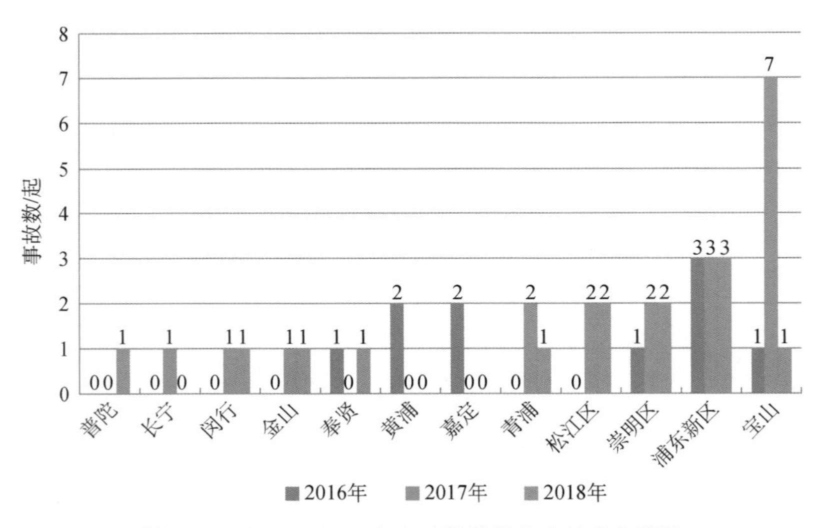

图 8-10　2016—2018 年各区特种设备事故发生情况

表 8-2 2016—2018 年上海市各辖区特种设备事故发生起数　　单位:起

上海市辖区	2016 年	2017 年	2018 年	合计
普陀	0	0	1	1
长宁	0	1	0	1
闵行	0	1	1	2
金山	0	1	1	2
奉贤	1	0	1	2
黄浦	2	0	0	2
嘉定	2	0	0	2
青浦	0	2	1	3
松江区	0	2	2	4
崇明区	1	2	2	5
浦东新区	3	3	3	9
宝山	1	7	1	9
总计	10	19	13	42

数据来源:上海市市场监督管理局。

根据 2016—2018 年特种设备事故原因统计可知,近 90%的事故直接原因是作业人员违规操作、无证上岗、作业现场安全管理混乱导致,但究其本质还是在于企业安全主体责任及安全管理落实不到位而导致的安全投入不足、安全培训教育和人员管理缺失。另外,约 10%的事故主要原因为特种设备的主要部件或联锁保护装置失效,这也说明在设备的检测检验环节存在一定的管理漏洞。

2016—2018 年特种设备事故原因统计分析如表 8-3 所示。

8.3 管理措施

2016—2018 年,随着特种设备使用量和使用单位的增加,安全管理的压力进一步增加,上海市在法规标准体系建设、双重预防体系、应急管理、安全责任及社会化服务体系建设、培训教育等方面开展了一系列卓有成效的工作,保障了特种设备的安全发展态势。

表 8-3　2016—2018 年特种设备事故原因统计分析

<table>
<tr><th>特种设备事故类别</th><th>2016 年</th><th>主要事故原因</th><th>2017 年</th><th>主要事故原因</th><th>2018 年</th><th>主要事故原因</th></tr>
<tr><td>电梯事故</td><td>3 起</td><td>企业安全培训不到位,现场作业监督管理不到位,作业人员违规操作</td><td>4 起</td><td>电梯主要部件失效,乘客乘用不当</td><td>1 起</td><td rowspan="3">企业未落实安全主体责任及管理缺失,安全培训不到位,作业人员违规操作、无证上岗、劳动保护缺失</td></tr>
<tr><td>起重机械事故</td><td>1 起</td><td>企业安全生产责任落实不到位,作业人员违规操作</td><td>8 起</td><td rowspan="2">企业未落实安全主体责任,企业负责人及管理人员安全意识不强,安全投入不足,安全管理流于形式,无针对性,安全教育培训不到位</td><td>4 起</td></tr>
<tr><td>场(厂)内专用机动车辆事故</td><td>4 起</td><td>企业未有效落实安全管理制度,未配备安全管理人员,未有效开展安全培训,作业人员违规操作</td><td>6 起</td><td>8 起</td></tr>
<tr><td>压力容器事故</td><td>1 起</td><td>企业未有效落实安全管理制度,现场安全管理缺失,作业人员无证违规操作</td><td>1 起</td><td>联锁保护装置失效</td><td>0 起</td><td>—</td></tr>
<tr><td>锅炉事故</td><td>1 起</td><td>企业未有效落实安全生产责任,安全制度不健全,作业人员无证违规操作</td><td>0 起</td><td>—</td><td>0 起</td><td>—</td></tr>
</table>

数据来源:上海市市场监督管理局。

8.3.1 加强特种设备安全法规及标准体系建设

2013年6月，我国发布了首部关于特种设备的专门法《中华人民共和国特种设备安全法》，并于2014年4月正式实施。该部法律明确了特种设备在生产（包括设计、制造、安装、改造、修理）、经营、使用、检验、检测和特种设备安全的监督管理方面的基本要求，确立了企业承担安全主体责任、政府履行安全监管职责和社会发挥监督作用三位一体的特种设备安全工作新模式。这部法律的出台，也标志着我国特种设备"法律—行政法规—部门规章—安全技术规范—相关标准"的法规标准体系结构层次得到进一步完善。

2015年，上海市结合本市实际情况，下发了《上海市电梯安全管理办法》，对上海市范围内电梯的生产（含制造、安装、改造、修理）、使用、维护保养、检验、检测以及相关监督管理活动等环节做了进一步规范，并于2015年年底出台了《上海市质量技术监督局关于违反〈特种设备安全法〉行政处罚的裁量基准》的规范性文件，对《特种设备安全法》行政处罚条款涉及的违法行为情节判定及其处罚裁量标准做了进一步细化，该文件在规范特种设备行政处罚裁量权的行使，提高行政处罚案件办理质量以及执法方面起到了重要作用，使处罚裁量的行施更加合法、公正、合理。2016—2018年先后出台了《上海市锅炉修理单位监督管理办法》《上海市气瓶充装单位监督管理办法》《上海市特种设备行政许可证证后监督检查管理办法》等规范性文件，对锅炉、气瓶等单项特种设备事故率较高环节的监督管理做了较为详细的规定，并进一步加强了特种设备在取得行政许可证后的监督、检查和管理，全方位保障特种设备的运行安全。与此同时，相关的地方标准也在酝酿出台，2018年年底，上海市地方标准《特种设备风险分级管控实施指南》《特种设备风险分级管控通则》《特种设备双重预防体系要求》已形成征求意见稿，目前正向社会广泛征求意见。这些法规和规范性文件的出台，一方面使我国特种设备法规标准体系更加完善，另一方面也极大地促进了上海市特种设备安全监管工作的细致化、规范化。

8.3.2 开展特种设备安全风险管控及隐患排查治理

上海市在特种设备管理方面出台和落实的安全风险管控措施主要有以下四个方面。

1. 有序推进风险分级管控和隐患排查治理双预防工作

2016—2017年主要在安全监管新模式方面进行探索，树立"把隐患当事故"思想意识，加强隐患排查治理和系统风险研究，制定了《上海市特种设备使用单位安全管理评价实施办法（征求意见稿）》和《上海市特种设备隐患排查治理管理办法（征求意见稿）》及工作指南，明确了以特种设备使用单位自评为主行业监管核查为辅、对设备监管上升到对单位监管的特种设备管理模式。对上海化学工业园区内企业、加气站行业和液氨制冷行业等高风险行业开展了特种设备使用单位安全管理评价工作试点及推广，并分别在松江区、崇明区和上海化学工业园区开展隐患排查试点工作。

2018年组织开展双预防研究试点，通过调研论证，确定了双预防"1个文件＋7个标准”的基础制度体系，并向社会广泛征求意见。开展市区联合双预防相关研讨，整合各方资源开展课题研究，为双预防工作提供理论基础和技术支撑。开展长输管道、公用燃气管道使用单位的安全评价和隐患排查工作，全市完成 26 家。指导各区结合辖区风险特征，开展石油化工、液氨制冷、气瓶充装(含加气站)、移动式压力容器充装等重点行业使用单位安全管理评价和排查治理工作，全市共计完成 355 家。部署各区结合监督检查、检验检测、专项整治和重大活动保障，以及市委、市政府重点专项督查等工作，推动辖区企业开展双预防试点，并积极应用、持续完善本市特种设备隐患排查信息化系统，7 个区的 477 家使用单位分批进行了试点。2018 年，开展特种设备安全隐患集中大排查工作，检查各类公众聚集场所近 2 000 个，对大型游乐设施和客运索道进行了重点检查整治，基本建立了本市特种设备隐患排查治理的常态长效工作机制。

2. 推进特种设备专项整治和安全监管综合改革

(1) 在电梯整治方面，持续开展老旧电梯安全评估，根据评估结论，推动老旧电梯更新改造。2016—2017 年完成老旧电梯安全评估近千台，并对发现存在问题的电梯组织“回头看”，通过“回头看”工作对发现问题的电梯进行整改，并依法封停不合格的电梯。2018 年，全面推进实施电梯安全监管综合改革，印发《关于本市加强电梯质量安全工作的实施方案》(沪府办规〔2018〕22 号)，明确了未来三年的工作任务。结合本市电梯智能化监管课题、高层电梯安全状况研究、大调研等工作，调研形成《上海电梯安全监管智能化研究》《关于本市高层电梯安全情况的调研》《关于本市电梯安全管理情况的报告》等报告，为本市电梯安全管理和创新实践的高层决策提供了全面、客观的资料。如期实施电梯定期检验方式“1+1”改革试点并向社会发布、解读改革方案，指导浦东新区(自贸区)引入有资质的社会第三方机构参与定期检验。

(2) 在危化品相关特种设备方面，在 2017 年和 2018 年均持续开展隐患排查治理，全市各级监察机构出动千余名监察人员，检查盛装毒性程度为极度和高度危害介质、易燃易爆介质等高危介质特种设备使用单位 537 家，发现并消除安全隐患 539 个，下达监察指令书34 份。在“5・12”储罐燃烧爆炸事故发生后，吸取事故教训，组织全市开展石油化工行业、危险化学品领域特种设备专项监督检查，共发现并督促整改较大安全隐患 285 项次，立案 22 起。

(3) 在压力管道方面，持续推进油气输送管道和长输管道隐患整治，2016—2017 年完成长输管道全面检验 1 579.647 km，全面检验率达到 100%。另外，完成公用燃气管道全面检验 1 056.5 km，检查 1 097.4 km。强化输油气管道使用单位的安全监管，督促企业依法落实安全主体责任，确保管道运行安全。

(4) 在锅炉方面，在燃煤锅炉节能减排攻坚战中持续推进在用工业锅炉能效测试工作，2016—2018 年，完成在用工业锅炉能效测试 1 871 台、工业锅炉定型产品能效测试 6 台，组织对本市能效测试机构和锅炉制造单位开展节能监督检查，开展锅炉房达标评选活动，推动地方标准《在用工业锅炉安全节能环保管理基本要求》出台，并于节能宣传周向相关单位进行宣贯。部署开展电站锅炉范围内管道隐患专项排查整治，按照电站锅炉使用全生命期各环节的要求，对本市燃煤电站锅炉、燃气轮机余热锅炉及垃圾焚烧锅炉范围内管道隐患进行排查治理。

（5）在大型游乐设施方面，进一步加强安全监管，督促企业自查自纠，积极开展隐患排查。大型游乐设施运营使用单位和制造单位按照大型游乐设施安全隐患排查的要求，积极开展自查自纠工作，落实排查计划，完成300余台大型游乐设施自查工作，督促运营使用单位完成涉及安全带老化、保护装置发生锈蚀等问题的整改工作。本市各级特种设备监管部门根据工作安排，结合企业自查自纠上报情况，同步进行安全监察，并封停了涉嫌未经检验使用的大型游乐设施。2017年、2018年每年完成大型游乐设施监督检查和隐患自查近300台。并对存在问题的设备完成整改，保障大型游乐设施安全运行。

（6）其他方面，开展起重机械和场内车辆专项整治和执法行动。2017年部署开展了室外用起重机械防风防台专项检查及简易升降机专项整治，对发现有安全隐患的设备，进行拆除或改造。针对机电类事故多发的情况，于2017年8月21日在全市集中组织开展起重机械和场车专项执法行动。在执法行动中，立案查处4起，查封扣押设备3台。此外，结合全市燃气助动车的报废回收工作，组织全市开展气瓶充装单位专项执法行动。对存在问题的气瓶充装单位，分别采取了责令整改、查封、立案查处等措施。

3. 加强事中事后监管和执法检查力度

2016年，为落实特种设备生产、充装单位及检验检测机构安全主体责任，依法履行监督检查职能，规范特种设备行政许可事中、事后监督检查工作程序和行为，结合市政府相关文件要求，编制了《上海市特种设备生产、充装单位及检验检测机构事中、事后监督检查管理办法（试行）》，并按照办法要求，对特种设备生产单位、气瓶充装单位和检验检测机构开展监督抽查，通报了抽查情况并狠抓问题整改，对存在问题的单位，采取依法注销许可证，通报批评、约谈等措施。

2017年，为加强行政许可获证单位的监管，督促其持续满足许可条件和保证工作质量，下发《关于开展2017年度特种设备行政许可监督抽查工作的通知》（沪质技监特〔2017〕231号），部署开展特种设备行政许可单位证后监督抽查工作，并按条线分别制订证后抽查方案，从全市各监察、检验机构抽调专家组成专家组，以公众留言、来信来访中以及日常监察工作中发现的问题和薄弱环节为重点，结合上一年度监督抽查情况，确定重点抽查单位。对本市百余家特种设备行政许可单位开展了证后监督抽查，注销了3家严重不符合资源条件的生产单位的许可；对全市20余家综合检验机构、气瓶检验机构、鉴定评审机构、行业检验机构进行了监督抽查，并通报了监督抽查情况和后续的整改措施。2017年8月，根据国家质检总局、市安委会关于开展安全生产大检查工作的部署，下发《关于开展特种设备安全大检查的通知》（沪质技监特〔2017〕327号），在全市范围内部署开展特种设备安全大检查工作，对16个区全覆盖开展了特种设备安全综合督查督导。对督查中发现的问题和隐患，要求各区局立即着手开展整改落实工作，并督促企业进一步完善安全管理，按要求开展隐患自查及整治工作。并在2017年年底继续组织安全督查督导“回头看”，确保各项问题得到妥善解决，各类隐患得到整改。

2018年，根据《上海市特种设备行政许可证证后监督检查管理办法》所形成的标准化监督抽查程序和工作指导文件，部署开展了涵盖7大类110家特种设备生产（含制造、安装、改造、修理）单位的证后监督抽查工作，并将监督抽查情况进行了通报。组织实施对涉及公共安全领域的气瓶检验机构、安全阀校验机构和“两工地”起重机械检验机构的监督考核；完成综合类检验机构的监督考核，并督促有关机构按时保质完成考核发现问题的整改。

2017—2018年，根据质检总局特种设备安全隐患排查整治相关工作部署，结合“质检利剑”专项行动和12365群众举报、社会舆情等多维度的分析研判，针对阶段性特种设备安全问题反映较多的领域，以点带面全面推进，严厉打击违法行为，两年内全市特种设备立案数1 406件，经济处罚4 000余万元，始终保持特种设备安全领域高压态势，保障人民群众生命财产安全。

4. 给予重点项目、重大活动、重要时段安全保障

2016—2018年，全市各级特种设备监察机构和检验机构共同努力，通过采取加强特种设备安全监督检查、保障性检验、现场值守、成立特种设备安全保障工作领导小组，制定特种设备保障工作方案以及应急处置演练等措施，确保了迪士尼等重点项目、G20峰会、全国人民代表大会和中国人民政治协商会议（统称“两会”）、上海车展、“一带一路”国际合作高峰论坛、首届中国国际进口博览会、世界人工智能大会、金砖国家财长和央行行长会议、多次外国元首来沪访问等重大活动，以及元旦、春节等重大节假日期间特种设备运行安全。在重大活动及重要时段内未发生有较大社会影响的特种设备事故或事件。

8.3.3 提升特种设备应急管理和救援能力

在应急管理方面，进一步完善了本市特种设备应急管理体系，强化安全责任，起草了《关于进一步加强本市特种设备应急管理工作的通知》，充分发挥特种设备应急管理各相关方的作用，以期形成企业落实主体责任、属地政府统一领导、监管部门依法履职、检验机构技术支撑、行业协会自律服务、社会公众监督参与的多元共治工作格局。

在应急救援演练方面，多部门联合部署，在上海迪士尼乐园组织开展了“迎开园，保安全”大型游乐设施应急演练活动；在崇明区以液化石油气安全为主线与崇明区政府联合开展了特种设备事故应急处置综合演练。在“5·12”事故发生后，组织所有区县特种设备监察部门负责人及锅炉主管人员开展锅炉事故现场观摩培训，强化安全意识，掌握事故应急处置要领。2018年，结合进博会特种设备安全保障，组织开展电梯大型专项应急演练，提升应急响应处置能力，并推动核心场馆398台电梯全面加装远程监测系统，接入市电梯应急处置公共服务平台，充分利用先进科技手段提升进博会电梯智能化监管水平。通过政

府购买服务方式，完成市电梯应急处置公共服务平台一期建设并投入运行，同步推广电梯救援手机 App 和远程监测及物联网应用，自 2018 年 6 月上线至今运行良好，提高了救援效率。

8.3.4 健全特种设备安全责任及社会化服务体系

在安全责任方面，合力推进特种设备安全监管责任落实。一是推动各行业主管部门主动落实行业监管责任。进一步提升行业主管部门对特种设备安全的认识和重视程度，加大对特种设备安全管理的投入并进行常态化管理。二是充分发挥市、区特种设备安全工作联席会议平台或协调机制作用。主动加强与相关职能部门和各区政府的沟通，协调解决涉及多部门监管职责的特种设备安全问题，积极利用市、区两级联席会议平台，在推进老旧住宅电梯安全评估、既有多层住宅加装电梯、住宅电梯加装远程监测系统、长输管道和公用燃气管道使用单位安全管理评价、气瓶和移动压力容器监管、港口码头起重机械整治、锅炉和非道路移动机械节能减排、特种设备安全知识进校园等工作中突显出实效。三是多方联动，形成合力。通过联合检查、联合执法等方式，共管共治，促进难点、痛点问题的解决。

在社会化服务体系方面，全市各类特种设备检验机构数量基本维持在 90 余家，涵盖了综合性检验机构(包括质监部门所属检验机构、行业检验机构和企业自检机构)、无损检测机构、气瓶检验机构、安全阀校验机构等。2016—2018 年各机构数量基本维持稳定状态，每年对在用特种设备进行定期检验，对特种设备的安装、改造和重大维修过程实施监督检验以及对特种设备进行制造过程的监督检验，如图 8-11 所示。

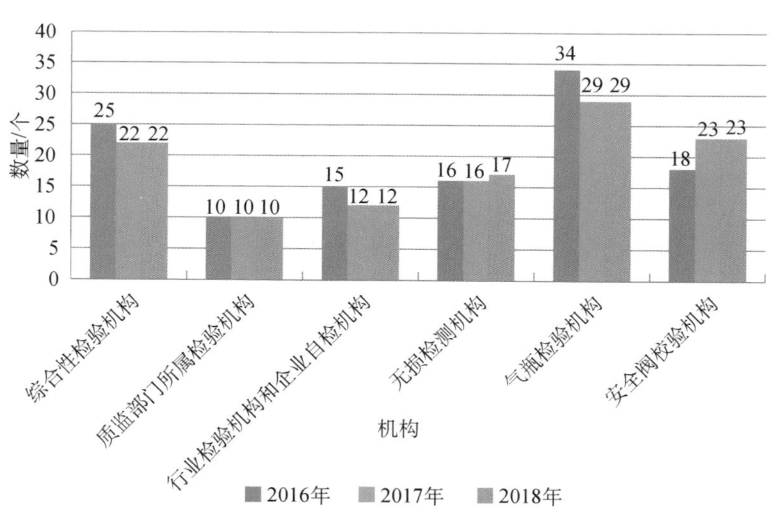

图 8-11 2016—2018 年特种设备检验机构情况

数据来源：上海市市场监督管理局。

上海市在规范技术机构工作方面也采取了一系列措施。一是结合大调研，以整顿、规范检验机构工作，协调解决检验重难点问题，防范检验机构廉政风险为目标，认真开展工作调研并按时予以解决。二是制定并印发《上海市特种设备综合检验机构监督考核办法(试行)》《上海市特种设备行政许可证后监督检查管理办法》,进一步规范本市特种设备检验检测机构履职行为,保证检验检测质量,提升技术服务能力。三是制定《2018年度特种设备综合检验机构监督考核实施方案》,组织实施针对全市22家综合类检验机构中的14家(覆盖一院九所)的监督抽查和考核,重点对检验工作质量、检验行为规范性和服务意识进行了检查;委托中国特种设备安全与节能促进会对市质监局下属的专业性检验机构开展监督检查,确保社会化服务机构的客观、公正、科学和准确。

8.3.5 加强特种设备教育培训

一方面,强化特种设备相关专业人员的培训,筹办"2016年上海市电梯行业岗位练兵与技能比武劳动竞赛",下发通知,召开了比武竞赛动员大会,200余家单位的1 500余人报名参赛。积极开展特种设备法律法规和安全技术规范宣贯培训,针对《固定式压力容器安全技术监察规程》《起重机械安装改造修理监督检验规则》《起重机械定期检验规则》《大型游乐设施安全监察规定》等新出台的安全技术规范开展宣贯培训,累计2 000余人次参加。

另一方面,努力加大对公众的宣传力度,传播特种设备安全文化。在"3·15"期间,集中开展大型游乐设施、电梯等特种设备的安全宣传活动,提高宣传的组合性、广泛性、受众性、持续性。充分利用电视、报纸、网络等媒体手段,通过地铁和公交东方明珠移动电视、商场广告大屏幕等载体和微博、微信等网络渠道,大力开展面向社会的特种设备安全使用知识和法律法规的系列宣传活动。在6月"安全生产月"活动前,组织电梯行业专家和志愿者向中小学生开展电梯安全知识宣传教育活动,共计8所小学校近300名中小学参与了活动。

8.4 挑战和建议

随着新时代、新业态、新技术的发展,以及全社会对于安全、质量、环保的关注度不断提高,对于以科技创新和进步支撑特种设备安全水平提升提出了新的挑战和更高的要求。

1. 新的挑战

(1) 设备自身风险不断增加。由于新材料、新工艺、新技术不断涌现,锅炉、压力容器、压力管道等承压设备向着大型化、复杂化、介质苛刻化以及长周期运行等方向发展,电梯、起重机械、游乐设施等机电设备向着更高速度、更大负载能力、运行方式更新颖刺激等方向发展,同时老旧设备日益增多,这些都造成不可预知风险的不断累积。

(2) 信息技术融合不够紧密。新一代信息技术在制造业、服务业中的应用和深度融合,将不断改变传统特种设备的生产方式、产业形态和管理模式。基于物联网技术的特种设备状态的智能感知,基于大数据的事故预测预防,基于人工智能和机器人技术的复杂环境下事故处置和应急救援，以及建立覆盖特种设备全生命周期的统一数据平台等，都对特种设备安全科技发展进步提出了新要求。

（3）企业安全主体责任及安全管理落实不到位，安全投入不足、安全培训教育和人员管理缺失，特种设备检测检验环节存在管理漏洞。

2. 安全建议

结合特种设备发展态势、2016—2018年以来特种设备事故发生原因以及本市特种设备监督管理工作，为了进一步提高特种设备在生产、经营、使用、检验、检测等方面的安全水平，从以下方面提出建议。

（1）加强特种设备的实验基地建设，实现关键技术突破。围绕国家重大战略需求，努力缩小特种设备安全科技创新能力与国际先进水平的差距，从根本上改变关键领域核心技术受制于人的局面。应打通设计制造、使用维护、检验检测等全产业链技术体系，依托国家重点实验基地和科研机构，推动基础科研能力提升，集中优势资源，突破薄弱技术环节，积极应对特种设备设计制造绿色化、轻量化和运行长周期、工况复杂化带来的新的安全问题。

（2）推动基础数据平台建设，实现数据互联共享。在统筹现有数据平台的基础上，建立特种设备全生命周期全覆盖的统一数据平台。研究特种设备信息资源知识图谱表示方法、特种设备信息资源分类方法与编码规则、典型特种设备追溯编码与标识规范；研究特种设备数据多指标质量评价体系和方法，建立特种设备质量评价系统；实验研究特种设备关键部件的可靠性数据，研究特种设备典型事故数据表征和原因识别方法，建立特种设备典型数据标准和事故原因数据库等，促进各方特种设备信息资源整合。

（3）探索特种设备智慧管理，实现安全预警防控。深入推进特种设备领域信息技术与智能制造、智能检验的融合创新，探索以先进传感器、健康监测技术为基础的设备研发，推进以移动互联网、数据挖掘为基础的新型交互式安全服务系统建设，推动传统安全管理模式转型升级为远程、在线、实时、互动的智慧管理模式。

（4）进一步加强落实企业主体安全责任。企业必须严格落实安全主体责任，全面提升特种设备安全管理水平，进一步提高安全意识，严格落实各项管理措施，加大安全生产投入，加强隐患排查治理，狠抓重点环节管理。对查出的隐患和薄弱环节，及时进行整改，切实把各类事故苗头遏制在萌芽状态，确保有效防范和坚决遏制特种设备事故的发生。

（5）规范特种设备检测检验工作。全面落实检验、检测责任，规范检测检验机构的从业行为，提高人员队伍的专业技术能力，从而提升检验检测工作质量和专业技术支撑能力，做好特种设备日常检验、定期检验以及重大活动期间的保障性检验工作。

（6）开展多元化的培训教育。持续加大安全宣教力度，积极构建全社会齐抓共管特种设备安全的氛围；加强事故案例教育警示，开展多种形式的培训教育，提高作业人员乃至全市市民的安全意识，做好社会层面的安全宣传工作，形成特种设备安全文化，对事故的防范起到重要作用。

第9章 上海城市运行安全评价

通过以系统评价理论为基础的模糊综合评价法，利用层次分析法（AHP）确定各个指标所占权重，建立城市运行安全评价模型，包括重点行业领域安全的单项评价模型和上海市城市运行安全的综合评价模型。

采用定性和定量相结合的方式，将指标定量化，建立指数化的城市运行安全评价模型，进而了解相关重点行业领域管理水平，扬长避短，找出上海城市运行安全的不足和短板，也为其他城市提供城市安全管理可推广可复制的借鉴和参考。

9.1 评价原则

评价指标体系的建立是城市运行安全评价中重要的一个环节，只有建立科学、合理的指标体系，才能对城市运行安全状况有一个全面、客观、准确的了解。指标体系的构造要遵照以下原则：目的性、独立性、科学性、可行性、综合性。此报告力求用定量化数据，排除主观因素的干扰，把主观判断影响降到最低。

（1）目的性：评价指标体系的建立紧紧围绕反映上海城市运行安全状况，确保城市运行安全的目标，最终选择最能体现城市运行安全各影响因素情况的典型指标。

（2）独立性：城市运行安全评价指标体系中各个指标要内涵清晰，相对独立，各指标之间要尽量避免相互重叠和关联，以免影响各指标之间重要性评判的准确性。

（3）科学性：评价指标的选取应遵循客观性，评价体系应能科学地反应上海城市运行安全现状。

（4）可行性：在设计城市运行安全评价指标过程中，对于定量指标，要选择有稳定、可靠数据来源且便于统计和计算的指标；对于定性指标，要确保指标含义明确，便于专家对其进行评价时准确打分。

（5）综合性：从定性和定量两个方面评价上海城市运行安全，因此评价指标体系同时含有定性评价指标和定量评价指标。将有可靠的、固定的数据来源的指标设定为定量指标，其他的不可量化的指标如管理方面的指标设定为定性指标，并将定性指标进行量化，建立上海城市运行安全评价指标体系。

9.2 评价方法

9.2.1 评价指标体系的建立方法

采用系统评价理论、模糊综合评价法对上海城市运行安全进行评价。模糊评价法基于模糊数学原理，将一些无法清晰描述、难以定量处理的变量进行量化处理，同时对多个影响指标进行全面判断的一种评价方法。根据模糊数学的隶属度理论将多个制约指标或目标的问题进行总体评价，将定性问题定量化，对上海城市运行安全进行整体的、综合的计算评价。

9.2.2 权重的确定方法

层次分析法作为主观赋权法的一种，其所具有的定性与定量分析相结合的特点，以及逻辑性强、可信度高等优势，是确定评价指标权重最常用的方法之一。邀请多位相关重点行业领域内的专家对各个指标的重要性进行打分，依次建立递阶层次结构，测度指标两两比较结果，按层次分析法进行计算，确定各行业领域评价指标的权重以及构成上海城市运行安全评价模型的各个指标的权重。

9.3 评价模型

按照重点行业领域分类评价，以城市运行安全重点领域分类作为评价维度，初步构建城市运行安全总体评价体系。自上而下将城市运行安全划分为自然灾害、城市建设、设施运行、火灾消防、危险化学品和特种设备共计6个子系统，如图9-1所示。自下而上，考虑事故产值率、事故人员率、损失产值率、每百万人伤亡人数等指标，建立上海市城市运行安全评价模型，对城市运行安全进行整体评价。

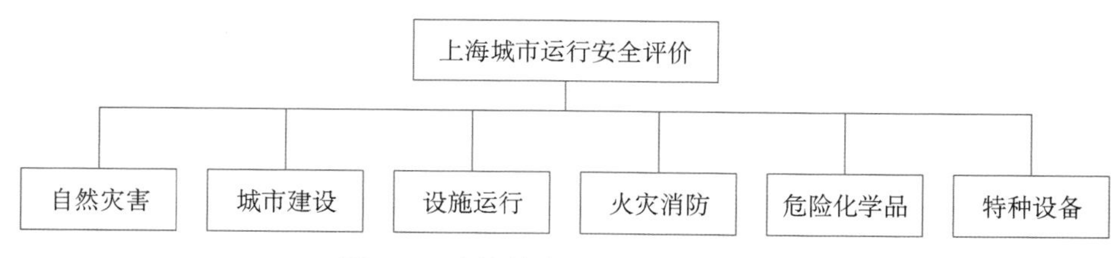

图9-1 上海城市运行安全评价模型

各领域/行业的安全性评价模型主要设置5个二级指标，分别为城市规划、安全事故发生率、安全管理体系、安全宣传与教育培训、应急与救援能力。共设置11个三级评价指标：城市发展规划、城市安全发展规划、城市安全法规标准体系、社会化服务体系、教育培训、安全风险管控制度、隐患排查治理、安全责任体系、应急管理和救援能力、新技术的应用以及安全事故发生率等方面。以自然灾害为例，其安全评价模型如图9-2所示。

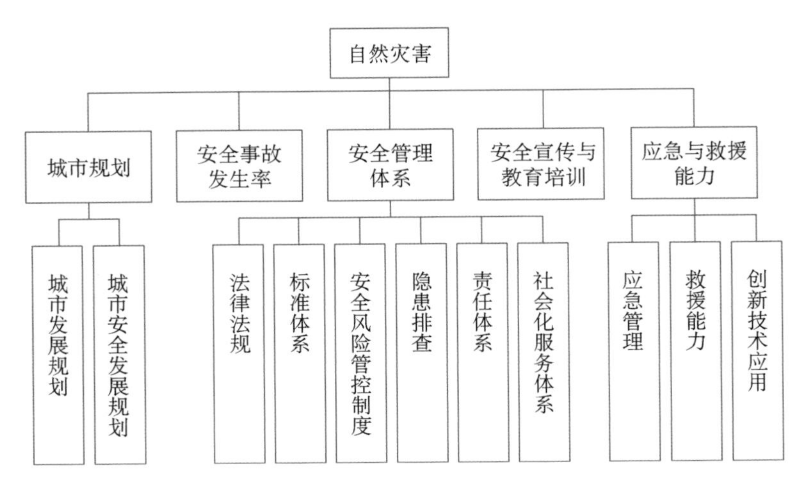

图 9-2 上海市重点行业领域安全评价模型(以自然灾害为例)

指标选取原则：在评价过程中需要对各指标进行打分，因此指标选取时应各考虑评价指标的数据或信息的可获取性，且有稳定、可靠的数据来源。

9.4 上海城市运行(重点领域/行业)安全评价

应用已建立的上海城市运行安全度模型对各重点行业领域安全现状和上海市城市运行安全现状进行评价，并绘制雷达图，评价结果包含各重点领域的安全评价，以及城市总体安全评价。

采用定性评价和定量评价相结合的方法，评价结果突出行业和领域特点。根据安全指数，上海城市运行(重点领域/行业)安全度等级共分为四级，安全度等级由低到高分别为不安全(红色)、一般安全(橙色)、较安全(黄色)和安全(蓝色)，安全指数以 10 分为安全最高分值，对应的分值分别为 3 分及以下、3(不含)～5 分、5(不含)～8 分和 8(不含)～10 分，如表 9-1 所示。

表 9-1 上海城市运行(重点领域/行业)安全指数及安全度等级划分

安全度等级	不安全	一般安全	较安全	安全
安全指数	3 分及以下	3(不含)～5 分	5(不含)～8 分	8(不含)～10 分

9.4.1 自然灾害

上海市应对自然灾害的安全评价体系共设置 9 个一级指标，分别为发展规划、预警体系、应急体系、安全责任体系、隐患排查治理、防灾减灾建设、救援救灾能力、社会化服务体系以及教育培训，如表 9-2 所示。

表9-2 自然灾害评价体系

目标	一级指标	权重	二级指标	权重	二级指标得分	一级指标得分	安全指数
自然灾害	发展规划	0.15	城市发展规划	0.5	8	7	7.84
			防灾减灾总体规划	0.5	8		
	预警体系	0.15	预警种类	0.3	9	8.7	
			预警准确度	0.4	9		
			预警发布范围	0.3	8		
	应急体系	0.1	应急预案	0.4	8	8.6	
			应急联动	0.2	9		
			应急物资储备	0.4	9		
	安全责任体系	0.05	安全责任体系建设	0.5	8	7.5	
			安全责任体系落实情况	0.5	7		
	隐患排查治理	0.05	隐患排查数量	0.2	7	6.5	
			隐患排查频次	0.3	8		
			隐患排查分级分类	0.2	7		
			重大隐患排查	0.3	7		
	防灾减灾建设	0.15	工程防御能力	0.6	8	8	
			防洪系统能力	0.4	8		
	救援救灾能力	0.15	专业救援人员数量	0.2	7	7.7	
			救援设备投入	0.3	8		
			年灾害死亡人数	0.3	9		
			年灾害经济损失	0.2	8		
	社会化服务体系	0.1	专项技术服务	0.5	8	7.5	
			社区网格化率	0.5	7		
	教育培训	0.1	专业救援队演习次数	0.4	8	8.2	
			志愿者救援演习次数	0.4	8		
			市民宣传教育次数范围	0.2	9		

评价结果:2016—2018年上海城市运行过程中,上海市各级政府、企业和社会在应对自然灾害方面的安全指数为7.84,应对自然灾害的安全度等级为较安全。

以调研数据统计分析为基础，结合第 3 章重点行业领域的运行安全现状和管理现状，应用层次分析法确定各项指标的权重，结合专家打分对每个指标项进行评分，得出每个指标项的分值，形成上海城市运行安全度模型，如图 9-3 所示。当前实际值与目标值之间对应的距离，代表了需要努力的方向和程度。

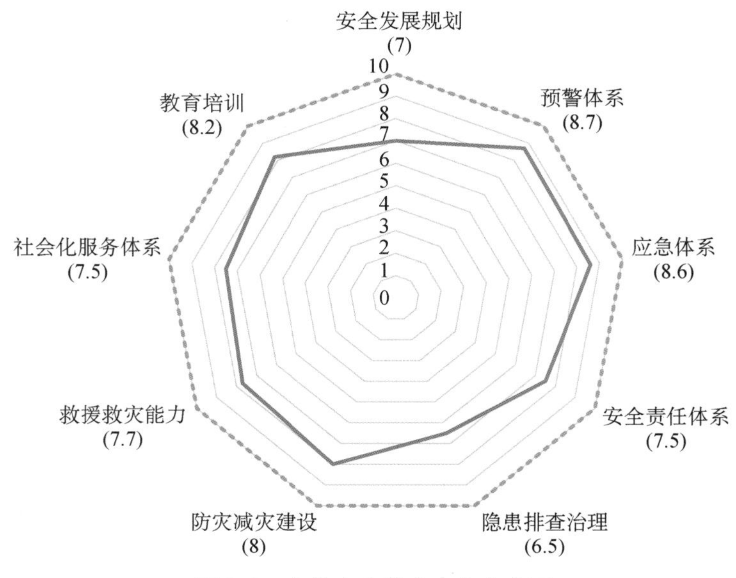

图 9-3　上海市自然灾害安全度图

评价结果：近三年上海城市运行过程中，上海市各级政府、企业和社会在应对自然灾害方面的安全指数为 7.84，自然灾害的安全度等级为较安全。

上海市在应对自然灾害过程中，在预警体系方面的工作较为成熟，得分为 8.7 分，主要原因在于上海市各级政府高度重视自然灾害预警工作，建立了完备的自然灾害预警体系并应用，在应对自然灾害方面成效明显。在隐患排查治理方面相对薄弱，得分为 6.5 分，主要原因在于上海的特殊地理位置，靠海且台风频发。此外，自然灾害如台风和暴雨的发生具有较大的随机性。

9.4.2　城市建设

本小节主要对城市建设过程中的重点领域，如房屋建筑、市政基础设施和轨道交通的安全现状进行评价。

1. 房屋建筑

房屋建筑工程建设期安全评价指标体系共设置 11 个一级指标，分别为生产安全发展规划、安全法律法规标准体系、安全风险管控、隐患排查治理、突发情况应急救援、过去五年间发生安全问题领域的整改情况、安全责任体系、安全监管监控平台、教育培训、科技创新应用以及事故发生率，如表 9-3 所示。

表9-3　上海市房屋建筑工程建设期安全评价表

<table>
<tr><th>目标</th><th>一级指标</th><th>权重</th><th>二级指标</th><th>权重</th><th>二级指标得分</th><th>一级指标得分</th><th>安全指数</th></tr>
<tr><td rowspan="33">房屋建筑(建设期)</td><td rowspan="3">生产安全发展规划</td><td rowspan="3">0.1</td><td>城市建筑住房总体规划</td><td>0.4</td><td>7</td><td rowspan="3">7.6</td><td rowspan="33">7.823</td></tr>
<tr><td>施工安全管理规划</td><td>0.3</td><td>8</td></tr>
<tr><td>施工安全监管规划</td><td>0.3</td><td>8</td></tr>
<tr><td rowspan="4">安全法律法规标准体系</td><td rowspan="4">0.15</td><td>法律法规的覆盖范围</td><td>0.3</td><td>7</td><td rowspan="4">7.9</td></tr>
<tr><td>法律法规的适用性</td><td>0.2</td><td>8</td></tr>
<tr><td>法律法规的执行情况</td><td>0.3</td><td>8</td></tr>
<tr><td>法律法规的修订与更新</td><td>0.2</td><td>9</td></tr>
<tr><td rowspan="3">安全风险管控</td><td rowspan="3">0.1</td><td>安全风险分级管控准则</td><td>0.3</td><td>8</td><td rowspan="3">7.7</td></tr>
<tr><td>安全风险分级管控落实</td><td>0.4</td><td>8</td></tr>
<tr><td>安全风险分级等级分析</td><td>0.3</td><td>7</td></tr>
<tr><td rowspan="4">隐患排查治理</td><td rowspan="4">0.1</td><td>隐患排查数量</td><td>0.3</td><td>9</td><td rowspan="4">7.75</td></tr>
<tr><td>隐患排查频次</td><td>0.15</td><td>8</td></tr>
<tr><td>隐患排查分级分类</td><td>0.25</td><td>7</td></tr>
<tr><td>重大隐患分布</td><td>0.3</td><td>7</td></tr>
<tr><td rowspan="3">突发情况应急救援</td><td rowspan="3">0.1</td><td>应急救援体系建设</td><td>0.4</td><td>8</td><td rowspan="3">8.3</td></tr>
<tr><td>应急救援组织建设</td><td>0.3</td><td>8</td></tr>
<tr><td>应急物资配备</td><td>0.3</td><td>9</td></tr>
<tr><td rowspan="3">过去五年间发生安全问题领域的整改情况</td><td rowspan="3">0.15</td><td>安全问题的判断分析</td><td>0.3</td><td>8</td><td rowspan="3">7.7</td></tr>
<tr><td>整改办法的出台情况</td><td>0.4</td><td>8</td></tr>
<tr><td>整改措施的执行情况</td><td>0.3</td><td>7</td></tr>
<tr><td rowspan="2">安全责任体系</td><td rowspan="2">0.07</td><td>责任体系建设</td><td>0.4</td><td>8</td><td rowspan="2">8</td></tr>
<tr><td>责任体系落实情况</td><td>0.6</td><td>8</td></tr>
<tr><td rowspan="3">安全监管监控平台</td><td rowspan="3">0.05</td><td>政府监管监控平台建设</td><td>0.5</td><td>8</td><td rowspan="3">7.5</td></tr>
<tr><td>社会化监管服务机构建设</td><td>0.3</td><td>7</td></tr>
<tr><td>监管监控平台反馈时效</td><td>0.2</td><td>7</td></tr>
<tr><td rowspan="3">教育培训</td><td rowspan="3">0.08</td><td>楼宇安全管理人员培训</td><td>0.4</td><td>8</td><td rowspan="3">8.6</td></tr>
<tr><td>企业定期组织安全教育培训</td><td>0.4</td><td>9</td></tr>
<tr><td>从业人员安全教育与突发事件演习</td><td>0.2</td><td>9</td></tr>
<tr><td rowspan="2">科技创新应用</td><td rowspan="2">0.05</td><td>安全科技成果、产品的推广使用</td><td>0.5</td><td>7</td><td rowspan="2">6.5</td></tr>
<tr><td>淘汰落后生产工艺和技术</td><td>0.5</td><td>6</td></tr>
<tr><td rowspan="2">事故发生率</td><td rowspan="2">0.05</td><td>亿元国内生产总值生产安全事故死亡率</td><td>0.5</td><td>8</td><td rowspan="2">8</td></tr>
<tr><td>平均每百万人口因灾死亡率</td><td>0.5</td><td>8</td></tr>
</table>

评价结果:2016—2018 年上海城市运行过程中,房屋建筑工程领域在建设过程中的安全指数为 7.823,安全度等级为较安全。其建设期安全度图如图 9-4 所示。

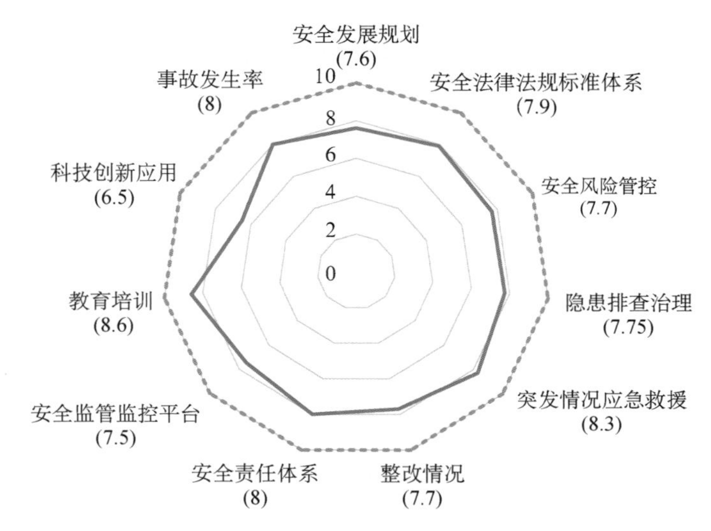

图 9-4　上海市房屋建筑领域建设期安全度图

上海市房屋建筑领域建设过程中的安全管理工作在教育配培训方面较为成熟,得分为 8.6 分,主要原因在于上海市各级政府高度重视生产安全管理工作、重视对企业相关从业人员的培训和教育;在科技创新应用方面相对薄弱,得分为 6.5 分,主要原因在于建筑行业属于传统行业,覆盖面广,技术的革新、推广和应用需要一定的环境和周期。

2. 市政基础设施

市政基础设施建设安全评价指标体系共设置 10 个一级指标,分别为安全发展规划、安全法律法规标准体系、安全风险管控、隐患排查治理、突发情况应急救援、安全责任体系、安全监管监控平台、教育培训、科技创新应用以及事故发生率,详见表 9-4。

表 9-4　上海市市政基础设施建设安全评价体系

目标	一级指标	权重	二级指标	权重	二级指标得分	一级指标得分	安全指数
市政基础设施(建设期)	安全发展规划	0.1	城市市政基础设施建设总体规划	0.6	8	4.8	8.091
		0.1	市政基础设施建设安全规划	0.4	9	3.6	
	安全法律法规标准体系	0.15	法律法规的覆盖范围	0.3	7	2.1	
		0.15	法律法规的适用性	0.2	8	1.6	
		0.15	法律法规的执行情况	0.3	8	2.4	
		0.15	法律法规的修订与更新情况	0.2	9	1.8	
	安全风险管控	0.15	安全风险分级管控准则	0.3	9	2.7	
		0.15	安全风险分级管控落实情况	0.4	8	3.2	
		0.15	安全风险分级等级分析	0.3	7	2.1	

续表

目标	一级指标	权重	二级指标	权重	二级指标得分	一级指标得分	安全指数
市政基础设施（建设期）	隐患排查治理	0.1	隐患排查数量	0.3	7	2.1	8.091
		0.1	隐患排查频次	0.15	8	1.2	
		0.1	隐患排查分级分类	0.25	7	1.75	
		0.1	重大隐患分布	0.3	8	2.4	
	突发情况应急救援	0.1	应急救援体系建设	0.4	8	3.2	
		0.1	应急救援组织建设	0.3	8	2.4	
		0.1	应急物资配备	0.3	9	2.7	
	安全责任体系	0.12	责任体系建设	0.4	8	3.2	
		0.12	责任体系落实情况	0.6	8	4.8	
	安全监管监控平台	0.05	政府监管监控平台建设	0.5	9	4.5	
		0.05	社会化监管服务机构建设	0.3	8	2.4	
		0.05	监管监控平台反馈时效	0.2	8	1.6	
	教育培训	0.08	企业定期组织安全教育培训	0.4	7	2.8	
		0.08	项目安全人员培训	0.6	9	5.4	
	科技创新应用	0.1	安全科技成果、产品的推广使用	0.5	8	4	
		0.1	淘汰落后生产工艺和技术	0.5	8	4	
	事故发生率	0.05	亿元国内生产总值生产安全事故死亡率	0.5	9	4.5	
		0.05	平均每百万人口因灾死亡率	0.5	9	4.5	

评价结果：2016—2018 年上海城市运行过程中，市政基础设施运行安全指数为 8.091，安全度等级为安全。其运行安全度图如图 9-5 所示。

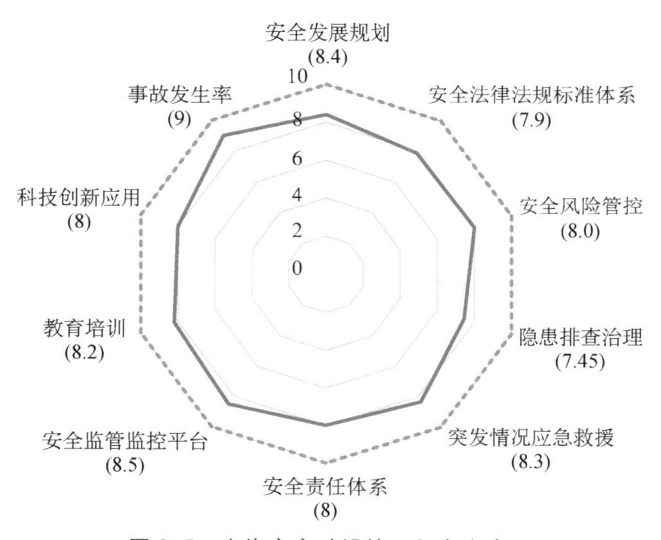

图 9-5　上海市市政设施运行安全度图

上海市市政设施安全管理工作在控制安全事故发生率方面较为成熟，得分为 9 分；在隐患排查治理方面相对薄弱，得分为 7.45 分。

3. 轨道交通

轨道交通工程建设安全评价指标体系共设置 10 个一级指标，分别为安全发展规划、安全法律法规标准体系、安全风险管控、隐患排查治理、突发情况应急救援、安全责任体系、安全监管监控平台、教育培训、科技创新应用以及事故发生率，如表 9-5 所示。

表 9-5　上海市轨道交通建设安全评价体系

目标	一级指标	权重	二级指标	权重	二级指标得分	一级指标得分	安全指数
轨道交通（建设期）	安全发展规划	0.1	城市轨道交通建设总体规划	0.6	9	5.4	8.108
		0.1	轨道交通建设安全规划	0.4	8	3.2	
	安全法律法规标准体系	0.15	法律法规的覆盖范围	0.3	7	2.1	
		0.15	法律法规的适用性	0.2	8	1.6	
		0.15	法律法规的执行情况	0.3	8	2.4	
		0.15	法律法规的修订与更新情况	0.2	9	1.8	
	安全风险管控	0.15	安全风险分级管控准则	0.3	8	2.4	
		0.15	安全风险分级管控落实情况	0.4	8	3.2	
		0.15	安全风险分级等级分析	0.3	7	2.1	
	隐患排查治理	0.1	隐患排查数量	0.3	8	2.4	
		0.1	隐患排查频次	0.15	7	1.05	
		0.1	隐患排查分级分类	0.25	8	2	
		0.1	重大隐患分布	0.3	7	2.1	
	突发情况应急救援	0.1	应急救援体系建设	0.4	8	3.2	
		0.1	应急救援组织建设	0.3	8	2.4	
		0.1	应急物资配备	0.3	9	2.7	
	安全责任体系	0.12	责任体系建设	0.4	8	3.2	
		0.12	责任体系落实情况	0.6	8	4.8	
	安全监管监控平台	0.05	政府监管监控平台建设	0.5	9	4.5	
		0.05	社会化监管服务机构建设	0.3	8	2.4	
		0.05	监管监控平台反馈时效	0.2	8	1.6	
	教育培训	0.08	企业定期组织安全教育培训	0.4	8	3.2	
		0.08	项目安全人员培训	0.6	9	5.4	
	科技创新应用	0.1	安全科技成果、产品的推广使用	0.5	8	4	
		0.1	淘汰落后生产工艺和技术	0.5	8	4	
	事故发生率	0.05	亿元国内生产总值生产安全事故死亡率	0.5	9	4.5	
		0.05	平均每百万人口因灾死亡率	0.5	9	4.5	

评价结果:2016—2018年上海城市运行过程中,轨道交通建设安全指数为8.108,安全度等级为较安全。其建设安全度图如图9-6所示。

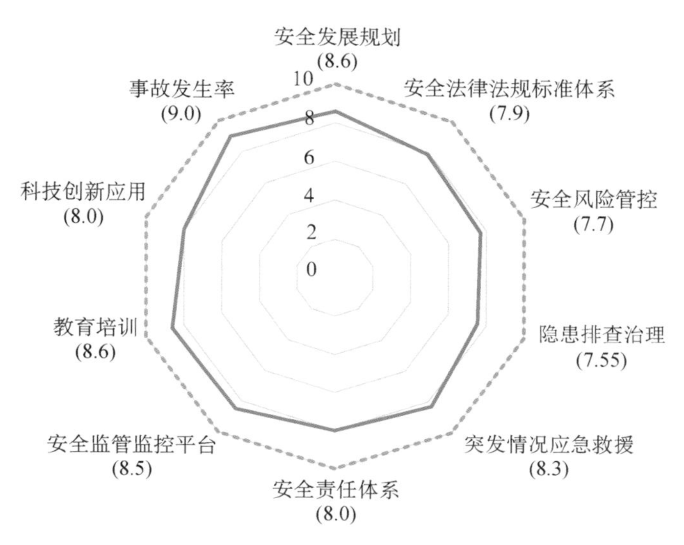

图9-6　上海市轨道交通建设安全度图

上海市轨道交通建设安全管理工作在控制事故发生率方面较为成熟,得分为9分;在隐患排查治理方面相对薄弱,得分为7.55分。

9.4.3　设施运行

本小节主要对城市设施运行过程中的重点领域,如建筑及附属设施、市政基础设施和轨道交通的安全现状进行评价。

1. 建筑及附属设施

建筑及附属设施运行安全评价指标体系共设置11个一级指标,分别为城市建筑安全发展规划、建筑运营期安全法律法规标准体系、建筑运营期安全风险管控、建筑运营期隐患排查治理情况、突发情况应急救援、过去五年间发生安全问题领域的整改情况、安全责任体系、安全监管监控平台、教育培训、科技创新应用以及事故发生率,如表9-6所示。

表9-6　上海市建筑及附属设施运行安全评价体系

目标	一级指标	权重	二级指标	权重	二级指标得分	一级指标得分	安全指数
建筑运营期	城市建筑安全发展规划	0.1	城市建筑住房总体规划	0.4	8	7.1	7.888
			新建建筑与既有建筑的合理布局	0.3	6		
			老旧建筑修缮与维护规划	0.3	7		

续表

目标	一级指标	权重	二级指标	权重	二级指标得分	一级指标得分	安全指数
建筑运营期	建筑运营期安全法律法规标准体系	0.15	法律法规的覆盖范围	0.3	7	7.9	7.888
			法律法规的适用性	0.2	8		
			法律法规的执行情况	0.3	8		
			法律法规的修订与更新	0.2	9		
	建筑运营期安全风险管控	0.1	安全风险分级管控准则	0.3	8	7.7	
			安全风险分级管控落实	0.4	8		
			安全风险分级等级分析	0.3	7		
	建筑运营期隐患排查治理	0.1	隐患排查数量	0.3	7	7.15	
			隐患排查频次	0.15	8		
			隐患排查分级分类	0.25	7		
			重大隐患分布	0.3	7		
	突发情况应急救援	0.1	应急救援体系建设	0.4	8.3	7.7	
			应急救援组织建设	0.3	8		
			应急物资配备	0.3	9		
	过去五年间发生安全问题领域的整改情况	0.15	安全问题的判断分析	0.3	8	7.7	
			整改办法的出台	0.4	8		
			整改措施的执行	0.3	7		
	安全责任体系	0.07	责任体系建设	0.4	8	8	
			责任体系落实情况	0.6	8		
	安全监管监控平台	0.05	政府监管监控平台建设	0.5	9	8.5	
			社会化监管服务机构建设	0.3	8		
			监管监控平台反馈时效	0.2	8		
	教育培训	0.08	楼宇安全管理人员培训	0.4	8	8.6	
			企业定期组织安全教育培训	0.4	9		
			居民安全教育与突发事件演习	0.2	9		
	科技创新应用	0.05	安全科技成果、产品的推广使用	0.5	8	8	
			淘汰落后生产工艺和技术	0.5	8		
	事故发生率	0.05	事故高层数率	0.5	9	9	
			事故高层密度率	0.5	9		

评价结果：2016—2018 年上海城市运行过程中，建筑及附属设施运营期安全指数为 7.888，安全度等级为较安全。运行安全度图如图 9-7 所示。

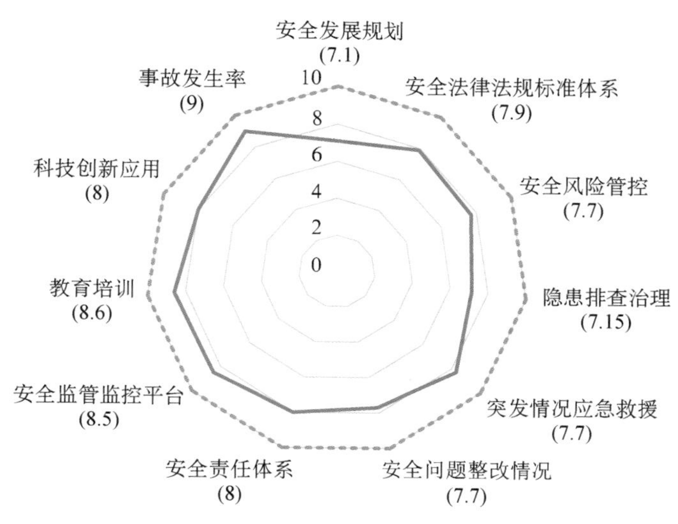

图 9-7　上海市建筑及附属设施运行安全度图

上海市建筑及附属设施运营安全管理工作在控制事故发生率方面较为成熟，得分为 9 分；在城市建筑安全发展规划方面相对薄弱，得分为 7.1 分。

2. 市政基础设施

市政基础设施运行安全评价指标体系共设置 10 个一级指标，分别为安全发展规划、安全法律法规标准体系、安全风险管控、隐患排查治理、突发情况应急救援、安全责任体系、安全监管监控平台、教育培训、科技创新应用以及事故发生率，如表 9-7 所示。

表 9-7　上海市市政基础设施运行安全评价体系

目标	一级指标	权重	二级指标	权重	二级指标得分	一级指标得分	安全指数
市政基础设施（运行期）	安全发展规划	0.1	城市市政基础设施建设总体规划	0.6	7	4.2	7.798
		0.1	市政基础设施修缮与维护规划	0.4	8	3.2	
	安全法律法规标准体系	0.15	法律法规的覆盖范围	0.3	7	2.1	
		0.15	法律法规的适用性	0.2	8	1.6	
		0.15	法律法规的执行情况	0.3	8	2.4	
		0.15	法律法规的修订与更新情况	0.2	7	1.4	
	安全风险管控	0.15	安全风险分级管控准则	0.3	8	2.4	
		0.15	安全风险分级管控落实情况	0.4	8	3.2	
		0.15	安全风险分级等级分析	0.3	7	2.1	

续表

目标	一级指标	权重	二级指标	权重	二级指标得分	一级指标得分	安全指数
市政基础设施（运行期）	隐患排查治理	0.1	隐患排查数量	0.3	7	2.1	7.798
		0.1	隐患排查频次	0.15	8	1.2	
		0.1	隐患排查分级分类	0.25	7	1.75	
		0.1	重大隐患分布	0.3	7	2.1	
	突发情况应急救援	0.1	应急救援体系建设	0.4	8	3.2	
		0.1	应急救援组织建设	0.3	8	2.4	
		0.1	应急物资配备	0.3	9	2.7	
	安全责任体系	0.12	责任体系建设	0.4	8	3.2	
		0.12	责任体系落实情况	0.6	8	4.8	
	安全监管监控平台	0.05	政府监管监控平台建设	0.5	7	3.5	
		0.05	社会化监管服务机构建设	0.3	8	2.4	
		0.05	监管监控平台反馈时效	0.2	7	1.4	
	教育培训	0.08	企业定期组织安全教育培训	0.4	7	2.8	
		0.08	项目安全人员培训	0.6	8	4.8	
	科技创新应用	0.1	安全科技成果、产品的推广使用	0.5	9	4.5	
		0.1	淘汰落后生产工艺和技术	0.5	8	4	
	事故发生率	0.05	亿元国内生产总值生产安全事故死亡率	0.5	9	4.5	
		0.05	平均每百万人口因灾死亡率	0.5	9	4.5	

评价结果：2016—2018 年上海城市运行过程中，市政基础设施运行安全指数为 7.798，安全度等级为较安全。其运行安全度图如图 9-8 所示。

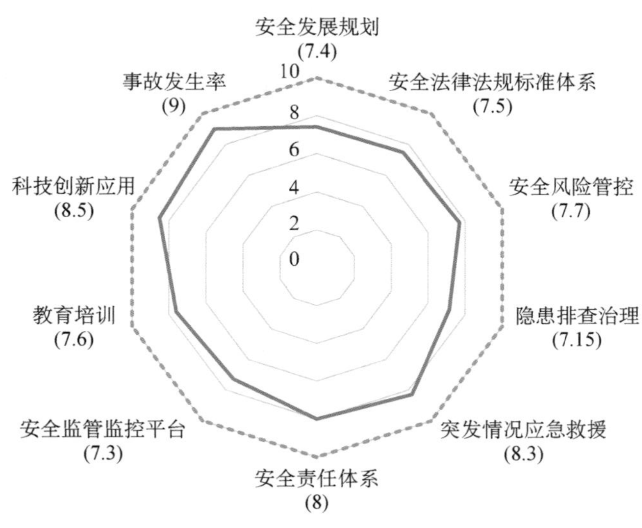

图 9-8　上海市市政设施运行安全度图

上海市市政设施安全管理工作在控制事故发生率方面较为成熟，得分为9分；在隐患排查治理方面相对薄弱，得分为7.15分。

3. 轨道交通

轨道交通设施运行安全评价指标体系共设置10个一级指标，分别为安全发展规划、安全法律法规标准体系、安全风险管控、隐患排查治理、突发情况应急救援、安全责任体系、安全监管监控平台、教育培训、科技创新应用以及事故发生率，如表9-8所示。

表9-8 上海市轨道交通运行安全评价体系

目标	一级指标	权重	二级指标	权重	二级指标得分	一级指标得分	安全指数
轨道交通(运行期)	安全发展规划	0.1	轨道交通运行总体规划	0.6	8	4.8	7.955
		0.1	轨道交通设施修缮与维护规划	0.4	8	3.2	
	安全法律法规标准体系	0.15	法律法规的覆盖范围	0.3	7	2.1	
		0.15	法律法规的适用性	0.2	8	1.6	
		0.15	法律法规的执行情况	0.3	8	2.4	
		0.15	法律法规的修订与更新情况	0.2	8	1.6	
	安全风险管控	0.15	安全风险分级管控准则	0.3	8	2.4	
		0.15	安全风险分级管控落实情况	0.4	8	3.2	
		0.15	安全风险分级等级分析	0.3	7	2.1	
	隐患排查治理	0.1	隐患排查数量	0.3	7	2.1	
		0.1	隐患排查频次	0.15	8	1.2	
		0.1	隐患排查分级分类	0.25	7	1.75	
		0.1	重大隐患分布	0.3	7	2.1	
	突发情况应急救援	0.1	应急救援体系建设	0.4	8	3.2	
		0.1	应急救援组织建设	0.3	8	2.4	
		0.1	应急物资配备	0.3	9	2.7	
	安全责任体系	0.12	责任体系建设	0.4	8	3.2	
		0.12	责任体系落实情况	0.6	8	4.8	
	安全监管监控平台	0.05	政府监管监控平台建设	0.5	9	4.5	
		0.05	社会化监管服务机构建设	0.3	9	2.7	
		0.05	监管监控平台反馈时效	0.2	9	1.8	
	教育培训	0.08	企业定期组织安全教育培训	0.4	8	3.2	
		0.08	项目安全人员培训	0.6	8	4.8	
	科技创新应用	0.1	安全科技成果、产品的推广使用	0.5	8	4	
		0.1	淘汰落后生产工艺和技术	0.5	8	4	
	事故发生率	0.05	亿元国内生产总值生产安全事故死亡率	0.5	9	4.5	
		0.05	平均每百万人口因灾死亡率	0.5	9	4.5	

评价结果：2016—2018 年上海城市运行过程中，轨道交通设施运行安全指数为 7.955，安全度等级为较安全。其运行安全度图如图 9-9 所示。

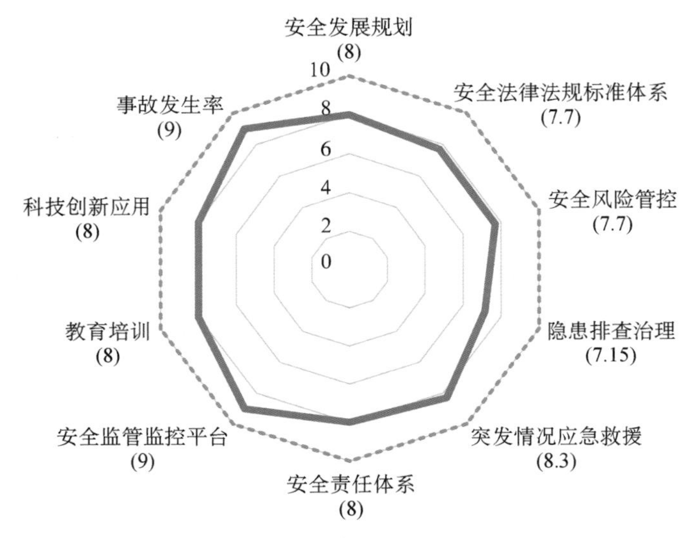

图 9-9　上海市轨道交通设施运行安全度图

上海市轨道交通设施运行在安全监管监控平台和控制事故发生率方面均较为成熟，得分均为 9 分；在隐患排查治理方面相对薄弱，得分为 7.15 分。

9.4.4　火灾消防

火灾消防安全评价指标体系共设置 10 个一级指标，分别为安全发展规划、安全法律法规标准体系、安全风险管控、隐患排查治理情况、应急管理和救援能力、安全责任体系、社会化服务体系、安全教育培训、科技创新应用以及事故发生率，如表 9-9 所示。

表 9-9　上海市消防安全评价指标体系

目标	一级指标	权重	二级指标	权重	二级指标得分	一级指标得分	安全指数
消防	安全发展规划	0.1	城市消防安全发展规划	0.5	8	4	7.595
		0.1	消防安全发展规划	0.5	8	4	
	安全法律法规标准体系	0.09	法律法规的完备性	0.4	7	2.8	
		0.09	法律法规的适用性	0.2	8	1.6	
		0.09	法律法规的执行力度	0.4	7	2.8	
	安全风险管控	0.1	风险评估结果	0.2	7	1.4	
		0.1	风控覆盖面	0.45	8	3.6	
		0.1	管控措施	0.35	7	2.45	

续表

目标	一级指标	权重	二级指标	权重	二级指标得分	一级指标得分	安全指数
消防	隐患排查治理情况	0.12	隐患排查数量	0.31	7	2.17	7.595
		0.12	隐患排查频次	0.49	7	3.43	
		0.12	隐患排查等级	0.2	8	1.6	
	应急管理和救援能力	0.15	应急救援体系建设	0.3	9	2.4	
		0.15	应急救援组织建设	0.25	8	1.75	
		0.15	应急物资配备	0.25	8	2	
		0.15	应急演练与培训	0.2	8	1.6	
	安全责任体系	0.06	责任体系建设	0.4	8	3.2	
		0.06	责任体系落实情况	0.6	8	4.8	
	社会化服务体系	0.04	社会化服务机构建设	0.4	7	2.8	
		0.04	社会化服务管理办法	0.6	7	4.2	
	安全教育培训	0.11	主要负责人培训	0.3	6	2.1	
		0.11	安全管理人员培训	0.2	7	1.6	
		0.11	企业员工“三级”安全教育	0.3	8	2.4	
		0.11	企业定期组织安全教育培训	0.2	7	1.4	
	科技创新应用	0.1	安全科技成果、产品的推广使用	0.5	8	4	
		0.1	淘汰落后生产工艺和技术	0.5	7	3.5	
	事故发生率	0.13	危化事故产值率	0.4	8	3.2	
		0.13	特大事故起数	0.6	8	4.8	

评价结果:2016—2018 年上海城市运行过程中,消防安全指数为 7.595,安全度等级为较安全。其安全度图如图 9-10 所示。

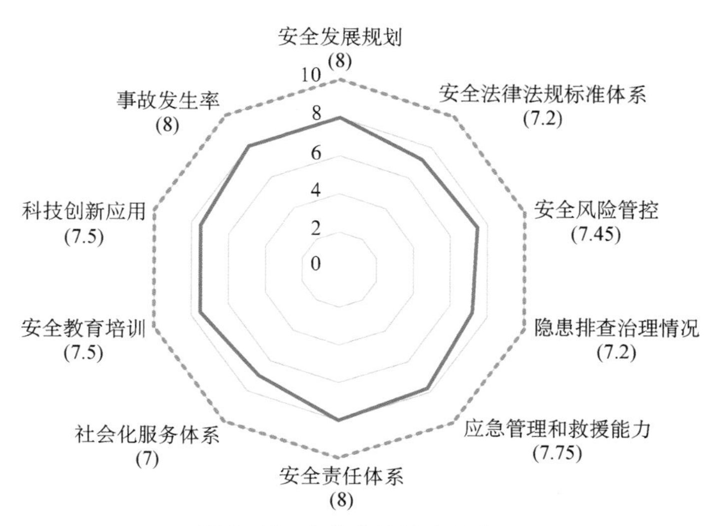

图 9-10　上海市消防安全度图

上海市消防安全在安全发展规划和安全责任体系方面较为成熟，得分为8分；在社会化服务体系方面相对薄弱，得分为7分。

9.4.5 危险化学品

危险化学品安全评价指标体系共设置11个一级指标，分别为安全发展规划、安全生产规划、安全法律法规标准体系、安全风险管控、隐患排查治理情况、应急管理和救援能力、安全责任体系、社会化服务体系、安全教育培训、科技创新应用以及事故发生率，如表9-10所示。

表9-10 危险化学品安全评价指标体系

目标	一级指标	权重	二级指标	权重	二级指标得分	一级指标得分	安全指数
危险化学品	安全发展规划	0.1	城市安全发展规划	0.5	9	9	8.552
			危化品安全发展规划	0.5	9		
	安全生产规划	0.12	化工园区的位置分布	0.31	9	8.64	
			产业布局与定位	0.33	9		
			与“八大”场所的合理间距	0.36	8		
	安全法律法规标准体系	0.09	法律法规的完备性	0.4	9	8.8	
			法律法规的适用性	0.2	8		
			法律法规的执行力度	0.4	9		
	安全风险管控	0.09	风险评估结果	0.2	9	8.2	
			风控覆盖面	0.45	8		
			管控措施	0.35	8		
	隐患排查治理	0.1	隐患排查数量	0.31	9	9	
			隐患排查频次	0.49	9		
			隐患排查等级	0.2	9		
	应急管理和救援能力	0.1	应急救援体系建设	0.3	9	8.75	
			应急救援组织建设	0.25	8		
			应急物资配备	0.25	9		
			应急演练与培训	0.2	9		
	安全责任体系	0.05	责任体系建设	0.4	9	9	
			责任体系落实情况	0.6	9		
	社会化服务体系	0.04	社会化服务机构建设	0.4	8	8	
			社会化服务管理办法	0.6	8		
	安全教育培训	0.11	主要负责人培训	0.3	9	9	
			安全管理人员培训	0.2	9		
			企业员工“三级”安全教育	0.3	9		
			企业定期组织安全教育培训	0.2	9		
	科技创新应用	0.1	安全科技成果、产品的推广使用	0.5	8	7.5	
			淘汰落后生产工艺和技术	0.5	7		
	事故发生率	0.1	危化事故产值率	0.4	8	8	
			特大事故起数	0.6	8		

评价结果：2016—2018年上海城市运行过程中，危险化学品安全指数为8.552，安全度等级为安全。其安全度如图9-11所示。

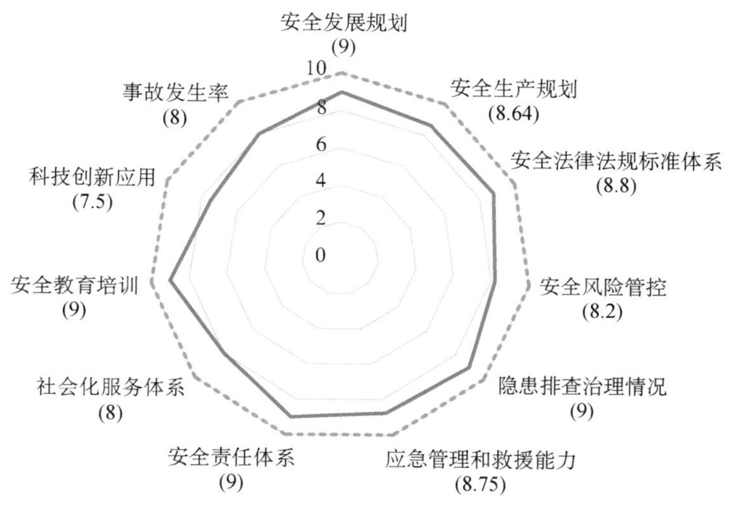

图9-11　上海市危险化学品安全度图

上海市危险化学品安全管理工作在安全发展规划、隐患排查治理、安全责任体系、安全教育培训四个方面较为成熟，得分均为9分；在科技创新应用方面相对薄弱，得分为7.5分。

9.4.6　特种设备

特种设备运行安全评价体系共设置9个一级指标，分别为安全法律法规标准体系、安全风险管控、隐患排查治理、应急管理和救援能力、安全责任体系、社会化服务体系、安全教育培训、科技创新应用以及安全事故发生率，如表9-11所示。

表9-11　特种设备安全评价体系

目标	一级指标	权重	二级指标	权重	二级指标得分	一级指标得分	安全指数
特种设备	安全法律法规标准体系	0.1	法律法规的完备性	0.4	8	8.2	8.158
			法律法规的适用性	0.2	9		
			法律法规的执行力度	0.4	8		
	安全风险管控	0.09	风险评估结果	0.2	8	8.35	
			风控覆盖面	0.45	8		
			管控措施	0.35	9		
	隐患排查治理	0.1	隐患排查数量	0.31	8	7.51	
			隐患排查频次	0.49	7		
			隐患排查等级	0.2	8		

续表

目标	一级指标	权重	二级指标	权重	二级指标得分	一级指标得分	安全指数
特种设备	应急管理和救援能力	0.08	应急救援体系建设	0.3	8	8.5	8.158
			应急救援组织建设	0.25	9		
			应急物资配备	0.25	9		
			应急演练与培训	0.2	8		
	安全责任体系	0.06	责任体系建设	0.4	7	7.6	
			责任体系落实情况	0.6	8		
	社会化服务体系	0.19	社会化服务机构建设	0.4	8	8.6	
			社会化服务管理办法	0.6	9		
	安全教育培训	0.16	主要负责人培训	0.3	9	8.5	
			安全管理人员培训	0.2	9		
			企业员工"三级"安全教育	0.3	8		
			企业定期组织安全教育培训	0.2	8		
	科技创新应用	0.11	安全科技成果、产品的推广使用	0.5	8	7.5	
			淘汰落后生产工艺和技术	0.5	7		
	事故发生率	0.11	特大事故产值率	0.4	8	8	
			特大事故起数	0.6	8		

评价结果:近三年上海城市运行过程中,特种设备安全指数为 8.158,安全度等级为较安全。其运行安全度图如图 9-12 所示。

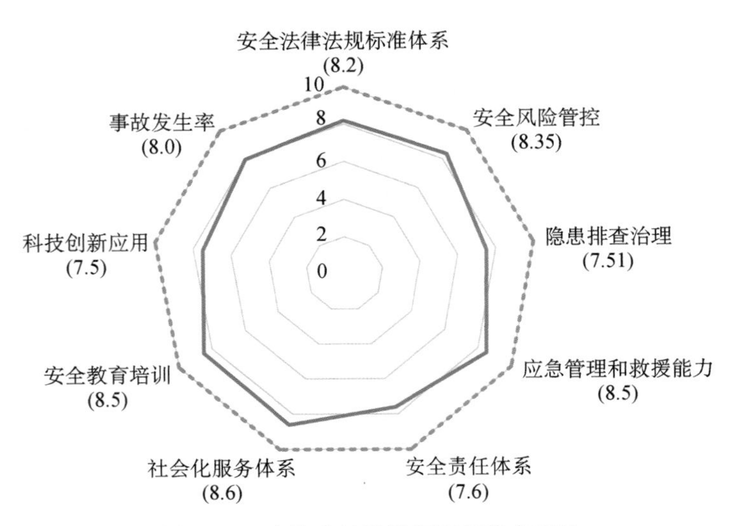

图 9-12 上海市特种设备运行安全度图

上海市特种设备安全管理工作在社会化服务体系方面的工作较为成熟，得分为8.6分；在科技创新应用方面相对薄弱，得分为7.5分。

9.5 上海城市运行安全评价

参考《关于推进城市安全发展的意见》中关于城市安全发展的要求，应用模糊综合评价法，结合本书各行业安全发展的内容，以及能获取到的上海城市运行安全相关数据，定量化建立了上海城市运行安全评价体系，详见表9-12。

表9-12 上海城市运行安全评价体系

目标	一级指标	权重	二级指标	权重	三级指标	权重	三级指标得分	二级指标得分	安全指数
上海城市运行安全	自然灾害	0.2	台风	0.6	单次伤亡率	0.5	8	2.4	8.090
		0.2		0.6	单次损失	0.5	7	2.1	
		0.2	暴雨	0.4	大雨积水面积占总面积比例	0.5	8	1.6	
		0.2		0.4	暴雨经济损失	0.5	8	1.6	
	城市建设	0.3	房屋建筑	0.4	事故产值率	0.4	7	1.12	
		0.3		0.4	事故人员率	0.2	8	0.64	
		0.3		0.4	损失产值率	0.4	8	1.28	
		0.3	市政基础设施	0.3	事故产值率	0.25	7	0.525	
		0.3		0.3	事故人员率	0.2	8	0.48	
		0.3		0.3	损失产值率	0.3	8	0.72	
		0.3		0.3	每百万人伤亡人数	0.25	8	0.6	
		0.3	轨道交通	0.3	事故产值率	0.4	8	0.96	
		0.3		0.3	事故人员率	0.2	9	0.54	
		0.3		0.3	损失产值率	0.4	9	1.08	
	设施运行	0.15	建筑及附属设施	0.3	事故高层数率	0.6	8	1.44	
		0.15		0.3	事故高层密度率	0.4	7	0.84	
		0.15	政基础设施	0.3	道路交通万车死亡率	0.5	9	1.35	
		0.15		0.3	每百万人伤亡人数	0.5	8	1.2	
		0.15	轨道交通	0.4	人均直接财产损失	0.65	8	2.08	
		0.15		0.4	每百万人伤亡人数	0.35	8	1.12	

续表

目标	一级指标	权重	二级指标	权重	三级指标	权重	三级指标得分	二级指标得分	安全指数
上海城市运行安全	火灾消防	0.2	消防安全形势	0.2	生产经营性火灾事故死亡人数	0.2	9	0.36	8.090
		0.2		0.2	其他火灾死亡人数	0.1	8	0.16	
		0.2		0.2	火灾发生率	0.2	9	0.36	
		0.2		0.2	伤亡率	0.3	8	0.48	
		0.2		0.2	损失与 GDP 率	0.2	9	0.36	
		0.2	火灾防控体系	0.2	每百万人伤亡人数	0.8	9	1.44	
		0.2		0.2	人均直接财产损失	0.2	8	0.32	
		0.2	公共消防基础	0.2	消防设施覆盖率	0.65	8	1.04	
		0.2		0.2	消防设施应用率	0.35	7	0.49	
		0.2	应急救援力量	0.4	应急队伍百万人率	0.1	8	0.32	
		0.2		0.4	应急队伍专业配置率	0.2	8	0.64	
		0.2		0.4	应急机构百万平米配置率	0.1	8	0.32	
		0.2		0.4	应急队伍专业化率	0.1	8	0.32	
		0.2		0.4	平均应急机构投入	0.25	9	0.9	
		0.2		0.4	应急物资投入百万人率	0.25	8	0.8	
	危险化学品	0.1	生产	0.3	危化事故产值率	1	9	2.7	
		0.1	运输	0.7	特大事故起数	1	9	6.3	
	特种设备	0.05	运行	1	特种设备万台死亡率	1	8	8	

根据上海城市运行安全评价体系，2016—2018 年上海城市运行安全指数为 8.090，处于安全状态。六大重点行业领域安全度由高到低分别为：危险化学品(9)、消防(8.31)、特种设备(8)、设施运行(8.03)、城市建设(7.945)、自然灾害(7.7)。危险化学品和消防处于安全状态，特种设备、设施运行、自然灾害和城市建设四个重点行业领域处于较安全状态。上海城市运行安全度等级划分见表 9-13，其安全度图如图 9-13 所示。

表 9-13　上海城市运行安全度等级划分

安全度等级	不安全	一般安全	较安全	安全
得分	3 分及以下	3(不含)～5 分	5(不含)～8 分	8(不含)～10 分

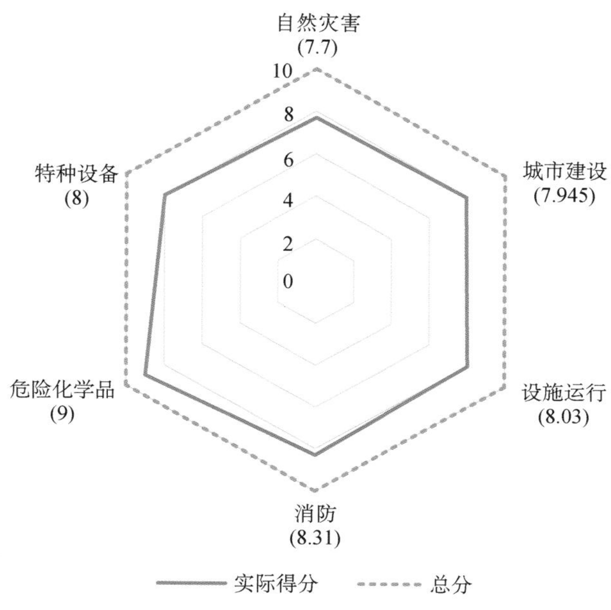

图 9-13　上海城市运行安全度图

9.6　本章小结

根据上述内容，对上海城市运行中重点行业/领域运行安全现状进行分析，其中危险化学品安全指数最高，为 8.552；在 10 个行业中，4 个行业处于安全状态，分别为市政基础设施(建设期)、轨道交通(建设期)、危险化学品和特种设备；6 个行业处于较安全状态，分别为自然灾害、房屋建筑(建设期)、建筑及附属设施、市政基础设施(运行期)、轨道交通(运行期)以及火灾消防。

第10章 上海城市运行安全挑战和对策建议

本章从政策体系、标准体系、监管体系、全生命周期风险管理和新技术的应用五个方面，对上海城市运行安全发展提出对策和建议。

10.1 新形势下上海城市运行安全面临的挑战

10.1.1 安全风险叠加化

随着人口大量流动、人口产业高度集聚、高层建筑和重要设施高度密集、轨道交通承载量超负荷以及极端天气引发的自然灾害、技术创新中的不确定性等因素，城市风险具有密集性、流动性、区域性、并发性等多重特征。

与此同时，各种安全风险提前预判与科学管控能力不足，依然是当前许多城市的通病。城市风险研究水平、安全防控措施能力等诸多方面的发展，明显滞后于城市经济社会发展水平，二者之间不匹配、不平衡，导致了一些重大事故发生，造成了生命财产的损失。

10.1.2 风险管理碎片化

相较于国际经验，我国城市的风险管理过度依赖政府，企业、社区、社会组织以及市民等社会力量参与城市公共安全风险管理能力还不够强，积极性还不够高。各自为政、条块分割等碎片化问题，也直接影响了城市安全管理的效率和能力。

城市风险具有系统性、复杂性、突发性、连锁性等特点，风险防控需要跨系统、跨行业、跨部门的专业合作与统筹协调。各个部门负责管理的是城市发展中的一部分工作，从行政管理上看，需要进行分段管理，但城市是整体运转的，部门与部门之间职责的重叠部分或者空白地带最容易成为隐患点。

比如，危险品的存储运输，既涉及产业政策，又涉及土地规划，既关系到安全生产，也关系到交通管理，各个管控部门环环相扣，才能排除安全隐患；又比如，部分公共安全基础设施设防标准偏低，各行业安全风险监测管理标准不统一、不规范，增加了城市安全管理的难度。

10.1.3 政府监管单一化

各行各业都存在的普遍现象是：一方面，建设单位为压缩工期、节省成本，在项目建设过程中选用价格低、质量不合格的材料，除政府部门外，无其他相关部门或单位的监管，缺乏约束的力量；另一方面施工单位低价中标，导致其千方百计地偷工减料（或中间将工程停下重新谈合同使工期延长），这类先天就埋下的质量隐患（或矛盾的根源）很难监管，其危害多年后会暴露出来，而加固费和减少使用年限的费用会更高，要改变这一现状，需要发挥市场的作用。

10.2 新形势下上海城市运行安全管理的趋势

通过对上海市近三年安全现状的梳理和分析，结合国家层面对上海城市安全发展的要求以及上海对标国际城市的安全发展目标，上海城市运行安全发展将呈现，安全防控集成化、工艺提升自动化、安全管理信息化以及责任主体市场化的发展趋势。

10.2.1 安全防控集成化

在安全运行风险剧增的背景下，有必要全面构筑具有前瞻性的城市风险管理体系，才能对可能发生的各种风险做到心中有数，把风险化解在源头，降低各类突发事件发生的概率，提高城市安全水平。

鉴于城市风险系统性、复杂性、突发性、连锁性的特点，在城市安全风险防控工作中，政府既要有一套通过各种行政手段、管理机制组合应用解决问题的“工具箱”，又要有一套完整的机制，作为安全的“保险箱”。

10.2.2 工艺提升自动化

通过现代化的制造、运输、安装和科学管理的大工业的生产方式，来替代传统建筑业中分散的、低水平的、低效率的手工业生产方式。采用先进、适用的技术、工艺和装备，科学合理地组织施工，推动施工专业化，提高机械化水平，减少手工劳动作用；发展建筑构配件、制品、设备生产并形成规模经营；制定统一的建筑模数和重要的基础标准，建立和完善产品标准、工艺标准、企业管理标准等。

10.2.3 安全管理信息化

上海城市运行人口规模大、建筑面积大、设施运行体量大的现状，决定了传统的人为的监督技术手段已经难以满足城市运行安全管理需求，必须加强新技术、新方法的应用，对城市运行安全状态进行动态识别；开展重点行业领域安全风险评估，准确掌握安全状态的特点及规律，切实制定应对措施。

建立高度灵敏准确的信息监测系统。充分利用现代化的技术监测手段，及时收集相关信息，特别应加强交通、消防、危险化学品、公共卫生、气象、市政、环保等专业部门的数字化监测基础设施建设，以有效控制风险为核心，抓早抓小，科学评估，加强预警研判。

建立高效、畅通的预警信息报送和发布渠道。上海市政府除了应积极贯彻《国家突发公共事件总体应急预案》中有关信息汇报的各种规定，进一步探索重大危机信息直接上报制度，还要健全预警信息发布机制，要明确危机预警信息的界定和分类，主要包括：公共危机事件的类别、预警级别、起始时间、可能影响范围、警示事项、应采取的措施和发布机关等。

10.2.4 责任主体市场化

近年来，中央推行的政府和社会资本合作模式、供给侧结构性改革等一系列政策，都强调了市场的重要地位，市场在城市安全管理中同样具有重要作用。同时，要坚持政府引导、企业主体、市场化运作，随着城市运行安全管理工作进一步发展，政府的角色逐渐从“管理者”向“服务者”过渡。

10.3 对策与建议

从政策体系、标准体系、监管体系、全生命期风险管理和新技术的应用五个方面，对上海城市运行安全发展提出对策和建议。

10.3.1 加强机制建设，完善政策体系

加强机制建设，通过健全风险共治机制、创新精细化风险防控机制和构建多重保障机制来实现多元共治。

一是三位一体，构建风险共治机制。充分发挥政府、市场、社会在城市风险管理中的优势，构建政府主导、市场主体、社会主动的城市风险长效管理机制。政府主导城市风险管理，做好公共安全统筹规划、搭建风险综合管理平台、主动引导舆情等工作，同时对相关社会组织进行统一领导和综合协调，加大培育扶持力度，积极推进风险防控专业人员队伍建设；运营企业规范行业生产行为，提供专业技术和信息资源，充分发挥市场在资源配置方面的优势，形成均衡的风险分散、分担机制；社会公众主动参与，鼓励社会组织、基层社区和市民群众充分参与，如加强社区综合风险防范能力的建设，在已有的社区风险评估和社区风险地图绘制试点基础上，进一步推广和完善社区风险管理模式，真正实现风险管理社会化。

二是精细化管理，完善风险防控机制。实现风险的精细化管理，其一要完善城市风险源发现机制，通过社会参与途径多元化，结合移动互联等时代背景，应对城市风险动态化带来的管制难点。如补齐风险源登记制度短板，对责任主体、风险指数、应对措施做到“底数清”“情况明”；其二是促进低影响开发、智能物联网、人工智能等先进技术的推广应用，形成系统的、适用的“互联网+”风险防控成套技术体系；其三是提升各领域的安全标准，建立统一规范的风险防控标准体系，为全市综合风险管理奠定基础。

三是多管齐下，健全风险保障机制。一方面完善法律法规保障机制，借鉴国内外城市安全管理经验，根据本市城市运行发展的新形势、新情况、新特点，加强顶层设计和整体布

局，提高政策法规的时效性和系统性，建立高效的反馈机制，简化流程、提高效率，进一步强化城市建设、运行及生产安全的防范措施和管理办法。另一方面引入第三方保险机制，创新保险联动举措，促进保险公司主动介入到投保方的风险管理当中去，防灾止损，控制风险，并通过保险费率浮动机制等市场化手段，形成监控结果与保费挂钩的制度，倒逼企业和个人进行行业规范和行为约束，从而建立起以事故预防为导向的保险新机制，达到政府管理、保险公司、投保方“三赢”的效果。

完善法律法规保障机制，借鉴国内外城市安全管理经验，根据上海市城市运行发展的新形势、新情况、新特点，加强顶层设计和整体布局，提高政策法规的时效性和系统性。

目前上海人大、市委市政府已相继出台了《突发公共事件总体应急预案》《生产安全管理》法规等，但存在城市运行安全管理立法缺漏问题。有鉴于此，上海应从法治创新角度出发，及早考虑制定一部统一的跨部门、跨行业的城市运行安全管理法规，使城市运行安全管理有统一的法律依据，避免不同领域的公共安全问题适用不同的法律。

以房屋建筑安全运行为例，我国尚未有针对既有房屋安全管理的系统性法规，但各地区正陆续制定或修订房屋安全管理的地方性法规或办法。在 2019 年之前，上海市尚未有覆盖建筑全生命周期安全管理的相关法律法规，2019 年 2 月开始公开征求意见的《上海市房屋使用安全管理办法(草案)》将填补这一空缺。此外，可以适时推进有关建筑运营期安全管理的专项办法，针对高空坠物、建筑老化等影响重大的安全问题，制定具有针对性的监管措施，有效控制建筑运营期安全事故的发生。

10.3.2 建立体系性标准

当前中国城市新经济增长点层出不穷，但是与新经济相匹配的风险防控理念、技术、标准都非常缺乏。目前，上海市部分公共安全基础设施设防标准偏低，各行业风险监测管理标准不统一不规范，增加了城市安全管理的难度。下一步重点工作在于提升各重点行业领域的安全标准，建立统一规范的城市运行安全管理标准体系，为上海城市安全管理奠定基础。如果新产业、新业态的蓬勃兴起是经济加速发展的“助推器”，那么适应时代发展的风险管理技术体系和标准体系就是城市安全运行的“阻尼器”，二者相辅相成，缺一不可。

10.3.3 落实全面信息化监管

创新监管方式。监管方式要实现由过去偏重许可等事前准入管理的传统安全生产监管向更加注重事中、事后综合监管转变。要更好地回应全社会关爱生命、关注安全的呼声和期望，全方位提升安全生产监管效能和事故灾难应对处置能力。

积极培育非政府组织建设，加强政府与非政府之间联系。组织之间的危机管理联动。党的十八届三中全会提出，要改进社会治理方式，激发社会组织活力，创新有效预防和化解社会矛盾体制，健全公共安全体系。非政府组织具有组织结构灵活、独立决策与行为能力等优势，是创新社会治理的重要推进器，在危机发生时能迅速及时地做出反应，协助政府广泛调动社会力量，快速有效地共同应对危机。

努力加强公民的危机管理教育，提高公民的危机管理参与意识和能力。一是宣传教育，树立全社会的危机意识，提高公众对危机的认识程度；二是基础教育，培养中小学生的自救自护能力，开展带有阶段特点的危机教育；三是通识教育，提高大学生应对危机的综合素质，把危机教育与素质拓展结合起来；四是专业教育，培养危机管理的专业人才；五是培训演练，把防灾减灾的应急知识在基层的街道、居民社区、企业、乡村进行宣传、组织人民群众进行应急演习。

以建筑及附属设施运营期为例，进一步加强重要建筑的健康监测和危险源管理。针对重要大型建筑的安全运营问题，可以开展对健康监测系统的研发工作。由于监测系统的成本较高，目前多在大跨桥梁上安装使用，在大型公共建筑中的应用还比较有限，可以针对健康监测系统在各类重要结构上的应用技术进行研发，并开发适合于常规性建筑监测的低成本监测系统，同时结合上海地区的实际情况，开展结构监测系统设计标准化工作，编制结构健康监测系统设计指南。

针对项目运营期的危险源，应开展系统的普查工作，从实际工程情况着手确定危险源，或从已有的工程事故中筛选确定危险源，并根据结构寿命期内的发展，对危险源进行新的扩充或删减，从而建立危险源动态数据库。通过研究分析，进行危险控制策略的优化组合，将多种手段有效组合起来使用，以较小的代价达到降低损失和损失发生可能性的目的。考虑风险事件与危险因素的耦合关系，建立危险的动态控制的风险链网络，研发集监测、预警和应急响应一体化的危险管理系统或管理软件。

10.3.4 树立城市安全风险管理理念，实施全生命周期风险管理

城市安全风险客观存在，具有不确定性，但却可以预测。总结以往经验教训后发现一个铁的规律：除了不可避免的自然灾害等问题，几乎所有风险都是可预防、可控制的，关键在于是否有足够的风险意识。风险意识是树立城市安全风险管理理念、构建安全风险管理体系的首要条件。

首先，加强相关领导和部门的风险意识和风险管理理论的教育和普及，使其工作思路从应急管理转向风险管理，工作重心从“以事件为中心”转向“以风险为中心”，从单纯“事后应急”转向“事前科学预防”“事中有效控制”“事后及时救济”，从根本上解决认识问题、筑牢底线思维。其次，要加强社会风险管理责任的宣传和公众安全风险知识的科普，形成全社会的风险共识。要想安居乐业，必须居安思危，只有居安思危，才能化险为夷。要树立这样一种城市安全风险管理理念，就需要实现五个转变。

(1) 转变管理观念，从以事件为中心，转向以风险为中心。具体事件不能预测，风险则可以辨识。为使风险降到最低，就必须克服围绕具体事件制定管理措施的局限，从更为系统的角度审视城市风险，以风险分析作为政策和管理的依据。当前，尤其需要通过各种形式，加强对社会各界尤其是各级领导干部的城市风险意识教育。

(2) 转变应对原则，从习惯“亡羊补牢”转向自觉“未雨绸缪”。所谓“人无远虑，必有

近忧”，在当下的复杂环境下，不能存有任何侥幸心理，凡事都需重视潜在的问题，预估可能的后果，做好最坏的打算，争取最好的结果。政府财政投入应更多考虑“未雨绸缪”的工作，并做出制度性安排。

(3) 转变工作重心，从“以事件为中心”转向“以风险为中心”。当城市进入风险管理阶段，除了日常安全管理、应急管理工作外，更需要关注事前和事中阶段。在市级层面应尽快设立城市运行风险预警指数分析和发布机制，运用大数据手段，对城市风险进行集成分析，实时预警可能发生的风险，及时采取应对措施。

(4) 转变工作主体，从行政单方主导转向发挥市场作用、鼓励社会参与。城市风险管理，需要政府部门统一规划、引导支持，但绝不能由政府一家唱“独角戏”。应对纷繁复杂的风险应对压力，仅凭政府单方的人力、物力、财力也难以支撑，必须充分发挥市场在资源配置中的决定性作用，并鼓励社会组织、基层社区和市民群众充分参与。例如，可以在前几年试点工作基础上，先期在工程建设、市政设施运维、交通运输等领域全面推行运用保险机制介入风险管理和实施第三方风险隐患评估的做法，降低事故发生的机率。

(5) 转变政社关系，从被动危机公关转向主动引导公众。一旦发生危机事件，第一时间告知真相、引导舆论，是城市管理者的重要任务。随着互联网和社交媒体的迅猛发展，突发事件发生后的信息扩散已经不同以往，社会舆论的形成速度也远超过往。对此，城市管理应当尽快走出过去被动危机公关的状态，以更为主动、积极的姿态引导公众。要充分利用新媒体手段，在第一时间披露权威事实、核心信息，引导公众情绪；并在日常工作创新中综合运用社交媒体等手段，保持政府同公众间的有效沟通，引导公众成为城市风险管理的有力支持者、共同参与者。

同时，将全生命周期风险管理理论应用到城市运行安全管理中，加强城市运行安全风险识别与分析、评估与预控、跟踪与监测、预警与应急等风险管理环节。引入保险机制，通过风险规避、遏制、转移、分担等方法保障城市运行安全。

搭建综合预警平台，构建集风险管理规划、识别、分析、评估、应对、监测、预警和控制于一体的全生命周期的风险评估系统，在统一规范的标准基础上，加强各行业与政府间的安全数据库建设，整合各领域已建风险预警系统，构建覆盖全面、反应灵敏、能级较高的风险预警信息网络，形成城市运行风险预警指数实时发布机制。

健全综合管理平台。在风险综合预警平台基础上，强化城市管理各相关部门的风险管理职能，完善城市管理各部门内部运行的风险控制机制，建立跨行业、跨部门、跨职能的“互联网＋”风险管理大平台，并以平台为核心引导相关职能部门和运营企业进行常态化风险管理工作。

10.3.5 推广新技术的应用

随着科技的发展，大数据、人工智能在城市运行安全中起到的作用更加明显，充分运用现代科技建设智慧城市，提高社会治理智能化水平，成为提高城市运行安全的重要解决办法之一。上海应在数据汇集、系统集成、联勤联动、共享开放上下更大功夫，加快建设城市运行管理平台系统。

1. 数据汇聚

将数据资源的汇聚整合作为一项长期工作，持之以恒抓好落实。进一步落实各部门数据汇聚责任，着力解决数据质量和实时汇聚效率问题。坚持统一的数据标准，实行清单管理，防止有用数据不汇聚，同时保障汇聚的数据质量。充分运用二维码、RFID、M2M、传感器等物联网相关技术，在建筑物、道路、供水、电力、燃气、网络、环境监测点等涉及城市运行的设施上安装智能化程度较高的感知“神经元”，通过基础设施复用进一步推动城市数字化、网络化，为城市运行安全提供全量感知而非抽样感知、实时感知而非延时感知、持续感知而非间歇感知。强力推进城市运行安全数据的全方位共享，以全量汇聚代替简单联通，为彻底打破部门间行政管理壁垒提供技术实现路径，奠定大数据应用基础。以智能化场景应用开发为牵引，着重对场景开发涉及的数据进行重点治理。通过制度、技术、管理三道防火墙确保数据安全，走出“大数据汇聚就不安全、数据自己管就安全”的认识误区。

2. 系统集成

城运系统作为城市大脑的重要组成部分，专注于城市运行管理领域的智能化应用。城市大脑在本质上是一个云架构的运行环境，它主要由存储、算力和云操作系统共同构成。其中云操作系统决定着大脑认知水平的高低和服务能力的强弱，是云架构中的关键。当前，国际最先进的云操作系统有亚马逊云、微软云、阿里云等，国内主流的云操作系统有阿里云的“飞天”、华为云的“融合领域”。

城运系统建设应进一步重视云资源建设，切实做强系统运行的软硬件基础；有意识培育与使用知识图谱、深度学习等能力，运用机器学习形成一个智能积累、不断进化的应用成长轨道，孵化和支撑各个领域的智能化应用，推动城市运行风险处置沿着“嵌入式—操控式—交互式—融合式”的智能化发展路径不断前进；推动在各部门建设各自的系统集成平台、整合本专业领域的各类应用系统，形成纵向到底、横向到边，覆盖面广、穿透力强的城市运行管理应用系统；主动开发符合上海城市精细化管理要求的智能化模块，用于各类业务场景的隐患发现和事件预警，进一步提升城市管理的智能化水平；重点抓好区层面的系统集成和智能化应用，真正把区级应用平台打造成城运系统的应用枢纽；将相关系统迁移上云，实现云上互通，为城运系统在 PC 端和移动端上进行部署、实现更广泛应用奠定基础。

3. 联勤联动

推进职责明晰、分工负责、数据共享、共建共治的协同治理模式，在数据共享和系统权限配置方面进一步向基层倾斜，把城运系统打造成城市运行管理领域智能化应用的一个开放性平台，解决基层管理门类多、压力大、数据不对称的问题。将“政务微信”作为新时代社会治理的基本应用载体和城市运行“一网统管”移动应用统一出入口，全面解决当前跨部门联勤联动面临的诸多问题。利用政务微信连通性强的优势，推动跨部门力量在同一平台上的统一指挥调度，沟通渠道畅通、提升处置效率。利用政务微信应用开发便捷的特点（在政务微信上开发轻应用时间短、成本低，用户使用时也无须下载安装），营建移动、可视、开放、智能的新型应用生态，推动各部门依责响应、承接、处置城市安全风险隐患，实现更高水平的联勤联动。

4. 共享开放

逐步把城市运行系统打造成城市运行管理领域智能化应用的一个开放性平台，当前重点是市级政府职能部门的相关专业数据要全量向各单位生产系统共享开放。同步探索拓展城市运行系统内涵建设，借鉴浦东经验适时把市场主体的风险监管系统纳入到城市运行系统中，尝试“社区云”系统与城市运行系统的对接。

围绕城市运行中推广的新技术应用可能存在安全隐患，筑牢安全保障机制：在数据方面，落实数据分级分类管理措施，实时静态与动态相结合的方式进行授权，保障数据在授权范围内被访问和处理；通过数据安全网关等方式，设置数据使用“双环境”（在开发环境使用脱敏数据，在生产环境使用真实数据），提升数据安全系数；在隐私保护方面，采用匿名化、去标识化等方式对数据脱敏，研究制定公民隐私保护管理方面的专门规定，规范对公民个人信息的合法采集和使用，逐步形成完善的个人隐私保护体系。

附　录

附录 A　“城市安全风险管理丛书”的出版

“城市安全风险管理丛书”(以下简称“丛书”)的编撰汇集了多位长期从事风险管理、应急救援、安全管理等领域工作或研究的业界专家、高校学者，依托同济大学丰富的教学和科研资源，力图推进国家治理体系建设、提升城市风险管理的水平和能力。“丛书”由同济大学城市风险管理研究院组织编撰，结合上海市城市安全管理应急救援与城市风险管理的具体实践，针对城市运行中的传统和非传统风险，研讨城市风险管理新思路、新技术、新举措。“丛书”由同济大学出版社出版。

本“丛书”弥补了城市风险管理系统出版的空白，共规划 20 种图书，涵盖了城市安全风险的方方面面，包括建设风险、水安全风险、生态环境风险、地下空间开发建设风险、社会风险、生命线风险等。项目启动至今，已出版发行 10 种图书。具体情况如下：

《城市安全风险防控概论》(2018 年出版)
《城市建设风险防控》(2019 年出版)
《城市水安全风险防控》(2018 年出版)
《城市生态环境风险防控》(2018 年出版)
《城市地下空间开发建设风险防控》(2018 年出版)
《城市社会风险防控》(2019 年出版)
《城市生命线风险防控》(2019 年出版)
《城市气象灾害风险防控》(2019 年出版)
《城市高速铁路运营安全风险防控》(2019 年出版)
《城市地下空间防灾规划理论与策略》(2019 年出版)
《城市公共交通风险防控》(计划于 2020 年出版)
《城市大客流风险防控》(计划于 2020 年出版)
《城市风险防控人才培养》(计划于 2020 年出版)
《城市交通拥堵风险防控》(计划于 2021 年出版)
《城市住宅小区运行风险防控》(计划于 2020 年出版)
《城市突发舆情风险防控》(计划于 2020 年出版)
《城市历史建筑保护风险防控》(计划于 2020 年出版)

《城市非传统风险防控》(计划于 2020 年出版)

《城市风险防范与保险》(计划于 2020 年出版)

《城市道路设施风险防控》(计划于 2020 年出版)

其中,由同济大学城市风险管理研究院孙建平院长主编的《城市安全风险防控概论》摘要如下:

随着我国国民经济发展和城镇化的推进,人们向城市汇聚,城市也从小到大、从简单功能到复杂功能快速发展,城市越来越大、越来越高、越来越亮。城市建设和管理进入新常态,城市安全问题日益突出,是城市管理层面、企业生产层面和生活学习层面都需要关注的问题。自然灾害、事故灾难、公共卫生、社会安全等城市问题伴随着城市发展,构成了城市运行安全的威胁。诸如人口流动、产业集聚、高层建筑和重要设施高度稠密、已发展轨道交通城市的轨交承载量严重超负荷运行,再加上资源短缺、极端天气引发的自然灾害、新技术运用中的不确定性等,城市问题又叠加上了不断出现的城市突发事件。

党的十九大报告提出,要"坚持总体国家安全观"的基本方略,强调"统筹发展和安全,增强忧患意识,做到居安思危,是我党治国理政的一个重大原则",要"更加自觉地防范各种风险,坚决战胜一切在政治、经济、文化、社会等领域和自然界出现的困难和挑战"。习近平总书记提出"城市管理要像绣花一样精细",并特别强调,"增强驾驭风险本领,健全各方面风险防控机制,善于处理各种复杂矛盾,勇于战胜前进道路上的各种艰难险阻,牢牢把握工作主动权"。为贯彻落实党的十九大精神,必须坚定不移地贯彻创新、协调、绿色、开放、共享的发展理念,坚持底线思维,进一步加强城市的精细化管理,推进城市风险管理的水平和能力不断提升,为城市的安全有序运行做出贡献。

城市化发展是一个渐进的过程,同样,对城市的管理、对城市问题的治理、对城市突发事件的应急处置,无论是认识还是实践,也有一个过程。本书作者在实践和研究的基础上已经认识到,当城市已经或者正在组成一个巨大且复杂的运行系统时,城市问题以及城市突发事件就可能演变成城市风险。其中一些风险爆发后可能造成的后果极其严重,必须引起人们的高度重视。一些潜在风险不仅成为城市化进程中的障碍,可能造成难以逆转和纠正的后果,不仅是重要的经济问题和社会问题,也是重要的民生问题和政治问题。妥善处理城市化过程中的风险已经成为中国持续发展的一个重要课题。

该书通过城市发展历程回顾和城市发展伴随的问题与事故分析,总结借鉴一些国家和地区在城市应急与风险管理方面的经验,在研究和实践探索的基础上,将风险管理理念引入城市管理中,整合提出了全新的城市风险管理概念,构建由城市风险识别与评估、城市风险应对及处置、城市风险监测、城市风险预警与应急等组成的城市风险防控体系与方法,介绍了保险在城市风险防控中的应用和发展,以及在城市安全管理中的保障作用。以"一个核心理念""两个综合平台"和"三个关键机制"的城市风险管理思路,从传统政府一元主导的问题处理、事故应急处置向开放性、系统化的多元共治的城市风险管理转型升级,构建一整套"事前科学预防""事中有效控制""事后及时救济"风险防控机制,为城市风险防控提供了新的思路,对城市风险管理的研究与实践具有重要意义。

城市风险是一种客观存在,然而城市风险又是可防、可控的。“丛书”的出版能够增强或唤醒城市管理者、企业生产者、居住生活者,乃至全社会的风险意识,关注身边可能的风险,参与城市风险的防控实践。同时作者们也在进一步深化和丰富城市风险管理的理论研究和实践探索。相信通过借助大数据、云计算、物联网、人工智能等新兴信息化技术,搭建城市智能化管理平台,充分发挥政府、社会、企业、社团和市民在城市风险防控中的协同共治作用,一定能够提高城市总体风险防范能力,为城市健康发展保驾护航。

附录 B　同济大学城市风险管理研究院相关研究成果

2016—2018 年，在城市风险管理理念和体系下，同济大学城市风险管理研究院开展了上海市层面、区域层面以及其他方面的探索和实践，承担了应急管理部、上海市政府、徐汇区和虹口区等单位委托的课题/项目共计 30 余项，为本报告的编撰提供了理论支撑和数据基础。

本报告附录了 8 个典型的项目/课题。在市级层面，梳理了上海市城市建设与运行的风险点，参考并借鉴国外特大型城市如纽约、伦敦和东京等城市的管理经验，提出了上海市城市建设与运行的风险预警防控措施；在区域层面，探索上海对标全球卓越城市核心城区运行风险管理模式，探索研究住宅小区运行风险管理，以提升上海市社会治理精细化水平；同时研究了巨灾保险在上海地区的应用。此外，上海作为沿海城市，其港口运行风险管理也显得十分重要，上海港作为我国沿海的主要枢纽贸易港，研究其运行风险防控的综合机制具有重大意义。

1. 城市运行重大风险分析与管理对策研究

在城市运行安全中，存在着各类重大风险和重大风险源，对保持政治社会大局稳定和经济持续健康发展有不利影响。在这类形势下，需考虑城市运行安全风险问题的全球性、开创性问题，以及我国城市安全管理的长远性和即刻性问题。

1）我国当前和未来十年城市运行重大风险特征研究

包括表现形式、规律特征、形成原因和演变趋势等四个方面的内容。

（1）表现形式：围绕城市运行安全的生产作业、生命线、人居环境、交通出行、大型活动场所等重点领域，分析重点风险、潜在风险和新型风险等不同种类、发生概率和具体表现形式。

（2）规律特征：从分析主体和客体出发，深入剖析风险发生相关参与方及风险本身的特征和规律。

（3）形成原因：如大规模城市基础设施面临质量保护问题、建房标准局限带来的安全隐患问题、极端气候瞬间引发的城市风险、新技术可能带来的潜在风险、城市发展中安全风险低且管控责任不明等系统脆弱性带来的风险等。

（4）演变趋势：从单项向综合转变，从处置向预防和准备转变，从单纯减灾向减灾与可持续发展相结合转变；由政府包揽向党建引领、政府主导、社会协同、公众参与、法制保障转变；从一个地区或部门向加强区域合作、协调联动，直至国际合作转变；从传统安全向传统安全与非传统安全并重转变。

2）国内外城市运行重大灾害事故（事件）分析和启示

围绕近十年来世界各国和我国城市发展中发生的约 100 个重大灾害事故（事件）典型案例进行编撰，总结凝练重大灾害事故的影响时间、影响范围及其分布规律，并估算经济损失、人员伤亡、社会影响等程度，对比分析事前预防、事中管控、事后应急措施的得失，得出国内外城市运行重大灾害事故的经验启示：

一方面，转变管理观念：从被动的应急处置转向主动的风险防控，如美国灾害防治原以应急处置为主，往往陷入"灾害发生—救援重建—工程防治—灾害又发生"的恶性循环，直至 2000 年美国政府颁布了《减灾法案 2000》，标志着美国在灾害防治管理理念上由"应急处置"向"风险管理"的转变。

另一方面，建立风险防控机制：①精准管控城市风险，将风险源分类分级，将风险发生概率、破坏程度和综合风险指数记录在册，将风险管控落实到相应责任主体和监管部门，明确管控目标和时间节点，记录整改的流程和采取的措施；②引入保险机制，以市场的方式和社会的力量分担社会的风险；③构建政府、市场、社会协同的多元共治机制；④创新保障机制，完善相关法律规制，为风险管理提供制度保障，日本已经形成了比较完备的灾害管理法律体系。

3）上海城市运行应急管理和风险防控探索与实践

包括指导方针、管理模式、体制机制、防控措施等四个方面的内容。

（1）以上海世博会为例，阐述上海市应急管理"十字方针"、单元化及网格化管理模式、基层应急管理"六有"模式、"一案三制"、应急联动机制、风险管理和隐患排查机制、"保险＋自控＋第三方服务"机制等。

（2）在社区风险防控方面：上海是我国较早探索社区治理和风险防控的特大城市，存在社区公共设施维护保养、日常秩序和安全管理、小区环境治理等运行难题，在风险治理体系与机制创新、风险评估方法与流程和风险监控平台与管理指标体系等方面进行探索，为社区风险治理提供可复制、可推广的理论和实践参考。

（3）在体制机制方面：进一步加强目标管理的系统性，部门管理的协同性，机制管理的常效性，逐渐固化行之有效的措施，形成常态化长效机制，提升管理成效。

（4）在防控措施方面：谨防破窗效应，构建综合预警体系，改变应急管理的思维定式，从以事件为中心转变为以风险为中心，强化城市风险控制和应急管理并举的管理模式，建立风险源普查、风险评估、风险沟通等相关制度；加强监管信息和基础数据的共建共享，构建完善的风险监测和预警管理信息共享平台。

4）中国特色城市运行应急管理和风险防控体系

包括指导思想、基本原则、总体思路、实施阶段等四个方面的内容。

（1）指导思想：新时代的应急管理体系是在对传统的单灾害管理和民防系统进行增量改革的基础上构建起来的，遵循的是应急预案先行，体制、机制跟上，应急法制再补位的顺序。遵循应急管理发展的规律，运用创新理念推动应急管理法制、体制、机制以及文化理念等方面创新，成为应急管理发展的核心。

（2）基本原则：始终坚持预防为主、始终坚持法治思维、始终坚持科学方法、始终坚持以人为本、始终坚持信息公开透明等基本原则，形成包括理念、核心、关键、机理、资源统筹、要素支撑等在内的一整套城市风险管理的总体思路和框架体系。

（3）总体思路：通过深入分析城市风险主要领域和风险点，提出面向防灾、减灾和救灾的"主动防范、系统应对、标本兼治、守住底线"的总体思路。

(4) 实施阶段:分析总结国内外和上海正反两方面风险管控和应急管理案例、经验、启示、借鉴等,从全灾种、全过程、全方位、全社会和全球化等视角统筹城市应急管理和风险防控体制机制,实现全生命周期风险管控。

5) 城市运行应急管理和风险防控实施路径

包括完善体系、应对路径、创新机制、精准施策、规划联动等五方面的内容。从理念普及,体系形成,平台搭建,法规完善,产业、技术、标准、规范提升,保险引入,机制创新等方面,探寻城市应急管理和风险防控的具体应对路径和相应突破口。

(1) 完善体系:从传统的政府一元主体主导的行政化管理体系转型升级为开放性、系统化的多元共治的城市精细化管理体系。

(2) 应对路径:借助物联网、大数据、人工智能等技术,在现有网格化管理等平台的基础上,与城市安全发展相关的高危风险点建立监控预警平台,提高城市科学化、精细化、智能化管理水平。

(3) 创新机制:构筑政府主导、市场主体、社会参与的城市精细化管理机制,明确各方在城市管理中的主要职责,在现有城市管理流程的基础上,构建政府、企业和公众协同共治机制。

(4) 精准施策:完善立法制度,更新立法理念,进一步规范法律法规的制定、修订和废止制度;及时更新提高标准,出台配套政策;重视精准施策,解决实际困难,提升执法水平;坚持严格执法,完善执法缺位的追责问责机制,形成城市管理执法的"热炉法则",增强执法力度。

(5) 规划联动:用好大数据,形成数字化模型与城市规划、运营和安全管理的联动,依靠云端的信息分析、数据挖掘、风险预警等技术,支撑现代化城市的管理和运行,开展数字化平台建设和功能整合,统一标准体系建设,实现数据库统一存储,构建城市管理的一体化平台,加强移动互联网技术与城市管理的结合,开辟微信、微博等多媒体渠道,接受群众对城市管理的监督。

6) 城市运行应急管理和风险防控重大政策建议

包括风控体系、科普培训、风控保险、预警白(蓝)皮书、风控法规、学科建设、风控产业培育等七个方面的内容。

(1) 风控体系:构建风险辨识的分析框架和传导机制,建立覆盖政府、社会、企业、社团和群众五位一体的风险防范政策体系,有效防范化解各类可能出现的风险,守住不发生系统性风险的底线。

(2) 科普培训:加强城市运行安全应急管理和风险防控的教育普及,转变管理理念,摒弃政府管理和公众被管的传统角色定位,构建全民参与、社会共治的新格局;注重社会协同,探索社会资本参与城市管理模式;畅通互动渠道,搭建市民参与管理的平台,听取公众对城市管理的意见和建议,对合理合法的予以采纳或调整。

(3) 风控保险:建立城市运行安全风险评估制度,建立城市安全应急和风险防控清单,增设风险防控专项资金,建立风险防控师制度,构建保险机制,引入安全综合险+风险单元自控+第三方专业技术服务机制，促进保险公司主动介入到投保方的风险管理当中去，防灾止损，控制风险，通过保险费率浮动机制等市场化手段，达到政府管理、保险公司、投保方“三赢”的效果。

(4) 预警白(蓝)皮书：对城市生命线、交通出行、人居环境、大型活动场所等重大风险源的风险交互做出精细化分析，形成城市运行安全应急管理和风险防控预警白(蓝)皮书。

(5) 风控法规：国际经验表明，做好城市运行安全应急管理和风险防控，必须要有法律保障。我国于2007年已经颁布实施了《突发事件应对法》，国家应急管理部的成立也理顺了应急管理和风险防控法治体系构建的思路。

(6) 学科建设：加快“城市安全风险管理学科”的布局和创设，在高校和学术机构的平台上，完成基础奠基和顶层设计。做好城市风险管理相关的理论研究、人才培养、经验提炼、事故反思等。

(7) 风控产业培育：以城市运行的“全生命周期”为目标，带动现有安全保障体系的更新提升。以广泛的技术创新和实践探索，打造更有生命力的产业基础升级。以推广各类防控技术和创新各类防控模式，不断提高风险防控能力和水平。

本课题围绕城市运行安全的重大风险源，深入分析城市运行安全风险的全球性、开创性问题、城市安全管理的长远性问题和即刻性问题，高度总结凝练城市运行安全风险的世界特征、中国特色、上海特点和其他城市特点，形成我国城市运行安全风险防控和应急管理方面的教材和对策，为提高我国城市运行安全风险管理水平、健全城市管理职能部门管理体系提供有力的支撑。

2. 伦敦大火对我国城市高层建筑风险管理的警示

2017年6月14日，造成了惨重人身伤亡和重大经济损失的伦敦高层建筑火灾事故对我国城市管理具有重要的警示意义，同时也引发我们的思考：为何大火会对伦敦如此一个社会管理和科技水平世界一流的城市造成如此严重的后果。经过认真分析，得出伦敦大火对我国城市高层建筑风险管理提出的启示与警示。

1) 伦敦高层建筑火灾应急失控暴露六大突出问题

(1) 火灾警报系统失灵。在火警发生期间，大楼自动洒水器及中央警报系统同时失灵，建筑内无自动喷水灭火设施介入灭火，未能有效阻隔火灾蔓延，丧失宝贵逃生时间。

(2) 外墙保温材料可燃。该楼的绝缘保温层中使用的隔热材料“塞洛太克斯RS5000”在高温下会燃烧，大楼的铝锌复合材料外壳与混凝土墙壁之间留有5 cm的“通风腔”，产生风助火燃的后果。

(3) 消防救援能力不足。消防车通道狭窄，水枪喷水与云梯高度不足，导致灭火与救援困难。

(4) 楼内疏散通道阻塞。楼内只有一部疏散楼梯，且楼梯内堆有可燃杂物，加大逃生难度。

(5) 公众自救意识不强。一部分居民采取一定的避烟措施从疏散楼梯成功逃生，一部分居民选择原地等待救援，放弃了主动逃生机会。

（6）消防安全检查不到位。管理者未能有效进行日常管理，没有及时更换相应的消防设备，对于住户反应的诸多火灾隐患未给予回应，导致未能及时排除火灾隐患。

除以上六大问题外，在体制机制和公民心理上还有两个深层次的原因值得思考：一是传统治理方式失灵。近年来在遭遇各类事件后，社会不稳定因素增加，此次大火折射出英国传统的政府治理方式存在问题。二是公众风险意识缺失。近年来发生的一系列公共安全事件，很大程度上都是由于对风险的漠视和低估引起的。人们觉得安全是常态，不安全是例外，盲目乐观、自信导致对身边存在的安全隐患放松了警惕，因而导致了应对不足。

2）我国城市化楼群安全管理面临四大风险

（1）“城市建筑越高越好”的认知风险。城市越是超大规模发展，越是有各种要素资源集聚于城市，安全问题就越容易成为软肋。

（2）应对复杂建筑情况的管理风险。我国高层建筑体量巨大，情况复杂多样，加剧了火灾危险系数的攀升。具体包括建筑与周边建筑防火间距不足、消防设施设计标准偏低、疏散通道被堵塞、建筑外消防车通道被占用、室外消火栓无法使用等。

（3）建筑材料工艺的安全风险。建筑材料及建筑方式或成为火灾的“罪魁祸首”。

（4）应变能力不足的救援风险。社会公众面对火灾时的应急应变能力依旧较差，难以正确实施自救或他救。

3）伦敦大火的启示

发挥制度优势，采取综合措施，筑牢中国高楼安全网。伦敦大火的教训是深刻的，事件具有自身的特殊性，但在应对城市风险方面又具有世界性的普遍意义。以下启示值得关注：

（1）城市风险管理应避免“青蛙效应”。英国伦敦大火救援中出现的设备失灵、应急救援不利、逃生措施不足等，实际都是由于平时对于城市风险的漠视，缺少应急能力，需要切实加强公众风险意识。

（2）城市风险管理应提高科技管理水平。超高层楼宇的消防问题是世界性难题，瓶颈在于现有的常规手段无法确保消除风险，需要通过科技手段和精细化的管理进行破题。政府应加大支持力度，加强救援前沿科技的研究，鼓励企业和研究机构创新开发科技救援产品。

（3）城市风险管理应建立良好制度。救援涉及技术、人员、制度等多方面因素，但最根本的还是要靠制度机制。良好的制度机制是有效减少灾害损失、促进善后处置的保障和抓手。好的制度机制可以有效调动整合一切救援资源，提升救援效率；相反，如果制度机制不健全，面对风险就会手足无措。因此，要建立完善的应急管理制度、保险制度、预警制度等，进一步加强顶层设计，夯实社会安全基础。

（4）完善五大系统。

完善预警系统。继续深化消防管理制度框架，不断完善优化。目前已经就高层建筑出台了诸多制度文件和管理办法，其中包括建筑消防标准、应急通道管理、消防救火应急预案等。应不断优化和细化制度体系,并强调落实到位、责任到位。对已建外墙保温层材料,全面检查并建立档案,针对性地制订消防应急预案;鼓励高层建筑建设运用更人性化、更先进科学的设计理念;不断创新救援技术和方法,提升救援效率等。

完善救援系统。引入市场化手段提升高层建筑安全管理,比如引入市场保险机制,通过保险费率的杠杆作用,倒逼高层建筑管理者更好地落实消防安全管理责任,可避免政府陷入唱"独角戏"的尴尬境地,同时转变政府传统"大包大揽"和"全面兜底"的低效管理模式。

完善信息系统。建立高层建筑消防信息"大数据"档案,有利于政府部门及时掌握高层建筑的实际风险状况。"大数据"档案应包括建筑原材料及特性说明,易发生火情的家用电器使用情况,高层建筑周边的环境因素,高层建筑的消防设备检查、管理情况以及演习宣传、投诉举报跟进等综合性信息。

完善维保系统。积极运用物联网技术,实施远程消防管理。通过物联网技术,在大楼内部加装烟感报警器、末端水压采集装置等传感器,通过互联网将高层建筑火情的动态数据及时收集汇总,实时反馈至后台,使预警消防安全情况能够被及时了解。物业、消防维保检测单位可实时掌握建筑内消防设施的动态情况,及时排除故障;政府部门可监测消防安全总体情况,根据动态数据开展管理工作。

完善自救系统。政府部门应更大范围、更深层次向公众传递消防知识和技能,强化公众安全意识。在学校教育阶段开设消防安全课程,开展定期专业讲座,将安全意识从小植入公众脑海。同时,定期组织开展高层建筑火灾现场演练,通过模拟环境和实战情景,提升社会公众的消防应急能力和自救互救技能。

3. "十四五"期间上海市强化应急管理、保障城市运行安全的目标、思路和重点举措研究

1)城市运行安全风险治理与应急管理的特点

该市拥有6 000多平方千米和2 400多万的常住人口,城市运行风险众多、关系交织复杂。城市运行安全方面涉及约3 000万吨的危化品、城市生命线管网、处于"质量保护周期"的老旧建筑、超高层建筑的防火灭火、日均客流1 100万人次的轨道交通、人群密集场所等问题。自然灾害方面则受地理位置和亚热带季风气候影响,易遭受台风频发、潮位趋高、暴雨极化的威胁,伴随着风、暴、潮、洪的叠加,气象灾害占比高达90%以上。从风险治理与应急管理的客体上看,该市包含了如"黑天鹅""灰犀牛""大白象"这些具备多样性、复杂性特点的城市风险;从主体上看,时间层面上有事前、事中、事后之分,形态层面上有硬件和软件之分,空间层面上有地下、地面和空中之分,交错复杂。总体而言,城市风险治理与应急管理的客体呈现多态化,主体呈现多元化。

2)前期主要工作成绩与当下主要问题

"十三五"期间,该市坚持安全发展,从严、从实、从细强化对重点区域、行业、设施、单位的风险防范,守住安全底线,有力地保障了城市运行安全有序。在"城市生命线"系统、

危化品管控、防汛除涝、地面沉降、自然灾害监控等方面都取得了成绩。

规划支撑方面，积极探索超大城市“底线约束、内涵发展、弹性适应”的创新发展模式，提出“守护城市安全，建设韧性城市”的发展目标；管理力度方面，市委、市政府将“加强城市科学化、精细化管理，切实保障城市生产安全和运行安全”列入八项重点推进和督查的工作之一；综合预案体系方面，已经实现了市、区、乡镇街道、单位和基层组织的全覆盖；信息化建设方面，“天网”工程在中心城区、次中心城区和郊区有序展开；应急救援方面，“3+X”应急救援模式，基本形成了“大而全，小而专”的应急管理工作局面。

对接该市城市发展的“五个中心”（国际经济、金融、贸易、航运及科创中心）战略定位的需要，“十四五”期间该市风险治理与应急管理工作应在意识理念、体制机制、综合保障等方面持续加强完善。

意识理念方面，该市“大应急文化”理念系统还未成型，还需明确系统架构，精细系统层次，标准系统执行。体制机制方面，要从风险治理的“辨识、分析、评价和控制”四步骤与应急管理的（预防与准备、监测与预警、响应与实施、恢复与重建）四个环节去厘清“条”“块”关系，建立明确的追责问责机制，实现有效闭环。综合保障方面，要系统推进和更新标准，要从人才保障、预算保障、科技保障、资源保障上精准施策，杜绝“木桶效应”。

3）“十四五”该市保障城市运行安全的目标与思路

目标：“十四五”期间，该市城市运行安全要建立以公共安全为导向，以风险治理为核心，以系统应急观为理念的国际领先的、具有该市特色的体系。打造韧性城市，开创企业风险治理、政府应急管理、市场风险共担的工作新格局。

思路：“十四五”期间，该市要围绕完善体系、应对路径、创新机制、技术赋能、精准施策、产业培育及学科建设这七个超大城市运行安全保障体系核心要素，以“自贸试验区某新片区”试点工程为抓手，从意识理念的科学性、体制机制的针对性、综合保障的系统性三个方面进行探索。

（1）科学性意识理念整体建设

一是全员普及该市民众的“大安全氛围”。针对该市各类风险制作多类安全公益视频，利用城市主要公共资源和设施，对民众进行安全意识、法制的宣贯，提升民众避险能力。

二是专项培育该市企事业单位的“大安全文化”。针对该市各类生产事故灾难，建立以事故预防为导向，风险管控为核心，隐患排查为抓手的企业“大安全文化”工程。

三是重点聚焦该市各级政府的“大系统应急”。针对该市保障城市运行安全的各级领导干部，各职能部门，各委办单位，有组织地全面学习应急科学理论，坚持“一案三制”的工作方向，持续加强应急工作的政治敏锐性，增强忧患意识，加深责任感、使命感和紧迫感。

（2）针对性体制机制优化建设

一是“平战结合、防救一体”的整体架构。建议按照“平战结合、防救一体”的模式设立市突发公共事件应急管理委员会，在应对四类突发事件时，直接转为市突发公共事件应急总指挥部。加挂市安全生产委员会、市减灾委员会牌子，下设市防汛指挥部、市重大生产安全事故应急专项指挥部等。

二是确定“以各区为主体”的体系运行核心。构建市区两级风险目录，以响应层级为区分依据，明确不同层级应急管理部门的职责。以区为运行核心，推行分级监管、分级指挥，分层治理。要防止不同层级上形成的“上下一般粗”问题，以及由其导致的各类“形式主义”。要让核心部门有时间去思考、部署和落实基础工作。

三是“三定”统筹资源，集聚应急力量。要加快厘清地方应急管理部门与国家综合性消防救援队伍的隶属问题。地方应急管理部门，要结合辖区内风险特征，建立针对性强的专业救援队伍。要统筹各类专兼职专项抢险救援队伍以及在急救等特殊专业领域的志愿者队伍。

四是理顺“多元”关系，丰富“共治”内涵。要以政府为核心解决创新机制问题，要以企业为载体解决技术问题，要以社会为对象解决风险管理社会化问题，要以市场为黏结解决政府、企业、社会的联动问题。以此为基础，理顺多元关系和运行机制，充实“多元共治”的内涵。

五是从信息化、智能化入手，推动精细化管理。“城市常态风险信息、重点风险信息、潜在风险信息”等客体信息要和“应急案例、应急资源、应急力量的分布”等主体信息进行深度的主客融合。“风险特征、高危区域、重大危险源”等城市静态风险信息要和“突发事件特性、人群密集特征”等城市实时动态信息进行深度融合。

六是信息公开，定期发布《某市风险治理与应急管理报告》白皮书(以下简称《报告》)，主动接受民众监督。《报告》内容围绕城市发展与应急基本形势、应急方针政策、“一案三制”建设、应急能力建设与保持、应对处置主要措施、应急演习演练、培训与公众沟通、应急科技创新、应急国际合作与交流等方面编制。

(3) 系统性综合保障全面建设

一是提升城市应急的战略高度。在总体国家安全观的理论指导下，立足当代，放眼未来。将应急管理纳入国家经济社会总体发展战略规划中，从战略高度构建应急管理体系，制定系统长远的建设规划，实现可持续发展。

二是持续完善法规政策配套。持续推进完善行政组织和行政程序法律制度，实现机构、职能、权限、程序、责任法定化，明确“一区一考核”的运行机制。

三是利用“外脑”，群策群力。加强与专业机构和科研院所的合作，加快“城市安全风险管理学科”建设，完善城市风险管理人才培养途径，全面研究公共安全科学理论、方法学、防控和应急管理综合集成等关键技术。

四是物资储备，整体布局。建立该市应急物资储备指挥系统，在设计层面上确保专项应急资源的品类、数量及分布储备，和城市重大风险的特征分布相匹配，和城市应急需求的高效性相匹配。

五是某市“城市运行风险治理与应急管理”综合系统。在理顺政策保障、市场机制、管理责任、操作平台、隐患风险治理的基础之上建立“信息整合度高，资源充分共享”“功能集成度高，监测、发布、指挥集约”“立体展示度高，现场感、直观性强”以及“决策智能度高，计算机辅助决策与专家决策相结合”的综合系统。

4. 加强“城市运营与管理风险点”预警防控的对策建议

某市作为超大城市，人口高度集聚，潜在风险繁多。市政府发展研究中心联合同济大学城市风险管理研究院对该市城市建设与运行风险点进行了梳理，并提出一系列预警防控措施。

1）该市城市建设与运行存在七大主要风险点

（1）公共交通风险

尽管近年来该市道路交通安全形势总体平稳，但仍存在两大突出安全隐患：一是“两客一危”。2018 年，重点运输行业共发生各类交通事故 3 万余起，造成 212 人死亡，车均事故率0.32 起，万车死亡率达 21.4 人，远高于全市平均水平。二是轨道交通安全隐患。轨道交通已成为该市城市公共交通系统骨干，运营里程达到 705 km，日均客流 1 100 万人次，但是面临着设备设施超负荷运行。车辆、通信信号设备、接触网、轨道线路等设施零件接近使用寿命；承载客流大大超出设计负荷：尤其在早晚高峰时段，不同线路、不同时段客流分布不均衡，导致部分线路运能和运量矛盾不断升级；运营管理效率有待提高：由于安检标准较低、安全管理队伍数量不足、执行力不强，存在违规物品混入车站、突发事件引起拥堵踩踏事件等风险。

（2）高层建筑风险

截至 2017 年，该市高层建筑已是世界高层建筑最多的城市。高层建筑主要存在三大安全隐患：一是消防安全隐患较大。自 2007 年至 2016 年十年间，高层建筑共发生火灾 4 293 起，造成 474 人死亡，106 人受伤，直接财产损失 2.89 亿元。二是空调外挂机、霓虹灯、广告牌等高空附着物安全隐患较大。该市使用超过 10 年的分体式空调已有百万台，其中高层建筑用量占了相当大比例。三是高层建筑电梯安全隐患较大。当前该市电梯存量约 28 万台，使用年数超过 10 年以上有 8.5 万余台，15 年以上有3 万余台，其中高层建筑占了很大比例。电梯老龄化问题日趋严重、设备维护保养跟不上，导致电梯事故频发。据统计，2006—2018 年，该市共发生各类电梯事故 42 起，其中死亡 31 人，受伤 23 人。

（3）老旧房屋风险

当前该市老旧房屋（包括旧式里弄、城镇私房、拆迁基地未拆除房屋等）量大面广，安全隐患诸多，主要表现在以下三个方面：一是房屋结构安全隐患突出。年代久远、建筑材料老化、加固维护工作难以普遍开展导致该市老旧房屋普遍存在结构松动、承载力大幅降低等严重的结构性安全隐患。二是消防安全隐患突出。老旧房屋片区通常成片分布，内部结构错综复杂，安全出口、疏散通道单一，消防隐患集中，人员疏散十分困难，一旦失火极易形成火烧连营之势。三是设施安全隐患积少成多。一方面，老旧房屋普遍存在水、电、煤气等设备、管线老化问题，加之大多数电路超负荷承载，触电、火灾隐患严重；另一方面，由于年久失修，老旧房屋的围护、外墙饰面、建筑附属物等设施也存在脱落、坠物伤人等隐患。

(4) 危险化学品风险

在仓储环节布局不尽合理，防护不到位，郊区仍存在危化品非法储存点。在运输环节：部分运输企业和人员安全意识较弱、运输工具(钢瓶)送检工作不到位；零星危化品配送的安全风险不容低估；外省市进入的危化品数仍存在伪装货物、非法超载、绕道行驶、逃避检查等安全隐患。

(5) 重点场所风险

重点场所主要包括学校、大型文化体育场馆、养老机构、大型商场等公共场所，这些公共场所往往面临安保力量薄弱、应急备案不足等短板。

(6) 新技术风险

一是电信网络诈骗案件屡禁不止，2018 年该市全市破获电信网络诈骗案件数同比 2017 年上升 30.1%，抓获犯罪嫌疑人数同比上升 126.3%。二是无人机、智能机器人、3D 打印等新技术存在新兴风险。这些新技术存在被不法分子作为犯罪工具的风险，如利用无人机偷拍监听、爆炸袭击，利用 3D 技术打印枪支等危险品，届时将增加社会不稳定因素。

(7) 应急避难场所不足的风险

当前，该市应急避难场所存在数量不充分、布局不合理、认知程度有待提高等问题。截至 2018 年，该市仅有应急避难场所 64 个，总计 110.7 hm^2 有效使用面积仅能容纳 32.81 万人。无论是普通民众、还是避难场所管理人员，普遍对其作用、功能、日常使用流程、维护管理要求还不是非常明晰。

2) 防患化解该市城市风险的对策

作为高密度超大型城市，该市面临复杂多发的各类风险，依靠传统手段、运动式突击和单部门作战往往难以从根本上杜绝隐患。因此，该市亟待从体制机制、技术手段等层面着手，由“应急管理”转向“风险管理”城市安全管理思路，围绕“树立一个意识，打造两个平台，健全三个机制”持续发力，建立更加完善、高效的城市风险管控体系，整体提升城市建设与运行的风险预警、管控能力。

(1) 树立一个意识：强化城市风险意识，驱动末端精准治理

一是加强城市风险意识，转变风险管理模式，推动从粗放式的管理模式向基于末端精准治理原则的风险管理模式转变。

二是加强顶层设计，确定城市安全总体目标，加快编制《城市安全风险白皮书》，评估城市各类风险的现状和发展趋势，梳理主要风险点并建立风险目录，确定中远期城市安全体系和近期目标。

三是推动事故问责体系规范化、精准化。要切实做到落实属地管理责任、强化部门监管责任、健全企业主体责任以及鼓励社会协同责任，确定风险管理流程，将风险管控的履职过错责任和领导责任落实到具体人员。

（2）打造两个平台：构建城市综合风险的"预警"平台和"管控"平台

一是搭建城市综合风险预警平台。通过感知技术、大数据技术等智能技术，完成对城市特定风险的实时监控预警和相关信息的实时发布，并通过采集相关信息为风险分析、预判和处置提供相关决策支撑。

二是健全综合风险管控平台。通过城市风险管理大数据的采集、传输、存储、分析、挖掘，在一个平台上实现"信息采集、分析处理、管理控制"的闭环管控流程。

（3）健全三个机制：多元共治、多重保障和风险源防控机制

一是建立多元共治机制。基于风险治理的不同阶段，挖掘"政府—企业—社会"多元协同治理潜力。

二是建立多重保障机制。一方面，加快健全法制体系。进一步完善有关城市安全的行业规范性文件、技术标准、法律法规等。另一方面，引入城市风险保险机制。建议在全市层面创设城市安全综合保险，包括建安一切险、质量潜在缺陷险、人身伤害险等险种，以及安责险、统筹险等综合保险方案。

5. 上海对标全球卓越城市核心城区运行风险管理模式研究——以上海市某区为例

该区位于上海中心城区的西南部，是上海近代文明的发祥地之一。全区 54.93 km^2，常住人口百余万人。区域文化底蕴浓厚，开启东西方文化交流之先河，并发展成今天上海市市级商业、商务、公共活动中心。

1）城区突发事件与风险分析

根据应急办统计整理了 2008—2017 年突发事件和区网格中心提供的全年事件和事件数据中涉及突发事件部分。其中，应急办统计的历年突发事件分为自然灾害、事故灾难、公共卫生事件、社会安全事件四大类共计 31 小类，详见表 B-1。

从 2008—2017 年的数据统计结果看，该区历年公共突发事件主要以社会安全事件和事故灾难为主，其中社会安全事件总计 4 224 起，事故灾难总计 1 312 起；自然灾害与卫生事件偶尔发生。

（1）自然灾害类突发事件分析

自然灾害类突发事件主要包括气象灾害和防汛防台风。气象灾害发生次数波动较大，平均每年 4 次左右。防汛防台风突发事件只在 2009 年与 2012 年各发生过一次。虽然发生的概率较低，但是特大台风造成的影响特别巨大，仍是区域重点防范的风险点。

（2）基础设施运营类突发事件统计分析

在事故灾难中，火灾事故发生次数所占比例较大，每年发生次数在 60～140 次。火灾事故在 2009 年和 2013 年出现了两个峰值，近年来事故数量整体呈明显下降趋势，2017 年略有回升。

此外，事故灾难中虽然道路交通事故总体数量多，但引起死亡的交通事故数量较少，且近几年逐步下降，平均每年约 20 起。

表 B-1　2008—2017 年该区突发事件汇总表

分类	事件名称	发生次数/次									
		2008	2009	2010	2011	2012	2013	2014	2015	2016	2017
自然灾害	地震	—	—	—	—	—	—	—	—	—	—
	防汛防台风	0	1	0	0	1	0	0	0	0	0
	气象灾害	10	3	7	3	1	5	5	0	3	3
	重特大植物疫情	—	—	—	—	—	—	—	—	—	—
事故灾难	火灾事故	98	135	97	64	84	114	99	91	64	91
	道路交通死亡事故	19	27	29	24	18	17	13	19	17	21
	内河交通事故	—	—	—	—	—	—	—	—	—	—
	危险化学品事故	1	0	0	0	0	0	0	0	0	0
	供气事故	6	6	6	0	0	0	1	0	0	1
	供水事故	9	11	7	5	1	0	2	2	5	0
	供电事故	8	6	2	0	0	13	1	0	0	4
	通信事故	—	—	—	—	—	—	1	0	0	0
	建筑工程事故	1	0	0	0	0	0	0	0	0	0
	特种设备事故	0	1	0	0	1	1	1	0	0	0
	旅游突发事故	—	—	—	—	—	—	—	—	—	—
	安全生产事故	11	7	8	6	7	7	6	5	6	5
公共卫生事件	突发性传染病疫情	5	4	1	2	2	3	0	0	2	3
	食品安全事故	1	1	0	0	0	0	0	0	0	0
	药品医疗器械不良事件	3	0	0	0	0	0	0	0	0	0
	一氧化碳中毒	1	0	0	0	0	0	0	0	0	0
	重大动物疫情	—	—	—	—	—	—	—	—	—	—
社会安全事件	重大刑事案件	218	234	168	182	172	207	168	157	182	124
	公共场所滋生事件	—	—	—	—	—	—	—	—	—	—
	教育系统突发事件	1	3	1	0	0	0	0	0	0	0
	群体性上访事件	144	311	248	260	158	206	195	217	260	171
社会安全事件	广播电视安全播出事件	—	—	—	—	—	—	—	—	—	—
	公共文化场所突发事件	0	0	0	1	0	0	0	0	1	0
	文化活动突发事件	—	—	—	—	—	—	—	—	—	—
	体育赛事突发事件	—	—	—	—	—	—	—	—	—	—
	劳动保障群体性事件	4	7	4	4	12	27	19	27	4	23
	其他群体性事件	23	22	10	9	7	2	4	11	9	7

管线管道(供气、供水、供电)事故发生次数相对较少,基本呈逐年下降趋势,但供水、供电事故不稳定,突发性较强。根据网格中心数据,由于架空线坠落引起突发事件较多,占2016年总体突发事件的94%。

安全生产事故发生次数较少,且近年来事故数量也呈逐年下降趋势,每年约5次。

(3) 公共安全类事件分析

根据该区网格化管理有关小区管理的几类数据包括群组、违法搭建、损坏承重结构、占用消防通道违章停车和改变房屋使用性质等。数据显示,有关小区管理的几类事件中,34%为违法搭建事件,32%为占用消防通道违章停车事件,二者数目接近,略有差别;另外25%为群租引起的记录,比之前两项占比略低;记录显示损坏承重结构和改变房屋使用性质两项所占比例较小,发生次数少。

(4) 社会安全类事件分析

在社会安全事件发生次数中,群体性上访事件和重大刑事案件发生次数较多。群体性上访事件平均每年有200起以上,整体来看数量逐渐下降。重大刑事案件数量近年来平均每年有200起左右,且数量趋于稳定。劳动保障群体性事件和其他群体性事件在该区发生数量较少。

从该区历年来对突发事件的应对处理来看,该区应急管理机制基本建立,安全管理体系运行正常,运行安全状况总体平稳、受控,但仍有部分风险点需要特别关注。根据该区历年区域突发事件统计分析结果,结合实地调研分析,对该区风险点进行梳理。

该区高危风险点主要有:施工建设风险、市政管道管线故障(水、电、煤、油气)、区管交通基础设施破损(桥梁、道路破损)、地铁站点出入口(地面)客流、店铺招牌倒塌、景观灯光光污染、渣土偷倒、乱倒、污水、大气污染、噪声、废渣、餐饮油烟污染、核辐射、危险化学品事故、地下室电瓶车私拉电线、高层住宅外墙脱落、综合体(同步施工)项目、民生工程(老旧小区改造)以及台风、洪汛(风灾、洪灾)等。

2) 城区风险管理现状分析

从上海市和该区运行风险管理模式看,自2003年经过十多年的努力,已经构建了一套适合我国国情的应急管理体系,基本能够有效应对各类日常安全问题。然而对特大型城市特别是核心城区而言,对区域运行安全风险管理的完善没有止境,现有的城市安全风险管理体系有三个方面值得反思:

一是重事后应急,轻事先预防,安全管理模式存在缺陷。在安全管理重心上,依然习惯于事后应急,预防性工作未得到有效落实,甚至缺乏必要的准备。在工作方式上,也更习惯于被动接受报警,主动关口前移的风险情报收集、数据分析、风险预测和预警等推进不够,有的甚至还处于空白。

二是大量机制"沉睡",应急管理机制整合不力。目前全市多个条块都有各种安全风险管理机制,但这些机制缺乏顶层设计,未能系统化融合,处于各自独立的碎片化状态;许多应急机制甚至长期处于休眠状态,仅在突发事件出现后才临时启动。

三是安全管理集中于政府主导,社会参与力量薄弱。长期以来,我们习惯于从政府管理角度去部署安排有关工作，在资源配置时也更注重加强政府内部条块力量，对提升社区、社会组织以及市民个人的风险防范能力重视不足，市民的风险辨识、防范和应对能力相比国际知名城市有巨大差距；社会力量参与安全风险管理的意愿和能力也逊于其他领域。

3）城区风险管理模式建议

对纽约、伦敦、东京等全球卓越城市风险管理模式总结归纳为以下五个方面：一是转变管理观念，从应急管理转向风险管理；二是搭建风控平台，精准管控城市风险；三是构建共治机制，构建政府、市场、社会协同工作机制；四是引入风控机制，例如保险机制，以市场的方式和社会的力量来承担整个社会的风险；五是创新保障机制，完善相关法律法规，为风险管理提供制度保障。

参考纽约、伦敦和东京等全球卓越城市风险管理模式，在该区现有的日常安全管理体系和应急管理体系基础之上，从体制、机制、法制和应急预案四个方面提出区域风险管理模式构想如下：

（1）体制方面，在现有区域网格化管理制度的基础上，通过与第三方风险管控机构合作，共建基于网格化综合管理平台的风险数据库建设，包括风险类型、发生概率、影响程度、责任主体等，并监管整改的流程和采取的措施。此外，对于可以通过连续数据进行监测的高危风险点，构建第三方风险预警平台，对其进行集成、分析、建模、推延，并发布预警。

（2）机制方面，转变政府职能，构建政府、企业和公众协同共治的风险管控机制。公众方面，通过社区居民座谈会和政府部门负责人进行沟通，发现社区风险点，从末端自下而上达到风险点精准治理；企业方面，一方面征集相关事故数据，另一方面以政府为主导进行行业监管，实现风险治理社会化。政府方面，通过引入保险机制，带动专业化的风险管控模式，同时以保险费率浮动机制激励从个人行为和企业运营末端防治风险，以市场的方式和社会的力量来承担整个社会的风险。

（3）法制方面，无论风险点的排查，预警平台的建设，涉及各部门的协同配合，信息共享，尤其是保险的介入，涉及传统模式的颠覆，管理流程的再造，与现行法规、制度的冲撞，需要及时调整法律、规章，做出制度性安排。

（4）应急预案方面，结合风险管理登记制度和数据库建设，进一步补充完善现有应急预案，加强部门联防联控措施；基于风险点目录，实现风险源的差别化治理，防止应急预案流于形式。对部分难以管控的风险，可考虑结合第三方风险预警平台建设，基于实时数据的预警分级采取相应等级的应急措施，对突发事件不同阶段进行适时管控，并进行全过程控制。

4）城区风险管理工作思路建议

在提出的区域风险管理模式构想的基础上，以该区地铁站出入口周边大客流风险管控为案例，对风险管理思路、风险监控平台、风险管控措施，以及引入保险制度等方面进行详细介绍。工作思路主要有以下几点：

（1）对轨道站点及站外大客流疏散过程中的相关风险点进行识别，并进行分类分级；

（2）搭建地铁站点周边的风险预警平台，以大数据和移动互联等手段如手机数据、监控设备对人群的聚集风险进行区域可视化，识别在高峰期地铁站外的人群密度；

(3) 对特定场站的重要节点如电梯、楼道、出入口等进行评价,评估站点脆弱性等;

(4) 依据风险评估结果及预警等级的发布,提出差异化风险管控措施,包括工程性改造建议、管理流程优化和管控平台建设等;

(5) 建议将轨道站点出入口周边大客流风险引入"街道社区综合保险",为站外轨道交通大客流风险管控建立相关保险保障。

6. 上海市某区"加强住宅小区运行风险管理提升社会治理精细化水平"

住宅小区是市民群众生活的基本场所,是城市管理和社会治理的基本单元。加强住宅小区运行风险管理,是提升社会治理精细化水平,完善社会治理体系建设的重要内容,事关人民群众生命财产安全,事关区域改革稳定大局,事关该区"国际经济、金融、航运、贸易、科技创新五个中心"发展目标的实现。

该区面积 23.45 km^2,常住人口 79 万,区内现有住宅小区 826 个,约 2 400 万 m^2。其中,商品房小区 305 个,约 1 320 万 m^2,售后房小区 382 个,约 900 万 m^2,新旧里弄 139 个,约 180 万 m^2。该区区委、区政府历来高度重视区域安全风险管理,不断健全体制机制,努力完善住宅小区安全防控体系,有效预防和妥善处置各类公共安全突发事件,在确保区域运行安全方面积累了相当丰富的实践经验。

近年来,随着区域人口结构的不断变化,人们生活方式不断革新,融合历史因素等情况,住宅小区运行系统日益复杂,面临的风险挑战逐渐增多,一些传统"运行问题"已逐步演变为非传统"运行风险",一旦遭遇安全事件和灾害情况,危害更大,影响更广。

1) 住宅小区运行风险分析

该区住宅小区中既有高档商品房小区,有一级资质物业服务企业,小区整体运行管理水平较高。同时也存在无人管理或管理不善的老旧住房,存在隐患发现不及时、预防处置不到位、协同响应能力弱、标准化程度不高、新兴领域防范缺位等现实问题。该区住宅小区运行管理中主要存在以下三方面的风险点,详见表 B-2。

表 B-2 该区住宅小区主要运行风险梳理表

风险类别	风险载体	风险隐患
安全风险	空调外机支架、小区户外广告、雨篷、花盆等外墙悬挂物体	因气候变化、年久失修、安装使用不当等因素,造成高空坠落伤人毁物
	楼房屋面檐口水泥涂层	因气候变化、房屋老化等因素,造成高空大块水泥脱落,坠落伤人毁物
	住宅电梯	因设备老化、年久失修等因素,造成设备发生运行故障,导致乘客人身伤害
	裸露电线	因未能事先做好安全措施,一旦接触雨水,容易引发触电事故
	道路窨井盖	或因年久失修破损,或因井口露天,对过往路人造成安全隐患

续表

风险类别	风险载体	风险隐患
管理风险	部分小区的楼道、消防通道堆放杂物,停放非机动车	导致安全、消防通道间距变小,楼房消防安全设置发生变动,影响小区消防安全
	一些小区楼房住户,私拉电线,采用"飞线"为电瓶车充电	如果电线本身短路,可能引发触电事故;如果电线过热,可能引发火灾
	住户房屋群租	流动人口增加,导致小区内安全控制难度增加
	违章搭建,拆除承重墙,破坏房屋结构	房屋结构改变,造成小区公共安全隐患
	住户没有规范地饲养宠物	导致宠物扰民、伤人概率不断增加
服务风险	小区养老设施缺乏	给老人出行带来不便和风险
	小区无障碍设施缺乏	给残障人士出行带来不便和风险
	停车供需矛盾突出	争夺车位,引发冲突

该发展已进入新的阶段,面临比以往更繁多、更复杂、影响更大的风险隐患,以往的突发事件管理已呈现为处于综合风险下的社会安全治理问题,因此住宅小区运行风险管理的重要性日益彰显。但目前的住宅小区运行管理在理念意识、体制机制、技术标准等方面的精细化水平还有待进一步提升,住宅小区运行管理的体系还有待进一步构建和完善。

(1) 基于住宅小区运行风险的社会共识有待强化。

住宅小区运行中最大的风险,就是意识不到风险,即缺乏基于风险的社会共识。就该区住宅小区而言,体量巨大的公房、售后公房等老旧小区房屋年久失修、设施设备老化、房屋安全使用隐患、维修资金缺乏等传统安全运行风险依然突出;新式商品房小区楼与楼之间道路错综复杂、公共配套设施多且管理困难,保障房小区房屋出租情况突出,老龄化社会对居住区内养老设施要求提高等新型社会风险亦开始萌生。但基于各类住宅小区运行风险的社会共识还不够强化,主要表现为:各类管理主体对住宅小区运行风险理解还不够深入小区居民风险防范意识薄弱。

(2) 住宅小区运行风险识别、预警和管控机制比较薄弱。

风险识别机制较为薄弱。该区绝大部分的住宅小区尚未建立完整的风险识别机制,更多通过行政和命令等传统方式进行风险识别和防控,缺乏基于大数据分析的风险隐患排查系统,且社会参与风险辨识的意愿和能力较为薄弱。

风险预警和防范技术支撑体系还不到位。"重应急、轻预防"的现象较为突出,更多依靠"人海"和"运动式"战术,特别是很多住宅小区建设初期考虑风险预警和防范不够,风险预测机制和常态下有效分析评估机制都还不健全,缺乏针对风险预测而储备的管理政策和应急措施。

市场参与风险防控机制缺乏。住宅小区运行风险管理需要政府部门统一规划、引导支持,但绝不能由政府一家唱"独角戏"。目前该区住宅小区运行,受传统管理体制限制和居民观念影响，主要由政府、物业企业和居民自身来防控风险，保险等风险转移方式较少运用，市场参与风险防控机制仍较为缺乏，一旦发生安全事件，政府、物业企业和居民自身承担的风险程度较大，损失控制较难。

（3）住宅小区运行风险管理体制有待进一步理顺。

住宅小区运行风险具有系统性、复杂性、突发性、连锁性等特点，风险防控需要跨系统、跨行业、跨部门的专业合作与统筹协调。该区当前正处于建设更新期，住宅小区运行中政府、业委会、物业公司"三驾马车"依然存在各自为政、条块分割等碎片化、单方化的问题，系统性和协调性不足，直接影响了住宅小区安全管理的效率和能力，主要包括：物业企业运营管理水平参差不齐，风险管理缺乏执行力；业委会自治能力不强，风险管理社会参与薄弱；以及相关职能部门配合不够密切，综合协调运行机制不够畅通。

2）住宅小区运行风险管理工作思路建议

通过梳理住宅小区运行风险类别，分析住宅小区运行风险症结，需从理顺政府管理体制机制、提升物业行业管理水平、增强社区自治管理水平、建立运行风险预警机制、建立市场参与风险防控机制等几方面入手，发挥政府、市场、社区等各方力量，构建住宅小区运行风险防控体系，以有效规避、发现、管控风险。可从以下几方面着手：

（1）创新风险防控机制，探索建立"多元共治、精细防控、多重保障"机制。

一是健全"三位一体"风险共治机制。充分发挥政府、市场、社区在住宅小区风险管理中的优势，构建政府主导、市场主体、社区主动的风险长效管理机制，完善运行有序有效的应急联动机制。政府主导风险管理，做好公共安全统筹规划、搭建风险综合管理平台、主动引导舆情等工作，同时积极推进风险防控专业人员队伍建设。市场充分发挥在资源配置方面的优势，形成均衡的风险分散、分担机制。社区要充分调动社区公众的主观能动作用，鼓励基层社区和市民群众充分参与，加强社区综合风险防范能力的建设，在已有社区风险评估和社区风险地图绘制试点基础上，进一步完善社区风险管理模式，真正实现风险管理社会化。

二是构建精细化的风险防控机制。首先，要完善住宅小区运行风险源发现机制，补齐风险源登记制度短板，全面开展风险点、危险源的普查工作，对所有可能影响社区公共安全的风险源、风险类型、可能危害、发生概率、影响范围等做到"情况清、底数明"，防止"想不到"的问题引发的安全风险，在此基础上，编制社区安全风险清单。其次，要促进智能物联网、人工智能等先进技术的推广应用，形成"互联网＋"风险防控技术体系。最后，要提升各领域的安全标准，建立统一规范的风险防控标准体系，为综合风险管理奠定基础。

三是构建多重保障机制。一方面，完善法律法规保障机制，根据住宅小区运行发展的新形势、新情况、新特点，加强顶层设计和整体布局，提高政策法规的时效性和系统性，及时制定和修改相关法律规章，强化住宅小区运行风险的防范措施和管理办法。另一方面，引入第三方保险机制，以市场方式和社会力量来分担住宅小区运行风险。

（2）搭建风险防控平台，健全综合预警平台、综合管理平台，实现风险管理统筹协调。

一是搭建综合预警平台。构建集风险管理规划、识别、分析、应对、监测和控制的全生命周期的风险评估系统，在统一规范的标准基础上，加强相关安全数据库建设，整合各领域已建风险预警系统，构建覆盖全面、反应灵敏、能级较高的运行风险预警信息网络，形成住宅小区运行风险预警指数实时发布机制。

二是健全综合管理平台。在风险综合预警平台基础上，强化社区治理各相关部门的风险管理职能，完善各部门内部运行的风险控制机制，建立跨行业、跨部门、跨职能的风险管理大平台，并以平台为核心，引导相关职能部门进行常态化风险管理工作。

相关政府职能部门应积极发挥引导作用，立足于加强城市精细化管理，建立住宅小区运行风险目录清单和责任清单，细化业务流程和操作指导手册，推进住宅小区运行风险管理信息平台建设，明确相关部门、管理单位和水、电、气等专业服务单位在住宅小区综合管理中的职责，完善综合协调运行机制，避免行政管理、服务止步于小区大门的现象。

住宅小区运行风险综合管理，关键在街镇和住宅小区层面。在区级层面，需要厘清区职能部门与街镇的职责分工，明确风险目录清单和责任清单，并完善双向考核制度；在街道层面，建议结合街道党政机构改革、职能部门力量下沉和基层"强身"的有利形势，整合街道层面相关管理资源，组建负责住宅小区及其社会治理、物业管理的综合管理机构，负责组织推进、协调服务和监督考核属地化小区综合管理的相关单位，可先行选择一个街道试点物业管理中心模式；在住宅小区层面，建议着重加强居民区层面小区综合管理联席会议制度的建设，进一步夯实在居民区层面的小区综合管理联席会议机制，并建立与绩效挂钩的监督考核机制，使其实体化、常态化运作，推动住宅小区运行风险综合管理能力不断提升。

(3) 提升风险防控标准，提升住宅小区运行安全管理、服务水平。

提升住宅小区运行安全管理，要有三方面的新要求。一是工作评价的新要求，新时代的安全管理工作，应由考核事故发生量，转向评价安全风险防控做得好不好。换句话说，安全管理工作应从粗放型向集约型转变。二是事故问责的新要求，事故发生后，应由点及面分析导致事故产生的技术、运行体制、管理机制等因素，从而避免类似事故再次发生。三是民众安全感的新要求，在新时代，住宅小区居民对运行风险防控提出了"精细化、全覆盖、无死角"的要求，应从细微之处抓起，真正解决应该解决但尚未解决的各类风险。

提升住宅小区物业管理、自我管理水平。一是要发挥市场资源配置作用，提升住宅小区物业管理水平，应建立物业服务企业"黑名单"制度，逐步培育形成"优胜劣汰"的市场竞争机制；应实施物业管理公众满意度第三方测评制度，帮助企业查找问题、改进服务，并为达标补贴、奖励和企业黑名单等制度的陆续实施提供客观依据和参考；应通过继续探索物业服务联盟模式，扶持培育品牌企业，逐步形成以具有较强竞争力、较高品牌美誉度的企业为核心，以示范龙头企业为引领，中小企业协同发展的现代物业服务企业集群。二是加强社区治理规范化建设。应推动实施"加强业委会规范化运作"的三年计划，提升业委会相关成员在业主自我管理领域的法律法规意识和依法依规办事能力，不断提高业主自我管理水平；应推动社区治理"三驾马车"形成合力，在居委会协调下，通过业主、业委会、物业企业积极配合，以"三会"制度——协调会、听证会、评议会为载体，畅通沟通渠道，调研民意，共同商讨，解决各类难题。探索在社区、居民区层面建立住宅小区综合管理协调机制，定期研究、协调解决住宅小区综合管理问题。

（4）保险兜底，把运行风险用市场手段和社会力量来分担。

建立住宅小区综合保险制度，引入风险管理措施，完善风险控制机制，重新定位业委会、居委会、物业企业（风控机制）、居民和社区管理部门的各自作用，探索运用市场手段和社会力量，分担住宅小区各类运行风险。可以通过设计保险产品，平时进行风控管理，使小区运行处于受控状态，一旦发生事故，及时出险，进行理赔。

保险已开始成为综合性解决社区管理问题的良方。按照固有思路，用保险来解决社区管理难题，绕不开“保费”“赔款”，然而，保险的功能不仅在于事后补救，更在于事前风险防范，前置风险控制，促使调解成为常规处理手段，推动社会和谐。

（5）打造风险防控运作模式，探索构建以“五方机制”为核心的住宅小区综合保险制度。

建议建立相关工作机制，推动区政府相关部门、业委会、居委会、物业企业、小区居民五方形成合力，探索构建住宅小区综合保险制度。由业委会牵头批准方案，选择保险（风控）公司；由居委会和业主代表检查考核落实情况；由保险（风控）公司选择物业维保公司，投保费由全体业主承担；由人民调解和法律顾问协调相关纠纷；由公安、房管、消防、城管、民防、交通、民政、卫生等政府管理部门依法介入，行使相应管理。

通过对该区政府、区房管局、耀江国际小区、天宝西路第一小区、彩虹湾蔷薇里等商品房、售后房、新旧里弄等实地走访，与相关政府职能部门、街道、居委会、物业公司、居民等进行调研，并充分借鉴国内外城市住宅小区运行风险管理经验做法，聚焦住宅小区运行风险管理中的难点和痛点，探索完善住宅小区运行风险管理体制机制，创新管理模式，提升居民的幸福感和获得感，并在此基础上形成可全市复制和推广的经验。

7. 上海港港区运行风险防控综合机制

通常而言港口是指具有船舶进出、停泊、靠泊，旅客上下，货物装卸、驳运、储存等功能，具有相应的码头设施，由一定范围的水域或陆域组成的区域。港口可由一个或多个港区组成，因此港区是指连续界线形成的水域和陆域范围组成的港口区域。一个港口可以仅由一个港区构成，可以由多个各自独立的水域和陆域范围的港区组合而成。例如，上海港，就是由黄浦江沿岸港区、外高桥港区、洋山港区等多个港区组成，而港区一般又由多个码头组成，可以说港口是大的集合范围，港区是子集，而码头则是元素。

1）上海港概况

上海港是我国沿海的主要枢纽贸易港，是中国对外开放，参与国际经济大循环的重要口岸，每年完成的外贸吞吐量占全国沿海主要港口的 20%左右。上海港已连续多年作为全球集装箱吞吐量和货运吞吐量最大的港口，上海港在我国和上海市的经济发展中起着十分重要的作用。

截至 2017 年年底，上海港外港码头总数共计 213 个，其中公用码头 22 个，专用码头 191 个；内河码头总数共计 464 个，全部为专用码头。外港码头总长度共计 106.1 km，其中公用码头长度 28.3 km，专用码头长度 77.8 km；内河码头长度共计 44.9 km。外港码头泊位总数共计 1 121 个，其中公用码头泊位数 213 个，专用码头泊位数 908 个；内河码头泊位总数共计 937 个。外港货物年通过能力 5.26 亿吨，其中集装箱年通过能力 1 983 万标准箱；内河码头货物年通过能力 1.07 亿吨。

上海港经过几十年的努力，每年在港区安全问题上投入大量人力和财力，努力将上海港打造成一个安全的风险发生概率极低的港口，从而保证上海国际航运中心的建设不受影响。在天津港危险品爆炸事故发生后，上海港的相关管理部门积极吸取事故经验教训，进一步加强港口危险货物的安全监管和隐患排摸整改工作，配备专门执法队伍进行日常安全监管，积极运用信息化手段提高管理效率，指导企业制定完善各类应急预案，配备齐全各类应急设施设备，定期开展各类应急演练演习等。但是由于港口企业安全管理涉及到的企业、设备、场地、人员众多，上海港内仍有部分港口企业在安全管理上有待进一步优化，在管理力量、信息传递、应急处置等方面需要进一步强化。

港区由陆域部分和水域部分组成，陆域部分建有码头，岸上设港口、堆场、港区铁路和道路，并配有装卸和运输机械，以及其他各种辅助设施和生活设施。陆域部分是供旅客集散、货物装卸、货物堆存和转载之用，要求有适当的高程、岸线长度和纵深。水域部分分为港外水域和港内水域。港外水域包括进港航道和港外锚地。有防波堤掩护的海港，在口门以外的航道称为港外航道。港外锚地供船舶抛锚停泊，等待检查及引水之用。港内水域包括港内航道、转头水域、港内锚地和码头前水域或港池。因此港区内的水域部分主要存在的风险有船舶碰撞、船舶沉没等，而陆域部分因为作业场所和人员的数量众多，作业环节多，存在的风险因素更多。

2）上海港港区运行过程中面临的风险

除常见风险如火灾、爆炸、泄漏、偷盗等外，随着科技的发展和社会的进步，港区运行过程中也面临越来越多的非传统风险，如网络攻击、恐怖活动等。非传统风险一旦发生，造成的影响往往是无法估计的巨大损失，因此研究港区运行风险时，除传统风险外，必须聚焦非传统风险。传统风险包括火灾风险、爆炸风险、泄漏风险、偷盗风险；非传统风险包括恐怖活动风险和网络攻击风险。

港区风险的主要成因大致可分为自然因素和人为因素。其中，自然因素包括地质、气象、水文；人为因素可分为“运行机制欠佳、监管处置欠善、现场作业欠妥、职业操守欠足、初始设计欠精”等。

3）构建上海港港区运行风险防控综合机制的积极意义

第一，有利于打造更为安心的营商环境。上海是长三角世界级城市群的核心城市。一直以来，上海国际航运中心的建设是上海建成国际经济、贸易、金融的重要部分，而长江流域的广阔地区是上海国际航运中心建设的重要经济腹地。加快建设上海国际航运中心，有利于促进长三角地区金融、贸易、信息、人才等资源的优势集聚。同时，航运经济也将服务于长三角地区的联动和融合发展，为加强与中西部地区乃至全国各省区市的优势互补、互利合作贡献力量。不仅如此，国务院相关文件也将“支持开展船舶融资、航运保险等高端服务”等，作为“国际航运中心建设的主要任务和措施”之一。

第二，有利于促动富有成效的社会共治。当前，我国社会主要矛盾已经转化为人民日益增长的美好生活需要和不平衡不充分的发展之间的矛盾。人民对于民主、法治、公平、正义和个人价值实现的愿望日益凸显，也更希望发挥自身力量，参与到公共事务的建设中去。在社会专业力量参与热情日益高涨的情况下，政府将积极转变自身职能，激励各方发挥建设性作用，增强市场的主体责任；不断创造条件，提供多元化平台，从而更好地落实自身监管责任，提高精细化管理水平。

第三，有利于起到追求平安的示范引领。在社会主要矛盾发生改变的今天，增进民生福祉是发展的根本目的，只有加强和创新社会治理，维护社会和谐稳定，才能确保国家长治久安、人民安居乐业。由此可见，社会公共安全管理的高效与否，同人民群众对美好生活的体验感、归属感、获得感息息相关；而上海港港区运行的安全与否，也不单涉及相关企业的经济利益，更与社会公众的安全感休戚与共。

通过实地调研和专题研究发现，上海港港区运行风险管理的发展，大致会经历三个阶段：被动应对突发风险的“脉冲处置阶段”、有普遍性管理和应急预案的“常态管理阶段”、有效防控风险的“实时预防阶段”。目前，上海港正从第二阶段向第三阶段过渡。在此期间，需要不断深化政府职能转变，充分借助社会力量，实现风险防控过程管理和事前预防的效能提升。为此，展开了研究和探索，深化了相关理论框架，并细化了具体实施方案。理论框架可以概括为 1 个“一”、2 个“二”、3 个“三”、4 个“四”、5 个“五”，共 55 个要点。1 个“一”即转变政府职能、引入保险机制、实现风险管理社会化。2 个“二”即引导两个主体获得两类效益，分别为“共投体”和“共保体”。3 个“三”即“运用三个险种、兼顾三个阶段、转变三个关系”。4 个“四”即“抓住四个环节、依据四个程序、强化四个机制、力求四个绩效”。5 个“五”即“引入五个机构、建立五个制度、落实五个责任、用好五个手段、固化五个行为”。

4）上海港港区运行风险防控综合机制的实施路径

主要是秉持“转变政府职能、引入保险机制、实现风险管理社会化”的理念，综合运用上述框架理论中的要点，结合上海港港区运行风险防控的实际，按照“分工明确、制约有效、运行有序”的原则，构筑“政府主导、市场主推、社会主动”的风控格局。进一步“理顺责任关系、强化各方参与、聚焦风控措施”，促进风险管理资源的统筹运用，形成“覆盖全面、辨识精准、未雨绸缪”的港区运行风险防控新模式，达到全程可控。其中，“港口危险品码头综合保险”的架构可分为三层，每层均实行保费费率浮动机制。立体风控机制的主体是企业、行业协会、政府或其指定的相关机构、共保体、第三方专业机构、监管部门，其核心是兼顾“事前、事中、事后”三个阶段，依托风控信息平台等科技手段，梳理各阶段风控步骤和举措，实现“事前科学预防”“事中有效控制”“事后及时救济”。

上海在探索引入社会力量共建共治，推进港区运行风险防控机制的建立进行了深入的研究，形成了相应的框架理论和实施路径。若能依此推进，或可实现政府职能的高效转变，有效发挥社会共治力量作用，取得较好的社会效益和经济效益。经过研究，提出了以下三点改进建议：

第一，在基本框架基础上，加快构建立体风险防控机制，形成并优化风险源识别、等级划分、分析等数学模型,运用大数据等科技手段加强风险防控信息平台建设,构筑全方位风险管理体系。建议以行业通知等形式,出台港区运行风险防控综合机制的实施指南,将现有理论及方案中已付诸实践运用并将取得成效的要点相对固化;同时通过风险防控信息平台,整合各相关企业既有风险防控系统关键数据,指导未有风险防控信息化系统的企业按要求搭建软硬件平台,从而初步形成港区运行风险防控大数据,引导港区运行各相关企业风险管理的统一规范、有效开展、不断完善。

第二,进一步探索市场化配置风险管理资源,率先研究完善港口危险货物作业的"巨灾保险"方案设计及相应费率浮动机制,建立与诚信评价相结合的考核约束激励机制。盼望政府相关部门协调财政、保监等部门,在不断深入研究和实践的同时,及时沟通并取得共识。

第三,不断强化港口危险货物持证经营企业全方位、多角度主动参与港区运行风险防控的主体责任,在其完善自身风控软硬件投入的同时,落实风险防控机制的试点应用。恳请政府相关部门将港口危险货物持证经营企业投保"安责险",作为考核其落实港区运行风险防控工作的重要环节;引导行业协会深化"统筹险"的方案设计和组织实施,使政府可从事无巨细的管理工作中抽离,将精力集中至更为重要的监管工作中,加速促进政府职能的转变。

8. 城市巨灾保险在上海地区的应用

"城市巨灾保险在上海地区的应用"课题(以下简称本课题)将巨灾定义为:巨灾指的是造成巨大财产损失和严重人员伤亡,对区域或国家的社会和经济产生严重影响的自然灾害和人为灾难。而巨灾保险则是指对因发生台风、暴雨、内涝、雷击、地震、海啸、洪水等自然灾害,可能造成巨大财产损失和严重人员伤亡的风险,通过巨灾保险制度,分散风险。巨灾风险具有客观存在性、发生概率低、损失程度大、不确定性高和不完全可保等特性。

我国人口众多,地域辽阔,地理环境复杂,气候变化强烈,自然灾害强度大、分布广、种类多,是世界上自然灾害最严重的国家之一。1949 年以来,我国共发生了巨灾 26 次,近十几年来我国因自然灾害造成的损失愈发严重,因自然灾害造成的损失呈上升趋势,且政府救灾支出也连年攀升。

然而,截至到 2014 年 3 月,中国巨灾保险赔款不到灾害损失的 1%,远远低于国际上巨灾保险赔款占自然灾害损失的 30%~40%的平均水平。面对现状,政府已意识到尽快建立完善的巨灾防范体制的重要性。《中共中央关于全面深化改革若干重大问题的决定》中明确提到,要完善保险经济补偿机制,建立巨灾保险制度。

本课题研究了上海地区的气象特点,从台风灾害特点、暴雨灾害特点和雷电灾害风险特点三方面入手,重点分析了灾害的发生时间、影响程度和变化趋势等部分内容,最后总结了上海地区气象灾害的总体特点。

本课题给出了国内外巨灾保险的实践和经验借鉴,包括美国洪水巨灾保险、美国飓风巨灾保险、日本地震巨灾保险、英国洪水巨灾保险、深圳巨灾保险、宁波巨灾保险和广东省巨灾指数保险方案等内容。根据国际与国内经验发现，巨灾保险是创新城市管理方法、保障政府财政稳定、加快灾后救援效率的有力突破口。

本课题论述了上海巨灾保险的详细方案，包括人身伤亡救助巨灾保险方案设计、居民财产救助补偿巨灾保险方案设计、基础设施巨灾保险方案设计和小微企业巨灾保险方案设计四部分内容。每部分包括具体的保险责任、保险限额和保费来源的内容。通过具体的方案设计，将巨灾保险落实到与巨灾相关的各个主体，从而实现巨灾保险的有力保障功能。本课题通过巨灾保险基金的设立方法和巨灾保险基金的管理办法确保了巨灾保险的分担机制，设定保险业和基金层面可承担50%份额的巨灾造成的损失，在保险业超出赔付限额后，其余由巨灾基金赔付，最后由社会捐赠、公益组织、国际援助及政府兜底组成。则巨灾保险、巨灾再保险和巨灾基金分担巨灾造成的全部损失的比例见表B-3。

表B-3　巨灾保险、巨灾再保险和巨灾基金分担比例

各层次分担比例	保险业承担水平		
	低水平	中水平	高水平
巨灾保险	6%	12%	24%
巨灾再保险	4%	8%	16%
巨灾基金	40%	30%	10%

本课题着重强调了巨灾风险管理在巨灾保险中的核心作用，突出了巨灾风险管控与防灾减灾的功能，是灾害风险管理不可或缺的一个重要部分。本课题从政府和共保体两个角度，讨论了巨灾风险管理的实施与运用。其中，政府的手段包括制定法律法规、制定规范并监督执行、严格控制规划、改变救济方式和提供金融服务等。而共保体的手段包括保费折扣手段、扩大承保责任或提高承保限额、宣传与科普、科学研究与交流、提高技术手段支持巨灾保险和用社交媒体进行风险治理等。

最后，课题给出了相应的结论与建议，包括明确巨灾保险供应商及其营运管理方案、设立巨灾保险区划解决分摊机制、进一步校核巨灾保险触发机制、完善巨灾保险产品体系和积极拓展巨灾风险防控措施等。

(1) 明确巨灾保险供应商及其营运管理方案

上海市巨灾风险管理应通过综合比较确定相关保险的供应商及其营运管理方案。建立巨灾风险新型共保体，通过竞争性比较或是上海市政府指定的方式，确定共保体的牵头公司，来经营和管理巨灾保险项目。

(2) 设立巨灾保险区划解决分摊机制

巨灾保险区划是以单类巨灾风险为对象，以该巨灾风险的区域性特征为基础，以特定的保险标的所面临的某一巨灾风险的易损度指标为区划依据，对巨灾保险项目所确定的区划内不同区域的易损度进行描述的图件和相关说明。

巨灾保险区划是复合性的，多维的，即在设定的区划内，根据特定保险标的在不同地域所面临的指定巨灾风险的易损度大小编制而成。

(3) 完善数据的获取、存储与共享

以巨灾保险为契机，部门和地区之间建立数据共享机制，形成台风、强降雨等灾害和损失情况的数据库，提高数据精准度，为更好推进巨灾保险工作打下扎实基础。

(4) 进一步优化建模，计算分担额与费率，确定巨灾指数保险触发机制

巨灾保险所承保的风险要有一个明确的量化定义，即触发什么样的巨灾风险标准，保险公司予以赔偿。在这一触发机制下，保险人是否对被保险人赔偿，或者是否向投资于巨灾保险衍生品的投资者支付红利，是基于是否触发事先设定的巨灾风险定义标准。

本课题定义了巨灾保险的触发机制，但应结合历年巨灾数据，进一步计算、校核该触发机制，以期达到准确核保的目的。同时，还应进一步明确巨灾保险、巨灾再保险和巨灾基金所承担的损失份额，量化计算巨灾保险费率和量化计算巨灾指数保险的触发机制等。

(5) 完善巨灾保险产品体系

本课题提出了人身伤亡救助、居民财产救助补偿、基础设施和小微企业等的巨灾保险产品，下一步应继续深化和完善巨灾保险产品体系，为社会提供更加丰富的选择权。

(6) 积极拓展巨灾风险防控措施

防灾是根本，减灾是基础，保险是灵魂。巨灾保险如与防灾防损、减灾救灾相分离是不会成功的，要将防灾防损、风险管理和保险紧密结合起来，牢固树立损前预防胜过损后补偿的指导思想，提高建筑设计规范和质量。只有这样，巨灾保险才能健康发展，才能有利于构建和谐社会。